MATLAB 应用教程

温 正 丁 伟 编著

清华大学出版社

北 京

内 容 简 介

本书由浅入深地全面讲解了 MATLAB 软件的基础知识及 MATLAB 的相关应用。全书以 MATLAB 2014a 版本的基本功能叙述为主，内容涉及面广，涵盖了一般用户需要使用的各种功能。本书按逻辑结构编排，自始至终采用实例描述，内容编排上循序渐进；每章内容完整并相对独立，且相辅相成，是一本简明的 MATLAB 参考书。

本书共分为 16 个章节，内容包括 MATLAB 概述、数值计算、结构体和单元数组、字符串、MATLAB 程序设计、M 文件、数据分析、绘制二维图形、绘制三维图形、MATLAB 在信号与系统中的应用、MATLAB 在数字信号处理中的应用、参数建模、MATLAB 图形处理工具箱、句柄图形对象、图形用户界面、外部接口操作等，其中重点介绍了数字信号处理工具、图像处理工具箱的原理及其运用。

本书以实用为目标，叙述深入浅出，采用实例引导，讲解详实，适合作为理工科高等院校本科生、研究生教学用书，也可作为广大科研工程技术人员的参考用书。

图书在版编目(CIP)数据

MATLAB 应用教程 / 温正，丁伟　编著. —北京：清华大学出版社，2016 (2025.1重印)
ISBN 978-7-302-43949-3

Ⅰ. ①M…　Ⅱ. ①温…　②丁…　Ⅲ. ①Matlab 软件　Ⅳ. ①TP317

中国版本图书馆 CIP 数据核字(2016)第 113439 号

责任编辑：刘金喜
装帧设计：思创景点
责任校对：曹　阳
责任印制：沈　露

出版发行：清华大学出版社
　　　　　网　　　址：https://www.tup.com.cn, https://www.wqxuetang.com
　　　　　地　　　址：北京清华大学学研大厦 A 座　　　　邮　　编：100084
　　　　　社　总　机：010-83470000　　　　　　　　　　邮　　购：010-62786544
　　　　　投稿与读者服务：010-62776969, c-service@tup.tsinghua.edu.cn
　　　　　质　量　反　馈：010-62772015, zhiliang@tup.tsinghua.edu.cn

印　装　者：北京建宏印刷有限公司
经　　　销：全国新华书店
开　　　本：185×260　　　　印　　张：27.5　　　字　　数：618 千字
版　　　次：2016 年 7 月第 1 版　　　印　　次：2025 年 1 月第 3 次印刷
定　　　价：78.00 元

产品编号：063777-03

前　　言

MATLAB 提供了一个高性能的数值计算和图形显示的科学和工程计算软件环境。这种易于使用的 MATLAB 环境，由数值分析、矩阵运算、信号处理和图形绘制等组成。在这种环境下，问题和解答的表达形式(程序)几乎和它们的数学表达式完全一样，而不像传统的编程那样繁杂。

在设计研究单位和工业部门，MATLAB 被认作是进行高效研究和开发的首选软件工具。如美国 NATIONAL INSTRUMENTS 公司信号测量和分析软件 LABVIEW, CADENCE 公司信号和通信分析设计软件 SPW 等，或者直接建构在 MATLAB 之上，或者以 MATLAB 为主要支撑。又如 HP 公司的 VXI 硬件，TM 公司的 DSP, GAGE 公司的各种硬卡和仪器等都接受 MATLAB 的支持。

欧美大学里，诸如应用代数、数理统计、自动控制、数字信号处理、模拟与数字通信、时间序列分析、动态系统仿真等课程的教科书都把 MATLAB 作为内容。这几乎成了 20 世纪 90 年代的教科书与旧版书籍的区别性标志。在欧美一些大学里，MATLAB 是攻读学位的大学生、硕士生、博士生必须掌握的基本工具。

1. 本书特点

(1) 由浅入深，循序渐进：本书以初、中级读者为对象，首先从 MATLAB 的基础讲起，分别介绍了 MATLAB 的基本特点、数据矩阵、字符串操作、程序设计等内容，接着更深层次地讲解 MATLAB 的相关应用，让读者在 MATLAB 的使用方面有一定的提高。

(2) 步骤详尽、内容新颖：本书结合编者多年 MATLAB 使用经验与实际工程应用案例，将 MATLAB 软件的使用方法与技巧详细讲解给读者。应用最新的 MATLAB 版本，讲解内容全面详细，使读者在阅读时耳目一新。

(3) 实例典型，简单易学：本书讲解的例子参考了 MATLAB 帮助内容中的例子，每个例子经过精心设计，有针对性，读者学习起来比较容易，能够很好地接受。

2. 本书内容

本书基于 R2014a 版，讲解了 MATLAB 的基础知识和相关应用。本书主要分为两个部分：基础知识部分和相关应用部分，其中基础知识包括第 1~9 章，应用部分包括第 10~16 章。

第 1 章　本章系统介绍了 MATLAB 的发展、特点，以及新版本的相关特性，简单介绍了 MATLAB 的安装、用户界面的操作和相关基础命令的使用。

第 2 章　本章讲解了 MATLAB 数组的基本概念和创建，全面讲解矩阵的基本操作、矩阵元素的相关运算、矩阵分析以及特殊矩阵的生成与运算方式。

第 3 章　本章详细介绍了结构体数组和单元数组两种特殊的数据类型，分别介绍了这两种特殊的数据类型的创建、访问、显示、定义等内容。

第 4 章　本章从单行、多行字符串开始介绍，然后介绍字符串的比较、替换和查找等。MATLAB 语言提供了强大的字符串处理功能。

第 5 章　本章介绍了 MATLAB 程序设计的分支控制语句，分别介绍了常用的程序结构、MATLAB 的交互式程序控制命令和调试命令。

第 6 章　在 MATLAB 中，基本上所有复杂的程序都是通过 M 文件完成的。本章从变量的命名讲起，然后依次介绍了变量的类型、M 文件的创建、结构类型、函数类型。

第 7 章　MATLAB 能够对数据进行解析函数的分析，本章介绍了几种基本的数据分析方法，为初学者提供基本的引导。

第 8 章　数据可视化是 MATLAB 的一项重要功能，本章主要讲解了二维图形的绘制，先介绍基本的二维图形绘制命令，然后介绍了一些常用的、基本的特殊二维图形。

第 9 章　本章介绍了实际中使用更多的三维图形和四维图形，从三维图形的创建到三维图形的显示和控制，再到四维图形的可视化，循序渐进、由浅入深地做了介绍。

第 10 章　本章开始介绍 MATLAB 在信号与系统中的应用，本章一开始就对信号系统的基本概念进行讲解，接着讲解信号的积分变换，最后介绍信号处理的基本方法。

第 11 章　本章具体讲解了 MATLAB 在数字信号处理中的应用，介绍了 FIR 滤波器和 IIR 滤波器设计，以便为读者将来深入学习 MATLAB 数字信号处理打下深厚的基础。

第 12 章　本章着重介绍了时域建模和频域建模的基本方法，简单介绍了信号处理 GUI 工具，详细讲解了 MATLAB 信号处理的方法。

第 13 章　数字图像处理是一门新兴技术，本章介绍了图像处理工具箱，包括图像处理的基本知识，图像的显示、运算、变换、分析、调整、平滑、区域处理等。

第 14 章　本章简单介绍了 MATLAB 句柄图形对象。全章从句柄图像的基本概念讲起，接着介绍基本的句柄函数，最后介绍句柄图形对象，让读者对句柄图形对象有一个基本的了解。

第 15 章　GUI 是用户与计算机程序之间的交互方式，MATLAB 提供了强大的图形用户界面功能。本章着重介绍了如何创建图形用户界面，简单讲解了用户界面的对话框、菜单等。

第 16 章　本章介绍了 MATLAB 与外部接口的操作，内容包括二进制文本、记事本数据、电子表格数据、声音视频文件的读写。

3. 读者对象

本书适合 MATLAB 初学者和期望提高矩阵运算及建模仿真工程应用能力的读者阅读，具体说明如下：

- 相关从业人员
- 初学 MATLAB 的技术人员
- 大中专院校的教师和在校生
- 相关培训机构的教师和学员

- 参加工作实习的"菜鸟"
- 广大科研工作人员

- MATLAB 爱好者
- 初、中级 MATLAB 从业人员

4. 本书作者

本书由温正、丁伟编著，另外徐进峰、史洁玉、孙国强、张樱枝、孔玲军、李昕、刘成柱、郝守海、代晶、贺碧蛟、石良臣、柯维娜等也参与了本书的编写，在此一并表示感谢。虽然编者在编写过程中力求叙述准确、完善，但由于水平有限，书中欠妥之处在所难免，希望读者和同仁能够及时指出，共同促进本书质量的提高。

5. 读者服务

为了方便解决本书疑难问题，读者在学习过程中遇到与本书有关的技术问题，可以发邮件到邮箱 book_hai@126.com，或者访问博客 http://blog.sina.com.cn/tecbook，编者会尽快给予解答，竭诚为您服务。

另外，为方便教师授课教学，编者专门为本书配置了程序代码素材，请到 http://www.tupwk. com.cn/downpage 下载。

服务邮箱：wkservice@vip.163.com

编　者
2016 年 3 月

目　　录

第1章　MATLAB概述

MATLAB 是一种用于数值计算、可视化及编程的高级语言和交互式环境。使用 MATLAB，可以分析数据，开发算法，创建模型和应用程序。借助其语言、工具和内置的数学函数，可以探求多种方法，比电子表格或传统编程语言更快地求取结果。它是一种功能强大的科学计算软件，在使用之前，应该对它有一个整体的了解。本章主要介绍 MATLAB 的发展历程、MATLAB 最新版本的主要特点和使用方法。

学习目标：
- 了解 MATLAB 的特点。
- 了解 MATLAB 各种平台的窗口。
- 掌握 MATLAB 的各种基本操作。
- 掌握 MATLAB 中 M 文件的操作。

1.1　MATLAB 简介

MATLAB 是由美国 Mathworks 公司发布的主要面对科学计算、可视化以及交互式程序设计的高科技计算环境。它将数值分析、矩阵计算、科学数据可视化以及非线性动态系统的建模和仿真等诸多强大功能集成在一个易于使用的视窗环境中，为科学研究、工程设计以及必须进行有效数值计算的众多科学领域提供了一种全面的解决方案。

1.1.1　什么是 MATLAB

MATLAB 提供了一个高性能的数值计算和图形显示的科学和工程计算软件环境。这种易于使用的 MATLAB 环境，由数值分析、矩阵运算、信号处理和图形绘制等组成。在这种环境下，问题和解答的表达形式(程序)几乎和它们的数学表达式完全一样，而不像传统的编程那样繁杂。

MATLAB 的基本数据单位是矩阵，它的指令表达式与数学、工程中常用的形式十分相似，故用 MATLAB 解算问题要比用 C、FORTRAN 等语言完成相同的事情简捷得多，并且 MATLAB 也吸收了 Maple 等软件的优点，因而成为了一个强大的数学软件。

在新的版本 MATLAB 2014 中也加入了对 C、FORTRAN、C++、Java 的支持。用户可以直接调用，也可以将自己编写的实用程序导入到 MATLAB 函数库中方便自己以后调用，此外许多 MATLAB 爱好者都编写了一些经典的程序，用户可以下载后直接使用。它的

主要特性包括:

- 截面用于数值计算、可视化和应用程序开发的高级语言。
- 可实现迭代式探查、设计及问题求解的交互式环境。
- 用于线性代数、统计、傅立叶分析、筛选、优化、数值积分以及常微分方程求解的数学函数。
- 用于数据可视化的内置图形以及用于创建自定义绘图的工具。
- 用于改进代码质量和可维护性,并最大限度地发挥性能的开发工具。
- 用于构建自定义图形界面应用程序的工具。
- 可实现基于 MATLAB 的算法与外部应用程序和语言集成。

MATLAB 的一个重要特色就是其工具箱,它已经成为一个系列产品,包括 MATLAB 主工具箱(功能型工具箱)和各种工具箱(Toolbox),具体内容请参考第 1.1.2 节。

1.1.2　MATLAB 的特点

MATLAB 是所有 MathWorks 公司产品的基石,它包括数值计算二维和三维图形、语句以及单一易使用环境下的语言能力。MATLAB 系统主要由五部分构成:MATLAB 语言、MATLAB 工作环境、MATLAB 图形处理、MATLAB 数学函数库、MATLAB 应用编程人员接口(API)。

MATLAB 具有用法简单、灵活、程式结构性强、延展性好等优点,已经逐渐成为科技计算、视图交互系统和程序中的首选语言工具。特别是它在线性代数、数理统计、自动控制、数字信号处理、动态系统仿真等方面表现突出,已经成为科研工作人员和工程技术人员进行科学研究和生产实践的有力武器。

1. 以矩阵和数组为基础的运算

MATLAB 是一个高级的矩阵/阵列语言,它包含控制语句、函数、数据结构、输入输出和面向对象编程特点。MATLAB 以矩阵为基础,不需要预先定义变量和矩阵(包括数组)的维数,可以方便地进行矩阵的算术运算、关系运算和逻辑运算等,而且 MATLAB 有特殊矩阵专门的库函数,可以高效地求解诸如信号处理、图像处理、控制等问题。

2. 语言简洁,使用方便

MATLAB 程序书写形式自由,被称为"草稿式"语言,这是因为其函数名和表达更接近我们书写计算公式的思维表达方式,编写 MATLAB 程序犹如在草稿纸上排列公式与求解问题,因此可以快速地验证工程技术人员的算法。此外 MATLAB 还是一种解释性语言,不需要专门的编译器。具体地说,MATLAB 运行时可直接在命令行输入 MATLAB 语句,系统立即进行处理,完成编译、链接和运行的全过程,利用丰富的库函数避开繁杂的子程序编程任务,压缩了一切不必要的编程工作。

【例 1-1】MATLAB 求解下列方程,并求解矩阵 A 的特征值。

```
A= 32 13 45 67
23 79 85 12
43 23 54 65
98 34 71 35
b=     1
2
3
4
```

解为：$x=A\backslash b$，设 A 的特征值组成了向量 e，$e=\mathrm{eig}(A)$。

只需要在 MATLAB 窗口中输入如下几行代码：

```
A= [32 13 45 67； 23 79 85 12;43 23 54 65;98 34 71 35];
b=[1;2;3;4];
x=A\b
x=
    0.1809
    0.5128
   -0.5333
    0.1862
e=eig(A)
e=
  193.4475
   56.6905
  -48.1919
   -1.9461
```

可以看出，MATLAB 的程序极其简短，更为难能可贵的是 MATLAB 甚至具有一定的智能水平，比如上面的解方程，MATLAB 会根据矩阵的特性选择方程的求解方法，所以用户根本不用怀疑 MATLAB 的准确性。

3. 强大的科学计算机数据处理能力

MATLAB 是一个包含大量计算算法的集合。其拥有 600 多个工程中要用到的数学运算函数，可以方便地实现用户所需的各种计算功能。函数中所使用的算法都是科研和工程计算中的最新研究成果，而前经过了各种优化和容错处理。在通常情况下，可以用它代替底层编程语言，如 C 和 C++。在计算要求相同的情况下，使用 MATLAB 编程，工作量会大大减少。MATLAB 的函数集包括从最简单、最基本的函数到诸如矩阵、特征向量、快速傅立叶变换的复杂函数。函数所能解决的问题大致包括矩阵运算和线性方程组的求解、微分方程及偏微分方程组的求解、符号运算、傅立叶变换和数据的统计分析、工程中的优化问题、稀疏矩阵运算、复数的各种运算、三角函数和其他初等数学运算、多维数组操作以及建模动态仿真等。

4. 强大的图形处理功能

MATLAB 具有非常强大的以图形化显示矩阵和数组的能力，同时它能给这些图形增加注释并且可以对图形进行标注和打印。

MATLAB 的图形技术包括二维和三维的可视化、图像处理、动画等高层次的专业图形的高级绘图函数，例如图形的光照处理、色度处理以及四维数据的表现等，又包括一些可以让用户灵活控制图形特点的低级绘图命令，利用 MATLAB 的句柄图形技术可以创建图形用户界面。

同时对一些特殊的可视化要求，例如图形对话等，MATLAB 也有相应的功能函数，保证了用户不同层次的要求。另外新版本的 MATLAB 还着重在图形用户界面 GUI 的制作上做了很大的改善，对这方面有特殊要求的用户也可以得到满足。

5. 应用广泛的模块集合——工具箱

MATLAB 的一个重要特色就是具有一套程序扩展系统和一组被称为工具箱的特殊应用子程序，每个工具箱都是为某一类学科专业和应用而定制的。

MATLAB 包含两个部分：核心部分和各种可选的工具箱。核心部分中有数百个核心内部函数。其工具箱又分为两类，功能性工具箱和学科性工具箱。

功能性工具箱主要用来扩充其符号计算功能、图示建模仿真功能、文字处理功能以及与硬件实时交互功能，而学科性工具箱是专业性比较强的，如 Control Toolbox、Signal Processing Toolbox、Communication Toolbox 等。这些工具箱都是由该领域内学术水平很高的专家编写的，所以用户无需编写自己学科范围内的基础程序，就可直接进行高、精、尖的研究。

此外，用户可以直接使用工具箱学习、应用和评估不同的方法，而不需要自己编写代码。目前 MATLAB 已经把工具箱延伸到了科学研究和工程应用的诸多领域，诸如数据采集、数据库接口、概率统计、样条拟合、优化算法、偏微分方程求解、神经网络、小波分析、信号处理、图像处理、系统辨识、控制系统设计、LMI 控制、鲁棒控制、模型预测、模糊逻辑、金融分析、地图工具、非线性控制设计、实时快速原型及半物理仿真、嵌入式系统开发、定点仿真、DSP 与通讯、电力系统仿真等，都在工具箱 Toolbox 家族中有了自己的一席之地。

6. 可扩充性强, 具有方便的应用程序接口

MATLAB 有着丰富的库函数，在进行复杂的数学运算时可以直接调用，而且用户还可以根据需要方便地编写和扩充新的函数库。

通过混合编程，用户可以方便地在 MATLAB 环境中调用其他用 Fortran 或者 C 语言编写的代码，也可以在 C 语言或者 Fortran 语言中调用 MATLAB 的库函数。

7. 源程序的开放性

开放性也许是 MATLAB 最受人们欢迎的特点。除内部函数以外，所有 MATLAB 的核心文件和工具箱文件都是可读可改的源文件，用户可通过对源文件做修改以及加入自己的文件构成新的工具箱。

8. 实用的程序接口和发布平台

新版本的 MATLAB 可以利用 MATLAB 编译器和 C/C++数学库、图形库，将自己的 MATLAB 程序自动转换为独立于 MATLAB 运行的 C 和 C++代码。

用户可以编写和 MATLAB 进行交互的 C 或 C++语言程序。另外，MATLAB 网页服务程序还容许在 Web 应用中使用自己的 MATLAB 数学和图形程序。

1.1.3　MATLAB 系统

MATLAB 系统主要包括五个部分：桌面工具和开发环境、数字函数库、语言、图形处理、外部接口。其中桌面工具包括 MATLAB 桌面和命令窗口，编辑器和调试器、代码分析器和用于浏览帮助、工作空间、文件的浏览器。MATLAB 的函数库包括大量的算法，从初等函数到复杂的高等函数。MATLAB 语言是一种基于矩阵和数组的高级语言，具有程序流控制、函数、数据结构、输入输出和面向编程等特色。在图形处理中，MATLAB 具有方便的数据可视化功能。同时，MATLAB 语言能够和一些高级语言进行交互。

MATLAB 开发环境是一套方便用户使用的 MATLAB 函数和文件工具集，其中许多工具是图形化用户接口。它是一个集成的用户工作空间，允许用户输入输出数据，并提供了 M 文件的集成编译和调试环境，包括 MATLAB 桌面、命令窗口、M 文件编辑调试器、MATLAB 工作空间和在线帮助文档。

MATLAB 数学函数库包括了大量的计算算法，从基本算法如加法、正弦到复杂算法如矩阵求逆、快速傅里叶变换等。

MATLAB 语言是一种高级的基于矩阵/数组的语言，它有程序流控制、函数、数据结构、输入/输出和面向对象编程等特色。

图形处理系统使得 MATLAB 能方便地图形化显示向量和矩阵，而且能对图形添加标注和打印。它包括强大的二维三维图形函数、图像处理和动画显示等函数。

MATLAB 应用程序接口(API)是一个使 MATLAB 语言能与 C、Fortran 等其它高级编程语言进行交互的函数库。该函数库的函数通过调用动态链接库(DLL)实现与 MATLAB 文件的数据交换，其主要功能包括在 MATLAB 中调用 C 和 Fortran 程序，以及在 MATLAB 与其它应用程序间建立客户、服务器关系。

1.2　MATLAB 的安装和卸载

安装 MATLAB 的主要操作步骤如下：

第 1 步：下载 MATLAB2014a，并用 Winrar 等解压缩工具解压到 MATLAB2014a 文件夹中，安装前确保系统满足软硬件要求，获得用户许可证。注意不要在安装过程中使用杀毒软件，以防其减慢安装进度。

第 2 步：双击 setup.exe，开始安装，显示 MATLAB 图标。

第 3 步：选择"不使用 Internet 安装"，单击"下一步"，如图 1-1 所示。

第 4 步：浏览许可协议，确保同意许可协议，选择"是(Y)"，单击"下一步"，如图 1-2 所示。

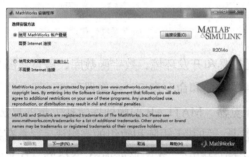　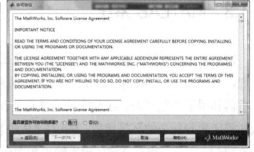

图 1-1　安装准备界面　　　　　　　　　　　图 1-2　浏览许可协议

第 5 步：输入安装密钥，单击"下一步"，如图 1-3 所示。

第 6 步：选择安装类型。用户可以根据自己的需要自行选择安装类型，选择典型类型将安装所有默认的产品组件，而选择自定义类型将有选择地安装组件。

第 7 步：选择安装目录和安装产品组件。如果选择典型安装类型，进入下一步，将出现如下对话框，开始安装默认组件，如图 1-4 所示。

图 1-3　输入安全密钥　　　　　　　　　　　图 1-4　选择典型选项的安装目录

如果选择"自定义选项"，进入"下一步"，将出现如下对话框，用户可自行选择安装组件，如图 1-5 所示。

第 8 步：确定安装目录和组件。如确定选择的目录和组件无误，单击"安装"开始安装，如图 1-6 所示。

图 1-5　自定义安装产品组件

图 1-6　确定安装目录和组件

第 9 步：确定安装后，弹出安装选项窗口，根据个人喜好设置快捷方式，如图 1-7 所示。

第 10 步：等待安装结束，安装界面如图 1-8 所示。

图 1-7　安装选项

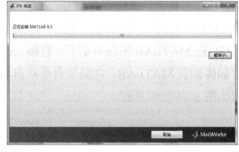

图 1-8　安装界面

第 11 步：安装完成。安装完成后，系统弹出安装完成对话框，如图 1-9 所示。

第 12 步：激活软件。安装完成后，点击"下一步"，出现软件激活界面，用户可以选择自动激活和手动激活两种方式，如图 1-10 所示。

图 1-9　安装完成界面

图 1-10　激活选项

如果选择"手动激活"，需要手动输入许可文件的完成路径，包括其文件名，也可以使用浏览功能，直接寻找许可文件，如图 1-11 所示。

输入有效的许可文件后，出现激活完成对话框，如图 1-12 所示。

 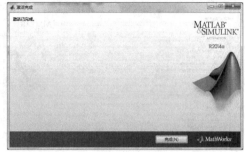

图 1-11　离线激活　　　　　　　　　　图 1-12　激活完成

用户安装完成后，系统默认运行 MATLAB，如图 1-13 所示。运行 MATLAB 有以下几种方式：

(1) 双击桌面的快捷方式。

(2) 在"开始"菜单中的"程序"中选择运行 MATLAB。

(3) 在 MATLAB 的根目录下，直接点击 MATLAB.exe 文件运行。

如需卸载 MATLAB，在安装目录双击 uninstall.exe，运行 MATLAB 自带的卸载程序，出现如图 1-14 所示界面。

图 1-13　开始运行窗口　　　　　　　图 1-14　MATLAB 卸载窗口

单击"卸载"选项就可以开始卸载了。

1.3　MATLAB 用户操作

1.3.1　命令窗口

MATLAB 各种操作命令都由命令窗口开始，用户可以在命令窗口中输入 MATLAB 命令，实现其相应的功能。启动 MATLAB，点击 MATLAB 图标，进入到用户界面，如图 1-15 所示，此命令窗口主要包括文本的编辑区域和菜单栏。

在命令窗口空白区域单击鼠标右键，打开快捷菜单，常用的命令有：Evaluate Selection(打开所选文本对应的表达式的值)、Open Selection(打开文本所对应的 MATLAB 文件)、Cut(剪切命令)、Paste(粘贴命令)等，如图 1-15 所示。

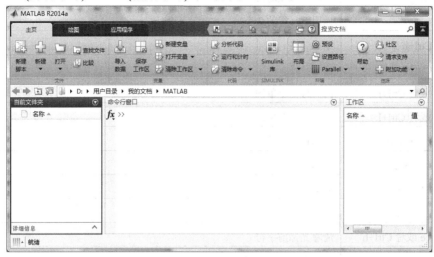

图 1-15　用户界面

在 MATLAB 中，Command Window 常用的命令及功能如表 1-1 所示。

表 1-1　Command Window 常用的命令功能

命　　令	功　　能
clc	擦去一页命令窗口，光标回到屏幕左上角
clear	从工作空间清除所有变量
clf	清除图形窗口内容
who	列出当前工作空间中的变量
whos	列出当前工作空间中的变量及信息或用工具栏上的 Workspace 浏览器
delete	从磁盘删除指定文件
which	查找指定文件的路径
clear all	从工作空间清除所有变量和函数
help	查询所列命令的帮助信息
save name	保存工作空间变量到文件 name.mat
save name x y	保存工作空间变量 x y 到文件 name.mat
load name	加载"name"文件中的所有变量到工作空间
load name x y	加载"name"文件中的变量 x y 到工作空间
diary name1.m	保存工作空间中的一段文本到文件 name1.m
diary off	关闭日志功能
type name.m	在工作空间查看 name.m 文件的内容
what	列出当前目录下的 m 文件和 mat 文件

（续表）

命　　　令	功　　　能
↑或者 Ctrl+p	调用上一次的命令
↓或者 Ctrl+n	调用下一行的命令
←或者 Ctrl+b	退后一格
→或者 Ctrl+f	前移一格
Ctrl +←或者 Ctrl+r	向右移一个单词
Ctrl +→或者 Ctrl+l	向左移一个单词
Home 或者 Ctrl+a	光标移到行首
End 或者 Ctrl+e	光标移到行尾
Esc 或者 Ctrl+u	清除一行
Del 或者 Ctrl+d	清除光标后字符
Backspace 或者 Ctrl+h	清除光标前字符
Ctrl+k	清除光标至行尾字
Ctrl+c	中断程序运行

1.3.2　M 文件

创建 M 文件是 MATLAB 中非常重要的内容之一。事实上，正是由于在 MATLAB 工具箱中存放着大量的 M 文件，使得 MATLAB 应用起来显得简单、方便，且功能强大。如果用户根据自己的需要，开发出适用于自己的 M 文件，不仅能使 MATLAB 更加贴近用户自己，而且能使 MATLAB 的功能得到扩展。

M 文件有两种形式：命令文件和函数文件。当用户要运行的命令较多时，如果直接在命令窗口中逐条输入和运行，会有诸多不便。此时可通过编写命令文件来解决这个问题。另外，从前面的例子可以看到 MATLAB 的许多命令，需要用户通过编写函数文件来执行。

MATLAB 用户应首先熟悉最经常使用的 M 文件编辑器(M File Editor)。M 文件编辑器不仅仅是一个文字编辑器，它还具有一定的程序调试功能。虽然没有像 VC、BC 那样强大的调试能力，但对于调试一般不过于复杂的 MATLAB 程序已经足够了。

进入 MATLAB 后，在右上角点击"New"选项进入编辑/调试器(Editer/Debugger)。在编辑/调试器中，编写符合语法规则的命令，编写完命令文件后，选择"Save"项，然后按照提示输入一个文件名。至此，完成了命令文件的创建，如图 1-16 所示。

图 1-16　M 编辑器窗口

1. 编辑功能

(1) 选择：与通常鼠标选择方法类似，但这样做并不方便。如果习惯了，使用 Shift+箭头键是一种更为方便的方法，熟练后根本就不需要再看键盘。

(2) 拷贝粘贴：没有比 Ctrl+C、Ctrl+V 键更方便的了，相信使用过 Windows 的人一定知道。

(3) 寻找替代：寻找字符串时用 Ctrl+F 键显然比用鼠标点击菜单方便。

(4) 查看函数：阅读大的程序常需要看看都有哪些函数并跳到感兴趣的函数位置，M 文件编辑器没有为用户提供像 VC 或者 BC 那样全方位的程序浏览器，却提供了一个简单的函数查找快捷按钮，单击该按钮，会列出该 M 文件的所有函数。

(5) 注释：如果用户已经有了很长时间的编程经验而仍然使用 Shift+5 输入%号，一定体会过其中的痛苦(忘了切换输入法状态时，就会变成中文字符集的百分号)。按 Ctrl+r 可添加注释%，按 Ctrl+t 则删除注释。

(6) 缩进：良好的缩进格式为用户提供了清晰的程序结构。编程时应该使用不同的缩进量，以使程序显得错落有致。增加缩进量用 Ctrl+]键，减少缩进量用 Ctrl+[键。当一大段程序比较乱的时候，使用 Smart Indent (代码自动缩进，快捷键为 Ctrl+I)也是一种很好的选择。

2. 调试功能

M 程序调试器的热键设置和 VC 的设置有些类似，如果用户有其它语言的编程调试经验，则调试 M 程序显得相当简单。因为它没有指针的概念，这样就避免了一大类难以查找的错误。不过 M 程序可能会经常出现索引错误，如果设置了 Stop if Error(Breakpoints 菜单下)，则程序的执行会停在出错的位置，并在 MATLAB 命令行窗口显示出错信息。下面列出了一些常用的调试方法。

(1) 设置或清除断点：使用快捷键 F12。

(2) 执行：使用快捷键 F5。

(3) 单步执行：使用快捷键 F10。

(4) Step in：当遇见函数时，进入函数内部，使用快捷键 F11。

(5) Step out：执行流程跳出函数，使用快捷键 Shift+F11。

(6) 执行到光标所在位置：非常遗憾这项功能没有快捷键，只能使用菜单来完成。

(7) 观察变量或表达式的值：将鼠标指针放在要观察的变量上停留片刻，就会显示出变量的值，当矩阵太大时，只显示矩阵的维数。

(8) 退出调试模式：没有设置快捷键，使用菜单或者快捷按钮来完成。

函数文件的创立方法与命令文件的创立方法完全一样，只是函数文件的第一句可执行语句是以 function 引导的定义语句，并且输入文件名时要与定义语句中的函数名相同。

建立了函数文件或命令文件后，只要在命令窗口键入命令文件名或函数名，就可执行 M 文件中所包含的所有命令。

1.3.3　帮助窗口

有效地使用帮助系统所提供的信息，是用户掌握好 MATLAB 应用的最佳途径。熟练的程序开发人员总会充分利用软件所提供的帮助信息，而 MATLAB 的一个突出优点就是其拥有较为完善的帮助系统。MATLAB 的帮助系统可以分为联机帮助系统和命令窗口查询帮助系统，如图 1-17 所示。

图 1-17　帮助窗口

1.3.4　工作窗口

工作窗口用来显示当前计算机内存中 MATLAB 变量的名称、数学结构、该变量的字节数及其类型，在 MATLAB 中不同的变量类型对应不同的变量名图标，可以对变量进行观察、编辑、保存和删除等操作。

工作窗口如图图 1-18 所示。

图 1-18　工作窗口

1.3.5　图形窗口

图形窗口用来显示 MATLAB 所绘制的图形，这些图形既可以是二维图形，也可以是三维图形。用户可以通过选择 New|Figure 命令进入图形窗口，如图 1-19 所示。

弹出的窗口如图 1-20 所示：

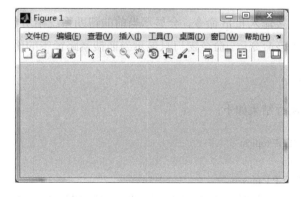

图 1-19　进入图形窗口　　　　　　　图 1-20　运行程序自动弹出图形窗口

1.3.6　搜索路径

用户可以通过选择菜单栏中的"Set Path"，或者在命令窗口输入 pathtool 或 editpath 指令来查看 MATLAB 的搜索目录，如图 1-21 所示。

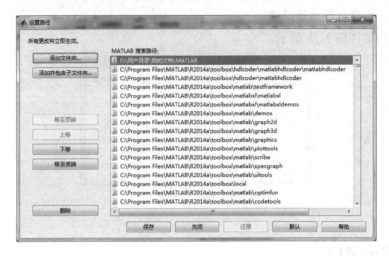

图 1-21　查看搜索目录

1.4　查询帮助命令

MATLAB 用户可以通过在命令窗口中直接输入命令来获得相关的帮助信息，这种获取方式比联机帮助更为快捷。在命令窗口中获取帮助信息的主要命令为 help 和 lookfor 以及模糊寻找，下面将介绍这些命令。

1.4.1　help 命令

直接输入 help 命令，会显示当前的帮助系统中所包含的所有项目。需要注意的是用户在输入该命令后，命令窗口只显示当前搜索路径中的所有目录名称。例如在命令窗口输入：

help

运行结果如下：

```
HELP topics:
help
HELP topics:
MATLABhdlcoder\MATLABhdlcoder    - (No table of contents file)
MATLABxl\MATLABxl                - MATLAB Builder EX
MATLAB\demos                     - Examples.
MATLAB\graph2d                   - Two dimensional graphs.
MATLAB\graph3d                   - Three dimensional graphs.
MATLAB\graphics                  - Handle Graphics.
MATLAB\plottools                 - Graphical plot editing tools
```

MATLAB\scribe	- Annotation and Plot Editing.
MATLAB\specgraph	- Specialized graphs
…….	…….
vnt\vntguis	- (No table of contents file)
vnt\vntdemos	- (No table of contents file)
vntblks\vntblks	- (No table of contents file)
vntblks\vntmasks	- (No table of contents file)
wavelet\wavelet	- Wavelet Toolbox
wavelet\wmultisig1d	- (No table of contents file)
wavelet\wavedemo	- (No table of contents file)
wavelet\compression	- (No table of contents file)
xpc\xpc	- xPC Target
xpcblocks\thirdpartydrivers	- (No table of contents file)
build\xpcblocks	- xPC Target -- Blocks
build\xpcobsolete	- (No table of contents file)
xpc\xpcdemos	- xPC Target -- examples and sample script files.

如果用户知道某个函数名称，并想了解该函数的具体用法，只需在命令窗口中输入 help+函数名，例如在命令窗口输入：

help sin

则运行结果如下：

```
sin     Sine of argument in radians.
        sin(X) is the sine of the elements of X.
        See also asin, sind.
        Overloaded methods:
            codistributed/sin
            gpuArray/sin
        Reference page in Help browser
            doc sin
```

1.4.2　lookfor 函数的使用

但当用户不知道一些函数的确切名称，此时 help 函数就无能为力了，但可以使用 lookfor 函数方便地解决这个问题。在使用 lookfor 函数时，用户只需知道某个函数的部分关键字，在命令窗口中输入 lookfor+关键字，就可以很方便地实现查找。例如在命令窗口输入：

lookfor sin

运行结果如下：

```
sin
BioIndexedFile     - class allows random read access to text files using an index file.
```

loopswitch	- Create switch for opening and closing feedback loops.
mbcinline	- replacement version of inline using anonymous functions
cgslblock	- Constructor for calibration Generation Simulink block parsing manager
xregaxesinput	- Constructor for the axes input object for a ListCtrl
ExhaustiveSearcher	- Neighbor search object using exhaustive search.
KDTreeSearcher	- Neighbor search object using a kd-tree.
……	……
sample_supported	- <name>_supported fills in a single instance or an array
dxpcUDP1	- Target to Host Transmission using UDP
dxpcUDP2	- Target to Target Transmission using UDP
j1939exampleDemo	- J1939 - Using Transport Protocol
scscopedemo	- Signal Tracing Using Scope Triggering
scsignaldemo	- Signal Tracing Using Signal Triggering
scsoftwaredemo	- Signal Tracing Using Software Triggering

1.4.3　模糊寻找

MATLAB 还提供了一种模糊寻找的命令查询方法，只需在命令界面输入命令的前几个字母，然后按 TAB 键，系统将列出所有以其开头的命令。

1.5　本　章　小　结

MATLAB 语言由于其语法的简洁性、代码接近自然数学描述方式以及具有丰富的专业函数库等诸多优点，吸引了众多科学研究工作者，且越来越成为科学研究、数值计算、建模仿真以及学术交流的事实标准。本章主要介绍了 MATLAB 的一些基本知识。

第2章 数值计算

数值计算主要是指数值数组及矩阵的运算。数组是 MATLAB 进行计算和处理的核心内容之一，是数据存储和运算的基本单元。MATLAB 提供了各种数组创建和操作的方法。二维数组按矩阵的运算规则实施运算便是矩阵。MATLAB 即"矩阵实验室"，它以矩阵为基本运算单元。本章将从最基本的运算单元出发，介绍 MATLAB 数值计算的命令及其用法。

学习目标：

- 了解数组和矩阵的创建与基本操作。
- 理解数组和矩阵的基本运算。
- 掌握矩阵分析的基本操作。
- 掌握稀疏矩阵的基本操作。

2.1 数 组 运 算

数值数组(简称数组)是 MATLAB 中最重要的一种内建数据类型，一维数值数组即向量。日常应用的大量数据可以看成是一个数值向量，可以对向量进行分析、运算等处理。

2.1.1 数组的创建与操作

在 MATLAB 中一般使用方括号"[ ]"、逗号"，"、空格号和分号"；"来创建数组，行数组元素用空格或逗号分隔，列数组元素用分号分隔。

【例 2-1】创建数组示例。

运行程序如下：

```
clear all
A=[]
B=[5 3 4 3 2 1]
C=[55,4,3,2,1]
D=[52;4;3;2;1]
E=B'  %转置
```

运行结果如下：

```
A =
```

```
        []
B =
    5     3     4     3     2     1
C =
    55    4     3     2     1
D =
    52
    4
    3
    2
    1
E =
    5
    3
    4
    3
    2
    1
```

【例 2-2】访问数组示例。

运行程序如下：

```
clear all
B=[1 2 3 3 2 1]
b1=B(1)          %访问数组的第一个元素
b2=B(1:3)        %访问数组的第 1、2、3 个元素
b3=B(3:end)      %访问数组的第 3 个到最后一个元素
b4=B(end:-1:1)   %数组元素反序输出
b5=B([1 6])      %访问数组的第 1\6 元素
```

运行结果如下：

```
B =
    1     2     3     3     2     1
b1 =
    1
b2 =
    1     2     3
b3 =
    3     3     2     1
b4 =
    1     2     3     3     2     1
b5 =
    1     1
```

【例2-3】对一子数组赋值。

运行程序如下：

```
clear all
A=[1 2 4 4 2 1]
A1(3) = 0
A2([1 4])=[1 1]
```

运行结果如下：

```
A =
     1     2     4     4     2     1
A1 =

     0     0     0
A2 =

     1     0     0     1
```

在 MATLAB 中还可以通过各种方式创建数组，具体如下。

1. 通过用冒号创建一维数组

在 MATLAB 中，通过冒号创建一维数组的代码如下：

```
x = a:step:b
```

其中，a 是数组 x 中的第一个元素，b 不一定是数组 x 的最后一个元素。默认 step= 1。

【例2-4】用冒号创建一维数组示例。

运行程序如下：

```
clear all
A=3:6
B=4.1:1.5:6
C=4.1:-1.5:-6
D=4.1:-1.5:6
```

运行结果如下：

```
A =
     3     4     5     6
B =
    4.1000    5.6000
C =
    4.1000    2.6000    1.1000   -0.4000   -1.9000   -3.4000   -4.9000
D =
   Empty matrix: 1-by-0
```

2. 通过 logspace()函数创建一维数组

MATLAB 常用 logspace ()函数创建一维数组，该函数的调用方式如下。

x = logspace(a,b,n)

意思是：创建行向量 y，第一个元素为 10^a，最后一个元素为 10^b，形成总数为 n 个元素的等比数列。

【例 2-5】logspace()函数创建一维数组示例。

运行程序如下：

```
clear all
clc
format short;
A=logspace(1,2,30)
B=logspace(1,2,20)
```

运行结果如下所示：

```
A =
  Columns 1 through 11
   10.0000    10.8264    11.7210    12.6896    13.7382    14.8735    16.1026    17.4333    18.8739
   20.4336    22.1222
  Columns 12 through 22
   23.9503    25.9294    28.0722    30.3920    32.9034    35.6225    38.5662    41.7532    45.2035
   48.9390    52.9832
  Columns 23 through 30
   57.3615    62.1017    67.2336    72.7895    78.8046    85.3168    92.3671   100.0000
B =
  Columns 1 through 11
   10.0000    11.2884    12.7427    14.3845    16.2378    18.3298    20.6914    23.3572    26.3665
   29.7635    33.5982
  Columns 12 through 20
   37.9269    42.8133    48.3293    54.5559    61.5848    69.5193    78.4760    88.5867   100.0000
```

3. 通过 linspace()函数创建一维数组

MATLAB 常用 linspace()函数创建一维数组，该函数的调用方式如下。

x = linspace(a,b,n)

创建行向量 y，第一个元素为 a，组后一个元素为 b，形成总数为 n 个元素的等比数列。

【例 2-6】用 linspace()函数创建一维数组示例。

运行程序如下：

```
clear all
```

```
format short;
A = linspace(1,100)
B = linspace(1,60 ,12)
C= linspace(1,60,1)
```

运行结果如所示：

A =

Columns 1 through 18

1	2	3	4	5	6	7	8	9	10	11	12	13	14
15	16	17	18										

Columns 19 through 36

19	20	21	22	23	24	25	26	27	28	29	30	31	32
33	34	35	36										

Columns 37 through 54

37	38	39	40	41	42	43	44	45	46	47	48	49	50
51	52	53	54										

Columns 55 through 72

55	56	57	58	59	60	61	62	63	64	65	66	67	68
69	70	71	72										

Columns 73 through 90

73	74	75	76	77	78	79	80	81	82	83	84	85	86
87	88	89	90										

Columns 91 through 100

91	92	93	94	95	96	97	98	99	100

B =

Columns 1 through 10

1.0000	6.3636	11.7273	17.0909	22.4545	27.8182	33.1818	38.5455	43.9091
49.2727								

Columns 11 through 12

54.6364	60.0000

C =

60

2.1.2 数组运算

1. 数组的算数运算

数组的关系运算是从数组的单个元素出发，针对每个元素进行的运行。在 MATLAB中，一维数组的基本运算包括加、减、乘、左除、右除和乘方。

【例 2-7】数组加减法示例。

运行程序如下：

```
clear all
A=[1 7 6 8 7 6 9 6]
B=[9 75 6 7 4 0 4 7]
C=[1 1 1 1 1]
D=A+B                %加法
E=A-B                %减法
F=A*2
H=A-C
```

运行结果如下：

```
A =
    1    7    6    8    7    6    9    6
B =
    9    75    6    7    4    0    4    7
C =
    1    1    1    1    1
D =
    10    82    12    15    11    6    13    13
E =
    -8    -68    0    1    3    6    5    -1
F =
    2    14    12    16    14    12    18    12
错误使用   -
矩阵维度必须一致。
```

数组的乘除法运算：通过“.*”和“./”实现数组的乘除法运算，但是运算规则要求两个数组的维数相同。

【例 2-8】数组乘法示例。

运行程序如下：

```
clear all
A=[1 5 7 8 9 6]
B=[9 7 6 2 7 0]
C=A.*B%数组的点乘
D=A*3%数组与常数的乘法
```

运行结果如下：

```
A =
    1    5    7    8    9    6
B =
    9    7    6    2    7    0
C =
    9    35    42    16    63    0
D =
```

| | 3 | 15 | 21 | 24 | 27 | 18 |

【例 2-9】 数组除法示例。

运行程序如下：

```
clear all
A=[1 5 7 8 9 7]
B=[7 5 7 2 4 0]
C=A./B%数组和数组的左除
D=A.\B%数组和数组的右除
E=A./3%数组与常数的除法
F=A/3
```

运行结果如下：

```
A =
    1       5       7       8       9       7
B =
    7       5       7       2       4       0
C =
    0.1429    1.0000    1.0000    4.0000    2.2500       Inf
D =
    7.0000    1.0000    1.0000    0.2500    0.4444         0
E =
    0.3333    1.6667    2.3333    2.6667    3.0000    2.3333
F =
    0.3333    1.6667    2.3333    2.6667    3.0000    2.3333
```

通过乘方格式 ".^" 实现数组的乘方运算。数组的乘方运算包括：数组间的乘方运算、数组与某个具体数值的乘方运算和常数与数组的乘方。

【例 2-10】 数组乘方示例。

运行程序如下：

```
clear all
A=[1 5 7 8 9 7]
B=[9 5 7 2 4 0]
C=A.^B                    %数组的乘方
D=A.^3                    %数组的某个具体数值的乘方
E=3.^A                    %常数的数组的乘方
```

运行结果如下：

```
A =
    1       5       7       8       9       7
B =
    9       5       7       2       4       0
```

```
C =
     1        3125       823543       64        6561         1
D =
     1    125   343   512   729   343
E =
     3        243         2187        6561        19683        2187
```

通过函数 dot 可以实现数组的点积运算，该函数的调用方法如下：

```
C=dot(A,B);
C=dot(A,B,DIM);
```

【例 2-11】数组点积示例。

运行程序如下：

```
clear all
A=[1 5 7 8 9 7]
B=[7 5 6 2 4 0]
C=dot(A,B)          %数组的点积
D=sum(A.*B)         %数组元素的乘积之和
```

运行结果如下：

```
A =
     1     5     7     8     9     7
B =
     7     5     6     2     4     0
C =
   126
D =
   126
```

2. 数组的关系运算

MATLAB 中两个数组之间的关系通常有 6 种描述：小于(<)、大于(>)、等于(==)、小于等于(<=)、大于等于(>=)和不等于(~=)。MATLAB 在比较两个元素的大小时，如果表达式为真，则返回结果 1，否则返回 0。

【例 2-12】数组的关系运算示例。

运行程序如下：

```
clear all
A=[1 5 7 8 9 7]
B=[9 5 7 2 4 0]
C=A<7          %数组与常数比较，小于
D=A>=7         %数组与常数比较，大于等于
E=A<B          %数组与数组比较
```

```
F=A==B           %恒等于
```

运行结果如下所示：

```
A =
    1    5    7    8    9    7
B =
    9    5    7    2    4    0
C =
    1    1    0    0    0    0
D =
    0    0    1    1    1    1
E =
    1    0    0    0    0    0
F =
    0    1    1    0    0    0
```

3. 数组的逻辑运算

MATLAB 中两个数组之间的逻辑关系通常有 3 种描述：与(&)、或(|)和非(~)。如果非零元素为真，则返回结果 1，否则返回 0。

【例 2-13】数组的逻辑运算示例。

运行程序如下：

```
clear all
A=[1 5 6 0 9 6]
B=[9 5 0 2 4 0]
C=A&B            %与
D=A|B            %或
E=~B             %非
```

运行结果如下所示：

```
A =
    1    5    6    0    9    6
B =
    9    5    0    2    4    0
C =
    1    1    0    0    1    0
D =
    1    1    1    1    1    1
E =
    0    0    1    0    0    1
```

2.2　矩阵及其操作

2.2.1　矩阵的创建

从结构上讲，矩阵(数组)是 MATLAB 数据存储的基本单元。下面将介绍矩阵及运算等一些相关的知识。从运算角度讲，矩阵形式的数据有多种运算形式，例如向量运算、矩阵运算、数组运算等。

MATLAB 的强大功能之一体现在能直接处理向量或矩阵，当然首要任务是输入待处理的向量或矩阵。

不管是任何矩阵(向量)，我们可以直接按行方式输入每个元素：同一行中的元素用逗号(,)或者用空格符来分隔，且空格个数不限；不同的行用分号(;)分隔。所有元素处于一方括号([ ])内；当矩阵是多维(三维以上)，且方括号内的元素是维数较低的矩阵时，会有多重的方括号。

最简单的建立矩阵的方法是从键盘直接输入矩阵的元素。将矩阵的元素用方括号括起来，按矩阵行的顺序输入各元素，同一行的各元素之间用空格或逗号分隔，不同行的元素之间用分号分隔。如果只输入一行，则就形成一个数组(又称作向量)。

矩阵或数组中的元素可以是任何 MATLAB 表达式，可以是实数，也可以是复数。

在此方法下创建矩阵需要注意以下规则：

(1) 矩阵元素必须在"[ ]"内。

(2) 矩阵的同行元素之间用空格(或",")隔开。

(3) 矩阵的行与行之间用";"(或回车符)隔开。

【例 2-14】矩阵的直接表示示例。

运行程序如下：

```
x=[2 pi/2;sqrt(3) 3+5i]
```

运行结果如下：

```
x =
    2.0000 + 0.0000i    1.5708 + 0.0000i
    1.7321 + 0.0000i    3.0000 + 5.0000i
```

对于比较大且比较复杂的矩阵，可以为它专门建立一个 M 文件。

利用 M 文件建立 MAT 矩阵的步骤如下：

(1) 启动有关编辑程序或 MATLAB 的 M 文件编辑器，并输入待建矩阵。

(2) 把输入的内容以纯文本方式存盘(设文件名为 yang.m)。

(3) 在 MATLAB 命令窗口中输入 yang，即运行该 M 文件，就会自动建立一个名为

MAT 的矩阵，可供以后使用，如图 2-1、图 2-2 所示：

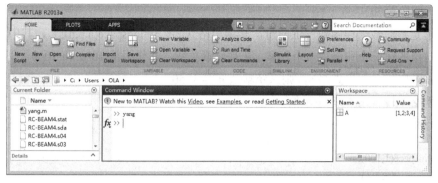

图 2-1 命令窗口

图 2-2 变量窗口

利用冒号表达式建立一个数组(向量)，注意向量也是特殊的矩阵。

一般格式是：e1:e2:e3

其中 e1 为初始值，e2 为步长，e3 为终止值。

注：e3 为尾元素数值限，而非元素值，如 $x=1$：2：7。

若步长 e2 为 1，则可省略此项输入，如 $x=1:5$。

若 e1 小于 e3 则 e2 必须大于 0，如 $x=1:2:12$。

若 e1 大于 e3 则 e2 必须小于 0，如 $x=12:-2:1$。

若 e1 等于 e3 则只有一个元素，如 $x=1:2:1$ 则只输出 1。

采用定数线性采样函数产生向量，其调用格式为：x=linspace(a,b,n)，其中 a 和 b 是生成向量的第一个和最后一个元素，n 是元素总数。其作用是 a 和 b 之间产生一个等分的 n 维向量，如果省略 n，则系统默认 n 等于 100。

注：它与冒号表达式的区别是：它是维数已知的情况下产生向量，而冒号表达式是维数未知，间隔已知。

采用定数对数采样函数产生向量，其调用格式为"y=logspace(a,b,n);"，其中 a 和 b 是生成向量的第一个和最后一个元素，n 是元素总数。其作用是 10^a 和 10^b 之间产生一等分的 n 维向量。如果省略 n，则系统默认 n 等于 50。

【例 2-15】 向量的产生示例。

运行程序如下：

```
x1=linspace(1,100,6)
x2=logspace(0,5,6)
x3=logspace(0,5)
x4=linspace(1,100)
```

运行结果如下：

```
x1 =
    1.0000    20.8000    40.6000    60.4000    80.2000    100.0000
x2 =
        1         10        100       1000      10000     100000

x3 =
   1.0e+05 *
  Columns 1 through 10
    0.0000    0.0000    0.0000    0.0000    0.0000    0.0000    0.0000    0.0001    0.0001
    0.0001
  Columns 11 through 20
    0.0001    0.0001    0.0002    0.0002    0.0003    0.0003    0.0004    0.0005    0.0007
    0.0009
  Columns 21 through 30
    0.0011    0.0014    0.0018    0.0022    0.0028    0.0036    0.0045    0.0057    0.0072
    0.0091
  Columns 31 through 40
    0.0115    0.0146    0.0184    0.0233    0.0295    0.0373    0.0471    0.0596    0.0754
    0.0954
  Columns 41 through 50
    0.1207    0.1526    0.1931    0.2442    0.3089    0.3907    0.4942    0.6251    0.7906
    1.0000
x4 =
  Columns 1 through 17
     1     2     3     4     5     6     7     8     9     10     11     12     13     14
    15     16     17
  Columns 18 through 34
    18     19     20     21     22     23     24     25     26     27     28     29     30     31
    32     33     34
```

Columns 35 through 51

| 35 | 36 | 37 | 38 | 39 | 40 | 41 | 42 | 43 | 44 | 45 | 46 | 47 | 48 |
| 49 | 50 | 51 |

Columns 52 through 68

| 52 | 53 | 54 | 55 | 56 | 57 | 58 | 59 | 60 | 61 | 62 | 63 | 64 | 65 |
| 66 | 67 | 68 |

Columns 69 through 85

| 69 | 70 | 71 | 72 | 73 | 74 | 75 | 76 | 77 | 78 | 79 | 80 | 81 | 82 |
| 83 | 84 | 85 |

Columns 86 through 100

| 86 | 87 | 88 | 89 | 90 | 91 | 92 | 93 | 94 | 95 | 96 | 97 | 98 | 99 |
| 100 |

在 MATLAB 中，也可以利用其它文本编辑器来创造矩阵。例如：编辑一个文本文件：

16.0	3.0	2.0	9.0
5.0	10.0	11.0	8
9.0	6.0	7.0	12.0
4.0	15.0	14.0	1.0

将该文本载入 dat 或 txt 等格式的文件：

如果需要该文件，可以在命令窗口输入：

>> load yang.dat

或

>> load yang.txt

在 MATLAB 中，系统内置特殊函数可以用于创建矩阵，通过这些函数，可以很方便地得到想要的特殊矩阵。系统内置的创建特殊矩阵的函数如下所示。

MATLAB 中产生特殊矩阵的函数有：

zeros：产生全 0 矩阵(零矩阵)。

ones：产生全 1 矩阵(幺矩阵)。

eye：产生单位矩阵。

rand：产生 0-1 间均匀分布的随机矩阵。

randn：产生均值为 0、方差为 1 的标准正态分布随机矩阵。

调用格式：

zeros(m):	%产生 m×m 零矩阵
zeros(m,n):	%产生 m×n 零矩阵
zeros(size(A)):	%产生与矩阵 A 同样大小的零矩阵

【例2-16】分别建立 3×3，3×2，2×3 零矩阵。

运行程序如下：

```
zeros(3)
zeros(3,2)
zeros(2,3)
```

运行结果如下：

```
ans =
    0    0    0
    0    0    0
    0    0    0
ans =
    0    0
    0    0
    0    0
ans =
    0    0    0
    0    0    0
```

【例 2-17】 建立随机矩阵。

运行程序如下：

```
z=20+(50-20)*rand(5)
y=0.6+sqrt(0.1)*randn(5)
```

运行结果如下：

```
z =
   34.8778   32.7520   33.8280   42.7947   21.4575
   24.6321   48.8341   22.9157   24.5397   41.2846
   31.3406   39.7922   48.6489   32.3516   25.2419
   21.6586   47.8734   26.6291   44.8278   41.7139
   44.0315   27.6278   48.9437   27.6093   34.8289
y =
    0.4632    0.9766    0.5410    0.6360    0.6931
    0.0733    0.9760    0.8295    0.9373    0.1775
    0.6396    0.5881    0.4140    0.6187    0.8259
    0.6910    0.7035    1.2904    0.5698    1.1134
    0.2375    0.6552    0.5569    0.3368    0.3812
```

【例 2-18】 分别建立与矩阵 A 同样大小的零矩阵。设矩阵 A 为 2×3 矩阵，则可以用 zeros(size(A))命令建立一个与矩阵 A 同样大小的零矩阵。

运行程序如下：

```
A=[1 2 3;4 5 6];      %产生一个 2×3 阶矩阵 A
zeros(size(A))        %产生一个与矩阵 A 同样大小的零矩阵
```

运行结果如下:

ans =
  0   0   0
  0   0   0

【例 2-19】 创建标准正态分布随机矩阵示例。

运行程序如下:

```
clear all
B=randn(4)
C=randn([4,5])
D=randn(size(C))
```

运行结果如下:

B =
  0.7254 -0.1241 0.6715 0.4889
  -0.0631 1.4897 -1.2075 1.0347
  0.7147 1.4090 0.7172 0.7269
  -0.2050 1.4172 1.6302 -0.3034
C =
  0.2939 -1.0689 0.3252 -0.1022 -0.8649
  -0.7873 -0.8095 -0.7549 -0.2414 -0.0301
  0.8884 -2.9443 1.3703 0.3192 -0.1649
  -1.1471 1.4384 -1.7115 0.3129 0.6277
D =
  1.0933 -1.2141 -0.7697 -1.0891 1.5442
  1.1093 -1.1135 0.3714 0.0326 0.0859
  -0.8637 -0.0068 -0.2256 0.5525 -1.4916
  0.0774 1.5326 1.1174 1.1006 -0.7423

还有伴随矩阵、稀疏矩阵、魔方矩阵、对角矩阵、范德蒙等矩阵的创建,这些特殊矩阵在 MATLAB 中有专门的函数可以建立,特殊矩阵的建立见相关 MATLAB 参考书或帮助文件。

【例 2-20】 希尔伯特矩阵生成示例。
运行程序如下:

```
A=hilb(4)
B=invhilb(4)
```

运行结果如下:

A =
  1.0000 0.5000 0.3333 0.2500
  0.5000 0.3333 0.2500 0.2000

0.3333	0.2500	0.2000	0.1667
0.2500	0.2000	0.1667	0.1429

B =

16	-120	240	-140
-120	1200	-2700	1680
240	-2700	6480	-4200
-140	1680	-4200	2800

从结果中可以看出，希尔伯特矩阵和它的逆矩阵都是对称矩阵。

另外一个比较重要的矩阵为托普利兹矩阵，由两个向量定义：一个行向量，一个列向量。

【例 2-21】托普利兹矩阵生成示例。

运行程序如下：

```
C=toeplitz(2:6,2:2:8)
```

运行结果如下：

C =

2	4	6	8
3	2	4	6
4	3	2	4
5	4	3	2
6	5	4	3

在 MATLAB 中常用 magic()函数产生魔方矩阵。魔法矩阵中每行、列和两条对角线上的元素和相等，其调用形式如下。

```
M= magic(a)
```

【例 2-22】魔方矩阵生成示例。

运行程序如下：

```
clear all
A=magic(3)
B=magic(4)
C=magic(5)
E=sum(A)        %计算每行的和
F=sum(A')       %计算每列的和
```

运行结果如下：

A =

8	1	6
3	5	7
4	9	2

B =

16	2	3	13

5	11	10	8
9	7	6	12
4	14	15	1

C =

17	24	1	8	15
23	5	7	14	16
4	6	13	20	22
10	12	19	21	3
11	18	25	2	9

E =

15	15	15

F =

15	15	15

在 MATLAB 中常用 pascal()产生帕斯卡矩阵，其调用格式如下。

A=pascal(n,m)

【例 2-23】帕斯卡矩阵示例。

运行程序如下：

```
clear all
A=pascal(4)        %创建 4 阶帕斯卡矩阵
B=pascal(3,2)
```

运行结果如下：

A =

1	1	1	1
1	2	3	4
1	3	6	10
1	4	10	20

B =

1	1	1
-2	-1	0
1	0	0

在 MATLAB 中常用 vander()产生范德蒙矩阵，其调用格式如下。

A=vander(v)

【例 2-24】范德蒙示例。

运行程序如下：

```
A=vander([1 2 3 4 5])
B=vander([1;2;3;4;5])
C=vander(1:.5:3)
```

运行结果如下：

A =

1	1	1	1	1
16	8	4	2	1
81	27	9	3	1
256	64	16	4	1
625	125	25	5	1

B =

1	1	1	1	1
16	8	4	2	1
81	27	9	3	1
256	64	16	4	1
625	125	25	5	1

C =

1.0000	1.0000	1.0000	1.0000	1.0000
5.0625	3.3750	2.2500	1.5000	1.0000
16.0000	8.0000	4.0000	2.0000	1.0000
39.0625	15.6250	6.2500	2.5000	1.0000
81.0000	27.0000	9.0000	3.0000	1.0000

对角线上有非 0 元素的矩阵为对角矩阵，对角线上元素相等的对角矩阵称为数量矩阵，对角线上的元素全为 1 的称为单位矩阵。

【例 2-25】提取矩阵对角线元素示例。

运行程序如下：

```
A=[1 2 3;4 5 6];
D=diag(A)
```

运行结果如下：

D =

1
5

diag(A)函数的另一种形式 diag(A,k)，可提取第 k 条对角线元素，主对角向上为 1，向下为-1，以此类推。

【例 2-26】构造对角矩阵示例。

运行程序如下：

```
diag([1 2 -1 4])
```

运行结果如下：

ans =

1　　0　　0　　0

0	2	0	0
0	0	-1	0
0	0	0	4

【例2-27】建立一个 5×5 矩阵，然后将第 1 行乘 1 第 2 行乘 2，以此类推。

运行程序如下：

```
A=[1 2 3 4 5;6 7 8 9 10;11 12 13 14 15 16 17 18 19 20;21 22 23 24 25]
d=diag(1:5)
B=d*A
```

运行结果如下：

A =

1	2	3	4	5
6	7	8	9	10
11	12	13	14	15
16	17	18	19	20
21	22	23	24	25

d =

1	0	0	0	0
0	2	0	0	0
0	0	3	0	0
0	0	0	4	0
0	0	0	0	5

B =

1	2	3	4	5
12	14	16	18	20
33	36	39	42	45
64	68	72	76	80
105	110	115	120	125

三角矩阵又分上三角矩阵、下三角矩阵。

【例2-28】上三角函数用法示例。

运行程序如下：

```
A=[7 13 -28;2 -9 8;0 34 5]
B=triu(A)
```

运行结果如下：

A =

7	13	-28
2	-9	8
0	34	5

```
B =
        7      13     -28
        0      -9      8
        0       0      5
```

triu(A,k)表示第 k 条对角线以上保留，其它置 0。

【例 2-29】下三角函数示例。

运行程序如下：

```
A=[7 13 -28;2 -9 8;0 34 5]
tril(A)        %取下三角
```

运行结果如下：

```
A =
        7      13     -28
        2      -9      8
        0      34      5
ans =
        7       0      0
        2      -9      0
        0      34      5
```

tril(A,k)与 triu(A,k)一样使用。

2.2.2　矩阵的扩展

　　两个或者两个以上的单个矩阵，按一定的方向进行连接，生成新的矩阵就是矩阵的拼接。矩阵的拼接是创建矩阵的一种特殊方法，区别在于基础元素是原始矩阵，目标是新的合并矩阵。

　　矩阵的拼接有按照水平方向拼接和按照垂直方向拼接两种。例如，对矩阵 *A* 和 *B* 进行拼接，拼接表达式分别如下：

　　水平方向拼接：C=[A B]或 C=[A,B]

　　垂直方向拼接：C=[A;B]。

【例 2-30】下面的例子为把 3 阶魔术矩阵和 3 阶单位矩阵在水平方向上拼接成为一个新矩阵，垂直方向上拼接成一个新矩阵。

运行程序如下：

```
clear all;
c= magic(3)        %3 阶魔术矩阵
d = eye (3)        %3 阶单位矩阵
E =[c,d]           %水平方向上拼接
F =[c;d]           %垂直方向上拼接
```

运行结果如下所示：

```
c =
    8    1    6
    3    5    7
    4    9    2
d =
    1    0    0
    0    1    0
    0    0    1
E =
    8    1    6    1    0    0
    3    5    7    0    1    0
    4    9    2    0    0    1
F =
    8    1    6
    3    5    7
    4    9    2
    1    0    0
    0    1    0
    0    0    1
```

在 MATLAB 中，除了使用矩阵拼接符[]，还可以使用矩阵拼接函数执行，具体的函数和功能如表 2-1 所示。

表 2-1　MATLAB 中矩阵拼接函数

函　　　数	功　　　能
cat	指定维数拼接矩阵
horzcat	水平拼接
vertcat	垂直拼接
repmat	通过对现有矩阵复制和粘贴操作拼接成新矩阵
blkdiag	现有矩阵构造一个块对角矩阵

【例 2-31】下面的例子利用 cat 函数在不同方向拼接矩阵。

运行程序如下：

```
clear all;
A1=[1 2;3 4]
A2=[5 6;7 8]
C1=cat(1,A1,A2)        %垂直拼接
C2=cat(2,A1,A2)        %水平拼接
C3=cat(3,A1,A2)        %三维数组
```

运行结果如下所示：

A1 =

　　1　　　2
　　3　　　4

A2 =

　　5　　　6
　　7　　　8

C1 =

　　1　　　2
　　3　　　4
　　5　　　6
　　7　　　8

C2 =

　　1　　　2　　　5　　　6
　　3　　　4　　　7　　　8

C3(:,:,1) =

　　1　　　2
　　3　　　4

C3(:,:,2) =

　　5　　　6
　　7　　　8

要删除矩阵的某一行或者某一列，只要把该行或者该列赋予一个"[]"就可以了。

【例 2-32】矩阵行列的删除。

运行程序如下：

```
clear all;
A=rand(5,5)
A(2, :)=[ ]
```

运行结果如下所示：

A =

　　0.2581　　0.7112　　0.4242　　0.0292　　0.2373
　　0.4087　　0.2217　　0.5079　　0.9289　　0.4588
　　0.5949　　0.1174　　0.0855　　0.7303　　0.9631
　　0.2622　　0.2967　　0.2625　　0.4886　　0.5468
　　0.6028　　0.3188　　0.8010　　0.5785　　0.5211

A =

　　0.2581　　0.7112　　0.4242　　0.0292　　0.2373
　　0.5949　　0.1174　　0.0855　　0.7303　　0.9631
　　0.2622　　0.2967　　0.2625　　0.4886　　0.5468
　　0.6028　　0.3188　　0.8010　　0.5785　　0.5211

2.2.3　矩阵的重构

矩阵重构的两个比较重要的运算是转置和旋转。

【例 2-33】矩阵的转置示例。

运行程序如下：

```
A=[7 13 -28;2 -9 8;0 34 5]
B=A'
```

运行结果如下：

```
A =
        7       13      -28
        2       -9        8
        0       34        5
B =
        7        2        0
       13       -9       34
      -28        8        5
```

【例 2-34】矩阵的旋转示例。

运行程序如下：

```
A=[7 13 -28;2 -9 8;0 34 5]
B=rot90(A)
```

运行结果如下：

```
A =
        7       13      -28
        2       -9        8
        0       34        5
B =
      -28        8        5
       13       -9       34
        7        2        0
```

左右和上下翻转调用格式如下：

```
fliplr(A)        %左右翻转
flipud(A)        %上下翻转
```

2.3 MATLAB 矩阵元素的运算

MATLAB 中，矩阵的运算包括：加、减、乘、右除、左除、乘方等运算。

2.3.1 矩阵加减运算

两个矩阵相加或相减是指有相同的行和列两矩阵的对应元素相加减。允许参与运算的两矩阵之一是标量(常量)。标量与矩阵的所有元素分别进行加减操作。

【例 2-35】下面的例子为对矩阵 *A* 和 *B* 进行加减运算。

运行程序如下：

A = [10 5 79 4 2;1 0 63 8 2;4 6 1 1 1];
B = [9 4 3 4 2;1 0 4 -23 2;4 6 -1 1 6];
x = 20;
C = [2 1];
ApB= A+B
AmB= A-B
ApBpX= A+B+x
AmX= A-x
AmC= A-C

运行结果如下：

ApB =

19	9	82	8	4
2	0	67	-15	4
8	12	0	2	7

AmB =

1	1	76	0	0
0	0	59	31	0
0	0	2	0	-5

ApBpX =

39	29	102	28	24
22	20	87	5	24
28	32	20	22	27

AmX =

-10	-15	59	-16	-18
-19	-20	43	-12	-18
-16	-14	-19	-19	-19

错误使用 -
矩阵维度必须一致。

A 与 C 的维数不相同，则 MATLAB 将给出错误信息，例如，提示用户两个矩阵的维数不匹配。

2.3.2 矩阵乘运算

A 矩阵的列数必须等于 B 矩阵的行数，若 A 为 $m×n$ 矩阵，B 为 $n×p$ 矩阵，则 C=A*B 为 $m×p$ 矩阵。标量可与任何矩阵相乘，即矩阵的所有元素都与标量相乘。

【例 2-36】下面的例子为矩阵的相乘运算。

运行程序如下：

```
A=[5 4 6;8 9 7;3 6 4]
B=[9 1 7 1;5 6 6 2;5 6 8 3]
C=A*B
```

运行结果如下：

```
A =
     5     4     6
     8     9     7
     3     6     4
B =
     9     1     7     1
     5     6     6     2
     5     6     8     3
C =
    95    65   107    31
   152   104   166    47
    77    63    89    27
```

当矩阵相乘不满足被乘矩阵的列数与乘矩阵的行数相等时，例如：

```
A=[5 6;8 7;3 4]
B=[9 1 7 1;5 6 6 2;5 6 8 3]
C=A*B
```

MATLAB 将给出错误信息：Error using * Matrix dimensions must agree，提示用户两个矩阵的维数不匹配。

2.3.3 矩阵除运算

矩阵除法运算\和/分别表示左除和右除。A\B 等效于 A 矩阵的逆左乘 B 矩阵，而 B/A 等效于 A 矩阵的逆右乘 B 矩阵。左除和右除表示两种不同的除数矩阵和被除数矩阵的关系。对于矩阵运算，一般 $A\backslash B≠B/A$。

【例 2-37】下面的例子为矩阵除运算。

运行程序如下：

```
clear
A=[5 4 6;8 9 7;3 6 4];
B=[9 ;1 ;7];
C=A\B
```

运行结果如下：

```
C =
    -4.1538
    -0.1154
     5.0385
```

2.3.4　矩阵幂运算

若 A 为方阵，x 为标量，一个矩阵的乘方运算可以表示成 A^x。

【例 2-38】下面的例子为求矩阵的乘方。

运行程序如下：

```
A=[5 4 6;8 9 7;3 5 4];
B=A^2
C= A^3
```

运行结果如下：

```
B =
    75    86    82
   133   148   139
    67    77    69
C =
   1309        1484        1380
   2266        2559        2390
   1158        1306        1217
```

若 D 不是方阵：

```
D= A=[5 4 6;8 9 7]
B=D^2
```

MATLAB 将给出错误信息，Error: The expression to the left of the equals sign is not a valid target for an assignment.

2.3.5　矩阵元素的查找

MATLAB 中矩阵的下标表示与常用的数学习惯相同,使用分别表示行和列的"双下标"(Row-Column Index),矩阵中的元素都有对应的"第几行,第几列"。这种表示方法简单直观,几何概念比较清晰。

【例 2-39】下面的例子为利用上下标来寻访矩阵元素。

运行程序如下:

```
a=[1 2 3;4 5 6;7 8 9]
a(1,1)
a(2,2)
a(3,3)
```

运行结果如下:

```
a =
     1     2     3
     4     5     6
     7     8     9
ans =
     1
ans =
     5
ans =
     9
```

MATLAB 中,必须指定两个参数,即其所在行数和列数,才能访问一个矩阵中的单个元素。例如,访问矩阵 **M** 中的任何一个单元素:M=(row,column),其中的 row 和 column 分别代表行数和列数。

【例 2-40】下面的例子为对矩阵 M 进行单元素寻访。

运行程序如下:

```
M=randn(3)
x= M (1,2)
y= M (2,3)
z= M (3,3)
```

运行结果如下:

```
M =
     0.3714    -1.0891     1.1006
    -0.2256     0.0326     1.5442
     1.1174     0.5525     0.0859
```

```
x =
    -1.0891
y =
     1.5442
z =
     0.0859
```

利用冒号表达式可获得寻访该矩阵的某一行或某一列的若干元素，访问整行、整列元素，访问若干行或若干列的元素以及访问矩阵所有元素等：

(1) A(e1:e2:e3)表示取数组或矩阵 *A* 的第 e1 元素开始每隔 e2 步长一直到 e3 的所有元素。

(2) A([m n l])表示取数组或矩阵 *A* 中的第(*m*, *n*, *l*)个元素。

(3) A(:,j)表示取 *A* 矩阵的第 *j* 列全部元素。

(4) A(i,:)表示取 *A* 矩阵第 *i* 行的全部元素。

(5) A(i:i+m,:)表示取 *A* 矩阵第 *i*～*i*+*m* 行的全部元素。

(6) A(:,k:k+m)表示取 *A* 矩阵第 *k*～*k*+*m* 列的全部元素。

(7) A(i:i+m,k:k+m)表示取 *A* 矩阵第 *i*～*i*+*m* 行内，并在第 *k*～*k*+*m* 列中的所有元素。

(8) 还可利用一般向量和 end 运算符来表示矩阵下标,从而获得子矩阵。end 表示某一维的末尾元素下标。

【例 2-41】下面的例子为对矩阵 *M* 进行多元素寻访。

运行程序如下：

```
M=randn(4)
M(1,:)          %访问第一行的所有元素
M(1:3,:)        %访问 2~4 行的所有元素
M(:,2)          %访问第二行的所有元素
M(:)            %访问所有元素
```

运行结果如下：

```
M =
    0.1978    0.8351   -1.1480   -0.6669
    1.5877   -0.2437    0.1049    0.1873
   -0.8045    0.2157    0.7223   -0.0825
    0.6966   -1.1658    2.5855   -1.9330
ans =
    0.1978    0.8351   -1.1480   -0.6669
ans =
    0.1978    0.8351   -1.1480   -0.6669
    1.5877   -0.2437    0.1049    0.1873
   -0.8045    0.2157    0.7223   -0.0825
ans =
    0.8351
   -0.2437
```

```
     0.2157
    -1.1658
ans =
     0.1978
     1.5877
    -0.8045
     0.6966
     0.8351
    -0.2437
     0.2157
    -1.1658
    -1.1480
     0.1049
     0.7223
     2.5855
    -0.6669
     0.1873
    -0.0825
    -1.9330
```

2.3.6 矩阵元素的排序

MATLAB 中的函数 sort() 的作用是按照升序排序，返回值的排序后的矩阵和原矩阵维数相同。语法格式如下。

B=sort(A,mode)

【例 2-42】矩阵元素的排列示例。

运行程序如下：

```
clear all;
A=[1 3 2;3 1 0;9 2 3];
B=sort(A);                %矩阵中元素按照列进行升序排序
C=sort(A,2);              %矩阵中元素按照行进行升序排序
D=sort(A,'descend');      %矩阵中元素按照列进行降序排序
E=sort(A,2,'descend');    %矩阵中元素按照行进行降序排序
BCDE=[B C;D E]
```

运行结果如下：

```
BCDE =
     1     1     0     1     2     3
     3     2     2     0     1     3
     9     3     3     2     3     9
```

9	3	3	3	2	1
3	2	2	3	1	0
1	1	0	9	3	2

2.3.7　矩阵元素的求和

MATLAB 中的函数 sum () 和 cumsum() 的作用是对矩阵的元素求和，语法格式如下。

B=sum (A,mode)
B=cumsum (A,mode)

【例 2-43】矩阵元素的求和示例。

运行程序如下：

```
A=[1 2 0;3 1 0;8 2 4];
B=sum(A)                %矩阵中元素按照列进行求和
C=sum(A,2)              %矩阵中元素按照行进行求和
D=cumsum(A)            %矩阵中各列元素的和
E=cumsum(A,2)          %矩阵中各行元素的和
F=sum(sum(A))          %矩阵中所有元素的和
```

运行结果如下：

```
B =
    12    5    4
C =
     3
     4
    14
D =
     1    2    0
     4    3    0
    12    5    4
E =
     1    3    3
     3    4    4
     8   10   14
F =
    21
```

2.3.8　矩阵元素的求积

MATLAB 中的函数 prod() 和 cumprod() 的作用是对矩阵的元素求积，语法格式如下。

B=prod (A,mode)

B=cumprod (A,mode)

【例 2-44】 矩阵元素的求积示例。

运行程序如下：

```
A= magic(5)
B=prod(A)           %矩阵各列元素的积
C=prod(A,2)         %矩阵各行元素的积
D=cumprod(A)        %矩阵各列元素的累积连乘
E=cumprod(A,2)      %矩阵各行元素的累积连乘
```

运行结果如下：

A =

17	24	1	8	15
23	5	7	14	16
4	6	13	20	22
10	12	19	21	3
11	18	25	2	9

B =

172040	155520	43225	94080	142560

C =

48960
180320
137280
143640
89100

D =

17	24	1	8	15
391	120	7	112	240
1564	720	91	2240	5280
15640	8640	1729	47040	15840
172040	155520	43225	94080	142560

E =

17	408	408	3264	48960
23	115	805	11270	180320
4	24	312	6240	137280
10	120	2280	47880	143640
11	198	4950	9900	89100

2.3.9　矩阵元素的差分

MATLAB 中的函数 diff()的作用是对矩阵的元素进行差分，语法格式如下。

B=diff (A,B,mode)

【例 2-45】矩阵元素的差分示例。
运行程序如下：

```
clear all;
A= magic(5);
B=diff(A)          %矩阵各列元素的差分
C=diff(A,2)        %矩阵各列元素的 2 阶差分
D=diff(A,1,1)      %矩阵各列元素的差分
E=diff(A,1,2)      %矩阵各行元素的差分
```

运行结果如下：

B =

6	-19	6	6	1
-19	1	6	6	6
6	6	6	1	-19
1	6	6	-19	6

C =

-25	20	0	0	5
25	5	0	-5	-25
-5	0	0	-20	25

D =

6	-19	6	6	1
-19	1	6	6	6
6	6	6	1	-19
1	6	6	-19	6

E =

7	-23	7	7
-18	2	7	2
2	7	7	13
2	7	2	-18
7	7	-23	7

2.4 矩 阵 分 析

矩阵是 MATLAB 的基本特征，也是 MATLAB 的重要特性，它的运算功能丰富而方便，上一节介绍了矩阵的建立及基本运算，本节将介绍如何对矩阵的进行分析与处理。

2.4.1 向量和矩阵的范数

在 MATLAB 中，求 3 种向量范数的函数分别为：

(1) norm(v) 或 norm(v,2)：计算向量 v 的 2-范数。

(2) norm(v,1)：计算向量 v 的 1-范数。

(3) norm(v,inf)：计算向量 v 的 ∞-范数。

MATLAB 中，3 种矩阵范数的函数分别为：

(1) norm(A，1) ：计算矩阵 A 的 1-范数。

(2) norm(A)：计算矩阵 A 的 2-范数。

(3) norm(A,inf)：计算矩阵 A 的 ∞-范数。

【例 2-46】已知 $A = \begin{bmatrix} 1 & 2 \\ 3 & 4 \end{bmatrix}$，$v = [1 \quad 2 \quad 3 \quad 4]$，分别求矩阵和向量的范数。

运行程序如下：

```
A=[1,2;3,4]
v=[1,2,3,4]
v1=norm(v,1)              %v 的 1-范数
v2=norm(v)               %v 的 2-范数
vinf=norm(v,inf)          %v 的 ∞-范数
a1=norm(v,1)             %a 的 1-范数
a2=norm(v)               %a 的 2-范数
ainf=norm(v,inf)          %a 的 ∞-范数
```

运行结果如下：

```
A =
     1     2
     3     4
v =
     1     2     3     4
v1 =
    10
v2 =
    5.4772
```

```
vinf =
    4
a1 =
    10
a2 =
    5.4772
ainf =
    4
```

2.4.2　矩阵的秩

与矩阵线形无关的行或列数称为矩阵的秩。求秩函数格式为：rank(A)，即求矩阵 A 的秩。

【例 2-47】求一个随机矩阵的秩。

```
A=rand(5)
B=rank(A)
```

运行结果如下：

```
A =

    0.4883    0.2791    0.5402    0.7403    0.5303
    0.1624    0.1341    0.1207    0.4671    0.1760
    0.8676    0.4234    0.3156    0.7607    0.4106
    0.2005    0.1599    0.1044    0.7542    0.3371
    0.0851    0.2724    0.3579    0.6056    0.2805
B =
    5
```

2.4.3　矩阵的行列式

矩阵的行列式是一个数值。在 MATLAB 中，det 函数用于求方阵 A 所对应的行列式的值。

【例 2-48】下面的例子为求矩阵的行列式。

运行程序如下：

```
A=[5 4 6;8 9 7;3 6 4]
det(A)
```

运行结果如下：

```
A =

    5    4    6
```

```
     8      9      7
     3      6      4
ans =
    52
```

2.4.4 矩阵的迹

矩阵的迹为矩阵对角线元素之和，也为矩阵的特征值之和。求迹函数格式为 trace(A)，即求矩阵 A 的迹。

【例 2-49】求矩阵 A 的迹示例。

运行程序如下：

```
A=[2 2 3;4 5 -6; 7 8 9]
trace(A)
```

运行结果如下：

```
A =
     2      2      3
     4      5     -6
     7      8      9
ans =     16
```

2.4.5 矩阵的化零矩阵

MATLAB 中函数 null()的作用是求化零矩阵，语法格式如下。

```
B=null (A,'r')
```

【例 2-50】求矩阵的化零矩阵。

运行程序如下：

```
clear all
A=[1 2 3; 4 5 6;7 8 9];
Z=null(A)              %求矩阵 A 的有理数形式的零矩阵
AZ=A*Z
ZR=null(A,'r')         % 求矩阵 A 的有理数形式的化零矩阵
AZR=A*ZR
```

运行结果如下：

```
Z =
    -0.4082
```

0.8165

-0.4082

AZ =

1.0e-15 *

0.2220

0.4441

0.8882

ZR =

1

-2

1

AZR =

0

0

0

2.4.6　矩阵的求逆

在 $A×B=B×A=I$ 中，其中 I 为单位矩阵，称 B 为 A 矩阵的逆矩阵。

【例 2-51】求逆函数示例。

运行程序如下：

```
A=[7 13 -28;2 -9 8;0 34 5]
B=inv(A)
C=A*B
```

运行结果如下：

```
A =
    7    13    -28
    2    -9     8
    0    34     5
B =
    0.0745    0.2391    0.0348
    0.0024   -0.0082    0.0263
   -0.0160    0.0560    0.0209
C =
    1.0000         0         0
   -0.0000    1.0000         0
   -0.0000         0    1.0000
```

满秩矩阵才可能互逆。

在实际应用中，可以用矩阵求逆的方法求解线性方程组。

线性方程组：

$$\begin{cases} a_{11}x_1 + a_{12}x_2 + \cdots + a_{1n}x_n = b_1 \\ \qquad\qquad\vdots \\ a_{n1}x_1 + a_{n2}x_2 + \cdots + a_{n1}x_n = b_n \end{cases}$$

矩阵的表达式为：

$$Ax = b$$

其中：$A = \begin{bmatrix} a_{11} & a_{12} & \cdots & a_{1n} \\ a_{21} & a_{22} & \cdots & a_{2n} \\ \vdots & \vdots & \ddots & \vdots \\ a_{n1} & a_{n2} & \cdots & a_{nn} \end{bmatrix}$　$x = \begin{bmatrix} x_1 \\ x_2 \\ \vdots \\ x_n \end{bmatrix}$　$b = \begin{bmatrix} b_1 \\ b_2 \\ \vdots \\ b_n \end{bmatrix}$

线性方程的解为：

$$x = A^{-1}b$$

【例 2-52】用求逆矩阵的方法解线性方程组。所求的方程组如下：

$$\begin{cases} x + 2y + 3z = 4 \\ x + 4y + 9z = -2 \\ x + 8y + 27z = 5 \end{cases}$$

运行程序如下：

```
A=[1 2 3;1 4 9;1 8 27];
b=[4;-2;5];
x=inv(A)*b
```

运行结果如下：

```
x =
    19.5000
   -12.5000
     3.1667
```

2.4.7　矩阵的分解

1．对称正定矩阵的分解

MATLAB 中的函数 chol()的作用是对称正定矩阵的 Cholesky 分解，语法格式如下。

```
[A,B]=chol (C)
```

【例 2-53】求对称正定矩阵的分解。
运行程序如下：

```
clear all;
A=pascal(6)        %产生 5 阶帕斯卡矩阵
```

eig(A)

R=chol(A)

R'*R

运行结果如下：

A =

1	1	1	1	1	1
1	2	3	4	5	6
1	3	6	10	15	21
1	4	10	20	35	56
1	5	15	35	70	126
1	6	21	56	126	252

ans =

    0.0030

    0.0643

    0.4893

    2.0436

  15.5535

 332.8463

R =

1	1	1	1	1	1
0	1	2	3	4	5
0	0	1	3	6	10
0	0	0	1	4	10
0	0	0	0	1	5
0	0	0	0	0	1

ans =

1	1	1	1	1	1
1	2	3	4	5	6
1	3	6	10	15	21
1	4	10	20	35	56
1	5	15	35	70	126
1	6	21	56	126	252

2. 一般方阵的高斯消去法分解

MATLAB 中的函数 lu ()的作用是将任意方阵分解为一个下三角矩阵和一个上三角矩阵的乘积，语法格式如下。

[A,B,C]=lu (D)

【例 2-54】求一般方阵的高斯消去法的分解。

运行程序如下：

clear all;

```
A=[2 1 5;8 8 7;1 3 2];
[L1,U1]=lu(A)      %矩阵的 LU 分解
[L2,U2,P]=lu(A)
Y1=lu(A)
L1*U1           %验证
Y2=L2+U2-eye(size(A)) %验证
```

运行结果如下：

```
L1 =
      0.2500      -0.5000       1.0000
      1.0000           0            0
      0.1250       1.0000           0
U1 =
      8.0000       8.0000       7.0000
           0       2.0000       1.1250
           0            0       3.8125
L2 =
      1.0000           0            0
      0.1250       1.0000           0
      0.2500      -0.5000       1.0000
U2 =
      8.0000       8.0000       7.0000
           0       2.0000       1.1250
           0            0       3.8125
P =
           0            1            0
           0            0            1
           1            0            0
Y1 =
      8.0000       8.0000       7.0000
      0.1250       2.0000       1.1250
      0.2500      -0.5000       3.8125
ans =
           2            1            5
           8            8            7
           1            3            2
Y2 =
      8.0000       8.0000       7.0000
      0.1250       2.0000       1.1250
      0.2500      -0.5000       3.8125
```

3. 矩形矩阵的正交分解

MATLAB 中的函数 qr()的作用是将矩形矩阵分解为一个正交矩阵和一个上三角矩阵

的乘积，语法格式如下。

    [Q,R]=qr (A)

【例 2-55】 求矩形矩阵的正交分解。

运行程序如下：

```
clear all;
A=[2 4 5;7 9 6;1 2 5];
[Q1,R1]=qr(A)
B=[2 4 5;8 9 6;1 3 5;5 4 10];
B_rank=rank(B);
disp(['矩阵 B 的秩 = ',num2str(B_rank)]);
[Q2,R2]=qr(B)
Q1*R1
```

运行结果如下：

```
Q1 =
    -0.2722     0.8520    -0.4472
    -0.9526    -0.3043     0.0000
    -0.1361     0.4260     0.8944
R1 =
    -7.3485    -9.9340    -7.7567
          0     1.5215     4.5644
          0          0     2.2361
矩阵 B 的秩 = 3
Q2 =
    -0.2063     0.5983    -0.2285     0.7398
    -0.8251     0.0774     0.5457    -0.1241
    -0.1031     0.6299    -0.3956    -0.6604
    -0.5157    -0.4892    -0.7025     0.0348
R2 =
    -9.6954   -10.6236   -11.6551
          0     3.0230     1.7138
          0          0    -6.8719
          0          0          0
ans =
     2.0000     4.0000     5.0000
     7.0000     9.0000     6.0000
     1.0000     2.0000     5.0000
```

4. 矩阵的舒尔分解

MATLAB 中的函数 schur() 的作用是对一个方阵进行舒尔分解，语法格式如下。

    [U,S]=schur (A)

【例 2-56】 求方阵的舒尔分解。

运行程序如下：

```
clear all
A=pascal(6);
[u,s]=schur(A)
u*s*u'-A    %验证
```

运行结果如下：

```
u =
    -0.0896     0.3603    -0.7571    -0.5296     0.0914     0.0049
     0.3800    -0.6588     0.0849    -0.5890     0.2584     0.0257
    -0.6603     0.1631     0.4473    -0.3355     0.4668     0.0828
     0.5839     0.4722     0.1321     0.1385     0.5969     0.2080
    -0.2617    -0.4189    -0.4247     0.4434     0.4226     0.4477
     0.0474     0.1052     0.1470    -0.2101    -0.4149     0.8653
s =
     0.0030          0          0          0          0          0
          0     0.0643          0          0          0          0
          0          0     0.4893          0          0          0
          0          0          0     2.0436          0          0
          0          0          0          0    15.5535          0
          0          0          0          0          0   332.8463
ans =
    1.0e-12 *
    -0.0001    -0.0004    -0.0004     0.0004     0.0009     0.0009
    -0.0007    -0.0016    -0.0018    -0.0009     0.0044     0.0036
    -0.0004    -0.0018    -0.0018          0     0.0071     0.0071
     0.0002    -0.0009          0          0     0.0213     0.0284
     0.0009     0.0044     0.0071     0.0213     0.0995     0.0568
     0.0009     0.0036     0.0107     0.0284     0.0853     0.1137
```

2.4.8　矩阵特征值和特征向量

特征向量和特征值在科学研究和工程计算中广泛应用，MATLAB 提供的计算矩阵 A 的特征向量和特征值的函数有以下 3 个：

(1) E=eig(A)：求矩阵 A 的全部特征值，构成向量 E。

(2) [v,D]=eig(A)：求矩阵 A 的全部特征值，构成对角阵，并求 A 的特征向量构成 v 的列向量。

(3) [v,D]=eig(A，'nobalance')：与第二种类似，但第二种格式是线对 A 作相似变换后求矩阵的特征值和特征向量，而本格式直接求矩阵 A 的特征值和特征向量。

【例 2-57】求矩阵 A 的特征向量。

运行程序如下：

A=[1 1 0.5;1 1 0.25;0.5 0.25 2];
[v,D]=eig(A)

运行结果如下：

v =
　　　0.7212　　　0.4443　　　0.5315
　　-0.6863　　　0.5621　　　0.4615
　　-0.0937　　-0.6976　　　0.7103
D =
　　-0.0166　　　　0　　　　　0
　　　　0　　　1.4801　　　　0
　　　　0　　　　0　　　2.5365

【例 2-58】用求特征值的方法解方程。方程组如下：

$$3x^5 - 7x^4 + 5x^2 + 2x - 18 = 0$$

运行程序如下：

P=[3 -7 0 5 2 -18];
A=compan(P)　　　　　　%求伴随矩阵
x1=eig(A)

运行结果如下：

A =
　　2.3333　　　　0　　-1.6667　　-0.6667　　6.0000
　　1.0000　　　　0　　　　0　　　　0　　　　0
　　　　0　　　1.0000　　　　0　　　　0　　　　0
　　　　0　　　　0　　　1.0000　　　　0　　　　0
　　　　0　　　　0　　　　0　　　1.0000　　　　0
x1 =
　　2.1837 + 0.0000i
　　1.0000 + 1.0000i
　　1.0000 - 1.0000i
　-0.9252 + 0.7197i
　-0.9252 - 0.7197i

2.4.9　矩阵的超越函数

MATLAB 中的数学运算函数，如 sqrt、exp、log 等都作用在矩阵的各元素上。

【例 2-59】sqrt 用法示例。

运行程序如下：

A=[4 2;3 6]
B=sqrt(A)

运行结果如下：

A =
    4   2
    3   6
B =
   2.0000   1.4142
   1.7321   2.4495

MATLAB 还提供了一些直接作用于矩阵的超越函数，这些函数名都在上述内部函数名之间、之后缀以 m，并规定输入参数必须是方阵。

sqrtm(A)为计算矩阵的平方根。

【例 2-60】sqrtm(A)用法示例。

运行程序如下：

A=[4 2;3 6]
B=sqrtm(A)

运行结果如下：

A =
    4   2
    3   6
B =
   1.9171   0.4652
   0.6978   2.3823

若 *A* 为是对称正定矩阵，则一定能算出它的平方根。若 *A* 矩阵含有负的特征根，则 sqrtm(A)将会得到一个负矩阵。

【例 2-61】非正定矩阵的均方根示例。

运行程序如下：

A=[4 9;16 25];
X=eig(A)
B=sqrtm(A)

运行结果如下：

X =
   -1.4452
   30.4452

B =

    0.9421 + 0.9969i   1.5572 - 0.3393i

    2.7683 - 0.6032i   4.5756 + 0.2053i

矩阵对数 logm 的输入参数的条件与输出结果间的关系和函数 sqrtm(A)完全一样。

【例 2-62】 求矩阵的对数。

A=[4 9;6 25];
B=logm(A)

运行结果如下：

B =

    0.7729   0.9783

    0.6522   3.0557

矩阵指数 expm 的功能是求矩阵指数，expm 函数与 logm 函数是互逆的。

【例 2-63】 求矩阵的指数。

运行程序如下：

B =[

    0.7729   0.9783

    0.6522   3.0557]
L=expm(B)

运行结果如下：

L =

    3.9998   8.9994

    5.9996   24.9994

通用矩阵函数 funm(A，'fun')对矩阵 *A* 计算由 fun 定义的函数矩阵的函数值。

【例 2-64】 通用函数示例。

运行程序如下：

A=[4 9;1 5]
funm(A,'log')
A = [1.0639   2.4308; 0.2701   1.3340]
funm(A,'exp')

运行结果如下：

A =

    4   9

    1   5

ans =

    1.0639   2.4308

```
        0.2701      1.3340
A =
        1.0639      2.4308
        0.2701      1.3340
ans =
        4.0000      8.9999
        1.0000      5.0000
```

2.5　稀 疏 矩 阵

含有大量 0 元素的矩阵称为稀疏矩阵。为了节省存储空间和计算时间，MATLAB 在对它进行运算时有特殊的命令。

稀疏矩阵及其算法：不存储那些 0 元素，也不对它们进行操作，从而节省内存空间和计算时间，稀疏矩阵计算的复杂性和代价仅仅取决于稀疏矩阵的非零元素的个数。

2.5.1　稀疏矩阵的存储方式

MATLAB 有两种存储矩阵的方式：全元素存储(满矩阵)和稀疏存储(稀疏矩阵)。稀疏存储仅存储非零元素及其下标，设一个稀疏矩阵有 nnz 个非零元素，MATLAB 需要三个数组存储实型的稀疏矩阵，第一个数组存储所有的非零元素，这个数组的长度为 nnz；第二个数组存储非零元素所对应的行标，长度也是 nnz；第三个数组存储指向每一列开始的指针，这个数组的长度为 n。

稀疏矩阵的创建需要用户来决定。用户需要判断在矩阵中是否有大量的零元素，是否需要采用稀疏存储技术。

如果某个矩阵以稀疏方式存储，则它参与运算的结果也将以稀疏方式存储，除非运算本身使得稀疏性消失。

矩阵的密度定义为矩阵中非零元素的个数除以矩阵中总元素的个数。对于低密度的矩阵，采用稀疏方式存储是一种很好的选择。

2.5.2　稀疏矩阵的生成

MATLAB 提供多种创建稀疏矩阵的方法。

(1) 利用 sparse 函数从满矩阵转换得到稀疏矩阵。

(2) 利用文件创建稀疏矩阵。

(3) 利用一些特定函数创建包括单位稀疏矩阵在内的特殊稀疏矩阵。

1. 利用 sparse 函数创建一般的稀疏矩阵

【例 2-65】将普通矩阵转化成稀疏矩阵示例。

运行程序如下：

```
clear all
a=rand(20,10)>0.95
s=sparse(a)        %创建稀疏矩阵
whos
```

运行结果如下：

```
a =
     0     0     0     0     0     0     0     0     0     0
     0     0     0     0     0     0     1     0     0     0
     0     0     0     0     0     0     0     0     0     0
     0     0     0     0     0     0     0     0     0     0
     0     0     0     0     0     0     0     0     0     0
     0     0     0     1     0     0     0     0     0     0
     0     0     0     0     0     0     0     0     0     0
     0     0     0     0     0     0     0     0     1     0
     1     0     0     0     0     0     0     0     0     0
     1     0     0     0     0     0     0     0     0     0
     0     0     0     0     0     0     0     0     0     0
     1     0     0     0     0     0     0     0     0     0
     1     0     0     0     0     0     0     0     0     0
     0     0     0     0     0     0     0     0     0     0
     0     0     0     0     0     0     0     0     0     0
     0     0     0     0     0     0     0     0     0     0
     0     0     1     0     0     0     0     0     0     0
     0     0     0     0     0     1     0     0     0     0
     0     1     0     0     0     0     0     0     0     0
     1     0     0     0     0     0     0     0     0     0
s =
    (9,1)        1
    (10,1)       1
    (12,1)       1
    (13,1)       1
    (20,1)       1
    (19,2)       1
    (17,3)       1
    (6,4)        1
    (18,6)       1
    (2,7)        1
    (8,9)        1
```

Name	Size	Bytes	Class	Attributes
a	20x10	200	logical	
s	20x10	99	logical	sparse

直接创建稀疏矩阵的格式如下：

S=sparse(i,j,s,m,n)

其中 i 和 j 分别是矩阵非零元素的行和列指标向量，s 是非零元素值向量，m、n 分别是矩阵的行数和列数。

【例 2-66】稀疏矩阵的直接创建示例。

运行程序如下：

S = sparse([1,2,3,4,5],[2,1,4,6,2],[10,3,-2,-5,1],10,11)

运行结果如下：

```
S =
    (2,1)         3
    (1,2)        10
    (5,2)         1
    (3,4)        -2
    (4,6)        -5
```

查看稀疏矩阵函数的程序为：

whos

非零元素信息函数：

```
nnz(S)              % 返回非零元素的个数
nonzeros(S)         % 返回列向量，包含所有的非零元素
nzmax(S)            % 返回分配给稀疏矩阵中非零项的总的存储空间
```

查看稀疏矩阵的形状函数：

spy(S)

find 函数与稀疏矩阵：

```
[i,j,s]= find(S)
[i,j]= find(S)
```

其中返回 S 中所有非零元素的下标和数值，S 可以是稀疏矩阵或满矩阵。

【例 2-67】查看稀疏矩阵中的非零信息示例。

运行程序如下：

clear all

```
a=[0 0 0 1;0 0 8 0;4 0 0 0;0 0 0 0];
S=sparse(a);       %创建稀疏矩阵
whos
nnz(S)
nonzeros(S)
nzmax(S)
spy(S)
[i,j,s]= find(S)
[i,j]= find(S)
```

运行程序结果如下：

```
Name        Size               Bytes  Class       Attributes
  S         4x4                   56  double      sparse
  a         4x4                  128  double
ans =
     3
ans =
     4
     8
     1
ans =
     3
i =
     3
     2
     1
j =
     1
     3
     4
s =
     4
     8
     1
i =
     3
     2
     1
j =
     1
     3
     4
```

运行结果如图 2-3 所示。

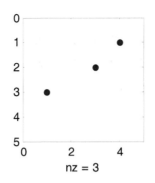

图 2-3 稀疏矩阵结构

2. 利用文件创建稀疏矩阵

利用 load 和 spconvert 函数可以从包含一系列下标和非零元素的文本文件中输入稀疏矩阵。

【**例 2-68**】设文本文件 Y.txt 中有三列内容，第一列是一些行下标，第二列是列下标，第三列是非零元素值。创建稀疏函数，如图 2-4 所示。

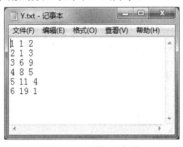

图 2-4 文件示意图

运行程序如下：

```
load Y.txt
S=spconvert(Y)
```

运行结果如下：

```
S =
    (1,1)        2
    (2,1)        3
    (3,6)        9
    (4,8)        5
    (5,11)       4
    (6,19)       1
```

3. 利用一些特定函数创建包括单位稀疏矩阵在内的特殊稀疏矩阵

带状稀疏矩阵的创建格式如下：

S=spdiags(B,d,m,n)

其中 *m* 和 *n* 分别是矩阵的行数和列数; *d* 是长度为 *p* 的整数向量, 它指定矩阵 *S* 的对角线位置; *B* 是全元素矩阵, 用来给定 *S* 对角线位置上的元素, 行数为 $\min(m,n)$, 列数为 *p*。

【例 2-69】带状稀疏矩阵创建示例。

运行程序如下:

```
B=rand(4,2);
S3=spdiags(B,[0 1],4,4)
```

运行结果如下:

```
S3 =
    (1,1)       0.6704
    (1,2)       0.6462
    (2,2)       0.0243
    (2,3)       0.6223
    (3,3)       0.6068
    (3,4)       0.2330
    (4,4)       0.2203
```

【例 2-70】利用 SPEYE 函数创建单位稀疏矩阵示例。

运行程序如下:

```
clear all
a=speye(6)          %创建 5 阶单位稀疏矩阵
b=speye(6,6)        %创建 6*7 稀疏矩阵
c=full(a)
d=full(b)
```

运行结果如下:

```
a =
    (1,1)       1
    (2,2)       1
    (3,3)       1
    (4,4)       1
    (5,5)       1
    (6,6)       1
b =
    (1,1)       1
    (2,2)       1
    (3,3)       1
    (4,4)       1
    (5,5)       1
    (6,6)       1
```

c =

1	0	0	0	0	0
0	1	0	0	0	0
0	0	1	0	0	0
0	0	0	1	0	0
0	0	0	0	1	0
0	0	0	0	0	1

d =

1	0	0	0	0	0
0	1	0	0	0	0
0	0	1	0	0	0
0	0	0	1	0	0
0	0	0	0	1	0
0	0	0	0	0	1

【例 2-71】创建非零元素为随机数的对称稀疏矩阵示例。

运行程序如下：

```
clear all
a=sprandsym(6,0.1)      %建立非零元素为随机数的对称稀疏矩阵
b=spones(a)             %建立非零元素为 1 的与矩阵 a 维数相同的对称稀疏矩阵
c=full(a)
d=full(b)
```

运行结果如下：

a =

(6,1)	0.3426
(1,6)	0.3426
(6,6)	-0.4336

b =

(6,1)	1
(1,6)	1
(6,6)	1

c =

0	0	0	0	0	0.3426
0	0	0	0	0	0
0	0	0	0	0	0
0	0	0	0	0	0
0	0	0	0	0	0
0.3426	0	0	0	0	-0.4336

d =

0	0	0	0	0	1
0	0	0	0	0	0
0	0	0	0	0	0

0	0	0	0	0	0
0	0	0	0	0	0
1	0	0	0	0	1

2.5.3　稀疏矩阵的运算

MATLAB 中对满矩阵的运算和函数同样可用在稀疏矩阵中。结果是稀疏矩阵还是满矩阵，取决于运算符或者函数及下列几个原则：

(1) 当函数用一个矩阵作为输入参数，输出参数为一个标量或者一个给定大小的向量时，输出参数的格式总是返回一个满矩阵形式，如命令 size 等。

(2) 当函数用一个标量或者一个向量作为输入参数，输出参数为一个矩阵时，输出参数的格式也总是返回一个满矩阵，如命令 eye、rand 等。还有一些特殊的命令可以得到稀疏矩阵，如命令 speye、sprand 等。

(3) 对于单参数的其他函数来说，通常返回的结果和参数的形式是一样的，如 diag、max 等。(sparse 和 full 例外)

(4) 对于双参数的运算或者函数来说，如果两个参数的形式一样，那么也返回同样形式的结果。在两个参数形式不一样的情况下，除非运算的需要，均以满矩阵的形式给出结果。

【例 2-72】稀疏矩阵的运算示例。

运行程序如下：

```
A=eye(4);
B=speye(4);
S1=A+B;
S2=A*B;
S3=A\B;
S4=A.*B;
whos
```

运行结果如下：

Name	Size	Bytes	Class	Attributes
A	4x4	128	double	
B	4x4	68	double	sparse
S1	4x4	128	double	
S2	4x4	128	double	
S3	4x4	128	double	
S4	4x4	68	double	sparse

(5) 赋值语句右侧的子矩阵索引保留参数的存储形式，即：对于 $T=S(i,j)$，若 S 是稀疏矩阵，i,j 是向量或标量，则 T 也是稀疏矩阵。

(6) 赋值语句左侧的子矩阵索引不会改变左侧矩阵的存储形式。

【例 2-73】 稀疏矩阵其他运算示例。

运行程序如下：

```
A=eye(4); B=speye(4); [i,j]=find(A);
S1=A(i,j); whos
S1=B(i,j); whos
A(i,j)=2*B(i,j); whos
B(i,j)=A(i,j)^2; whos
```

运行结果如下：

Name	Size	Bytes	Class	Attributes
A	4x4	128	double	
B	4x4	68	double	sparse
S1	4x4	128	double	
S2	4x4	128	double	
S3	4x4	128	double	
S4	4x4	68	double	sparse
i	4x1	32	double	
j	4x1	32	double	

Name	Size	Bytes	Class	Attributes
A	4x4	128	double	
B	4x4	68	double	sparse
S1	4x4	68	double	sparse
S2	4x4	128	double	
S3	4x4	128	double	
S4	4x4	68	double	sparse
i	4x1	32	double	
j	4x1	32	double	

Name	Size	Bytes	Class	Attributes
A	4x4	128	double	
B	4x4	68	double	sparse
S1	4x4	68	double	sparse
S2	4x4	128	double	
S3	4x4	128	double	
S4	4x4	68	double	sparse
i	4x1	32	double	
j	4x1	32	double	

Name	Size	Bytes	Class	Attributes
A	4x4	128	double	
B	4x4	68	double	sparse

S1	4x4	68	double	sparse
S2	4x4	128	double	
S3	4x4	128	double	
S4	4x4	68	double	sparse
i	4x1	32	double	
j	4x1	32	double	

2.6　本 章 小 结

  矩阵运算是 MATLAB 计算的基础。本章介绍了 MATLAB 数据与矩阵的相关知识，主要包括数组的创建与运算、矩阵及其操作、矩阵元素运算、矩阵分析和稀疏矩阵的操作等相关内容。读者在学习这些内容的基础上，结合本章给出的常见的矩阵处理函数、矩阵分析命令、稀疏矩阵命令，可以处理大部分与矩阵相关的数值计算问题。

第3章 结构体和单元数组

结构体数组和单元数组是 MATLAB 中两种特殊的数据类型。用户可以将不同数据类型但是彼此相关的数据集成在一起，从而实现对数据的存储和访问。结构数组常常用于各种不一致的数据，单元数组可以用于任意混合使用的数据。本章将介绍结构体数组和单元数组的创建、基本操作、操作函数等内容。

学习目标：
- 理解单元数组的概念。
- 熟练掌握单元数组操作的基本原理及实现步骤。
- 理解结构体的概念。
- 熟练掌握结构体组操作的基本原理及实现步骤。

3.1 结　构　体

结构体是一种将不同类型的数据组合在一起的数据类型。结构体的字段可以是任意一种 MATLAB 数据类型的变量或者对象，结构体类型的变量可以是一维的、二维的或者多维的数组，在访问结构体类型数据的元素时，需要使用下标配合字段的形式。

3.1.1 结构体的创建

结构体的创建方式有两种，一种是直接输入，另一种是使用结构体生成函数 struct。

通过直接输入结构体的各元素的值可以创建结构体，创建的时候，直接用结构体的名称，配合操作符"."和相应的字段的名称完成创建。

【例 3-1】通过字段赋值创建结构体。

```
student.name = 'John De';
student.billing = 107.00;
student.test = [79 75 73; 180 78 77.5; 20 20 25];
student
whos
```

运行结果如下：

```
student =
        name: 'John De'
```

　　　　　billing: 107

　　　　　　test: [3x3 double]

Name	Size	Bytes	Class	Attributes
A	3x2	48	double	
B	3x2	408	cell	
C	3x1	536	struct	
D	3x2	466	cell	
N	2x2	306	cell	
ans	1x1	264	struct	
c	x5	10	char	
cc	1x1	70	cell	
cellArray	3x1	202	cell	
d	1x1	8	double	
dd	4x1	306	cell	
mycell	3x4x2	96	cell	
similar	3x4x2	96	cell	
strArray	3x1		java.lang.String[]	
student	1x1	464	struct	

　　通过圆括号索引指派，用字段赋值的方法可以创建任意尺寸的结构体数组，没有明确赋值的字段 MATLAB 默认为空数组。

　　【例 3-2】 通过圆括号索引指派创建结构体。

```
student(1).name = 'John';
student(1).billing = 107.00;
student(1).test = 99;
whos
student(2).name = 'Lane';
student(2).billing = 100;
student(2).test = 69;
whos
student
student(3).name = 'Alan'
student(3).billing
student(3).test
```

　　运行结果如下：

Name	Size	Bytes	Class	Attributes
A	3x2	48	double	
B	3x2	408	cell	
C	3x1	536	struct	
D	3x2	466	cell	
N	2x2	306	cell	
ans	1x1	264	struct	

c	1x5	10	char
cc	1x1	70	cell
cellArray	3x1	202	cell
d	1x1	8	double
dd	4x1	306	cell
mycell	3x4x2	96	cell
similar	3x4x2	96	cell
strArray	3x1		java.lang.String[]
student	1x1	396	struct

Name	Size	Bytes	Class	Attributes
A	3x2	48	double	
B	3x2	408	cell	
C	3x1	536	struct	
D	3x2	466	cell	
N	2x2	306	cell	
ans	1x1	264	struct	
c	1x5	10	char	
cc	1x1	70	cell	
cellArray	3x1	202	cell	
d	1x1	8	double	
dd	4x1	306	cell	
mycell	3x4x2	96	cell	
similar	3x4x2	96	cell	
strArray	3x1		java.lang.String[]	
student	1x2	600	struct	

student =

1x2 struct array with fields:

    name

    billing

    test

student =

1x3 struct array with fields:

    name

    billing

    test

ans =

    []

ans =

    []

除了直接输入创建结构体，还可以用 struct 函数创建结构体。

在 MATLAB 中，struct 函数的基本语法如下：

s = struct

```
s = struct(field,value
s = struct(field1,value1,...,fieldN,valueN)
s = struct([])
s = struct(obj)
```

实际上，在 MATLAB 中一般是不能直接使用这个函数的，因为 MATLAB 无法识别每一个 field 的性质，所以直接给出的 value 值 MATLAB 是无法判断是否合法的。为了确保不出错，一般可以这样处理：先给每一个 field 赋值，每个 field 都赋值完成后，再使用 struct() 函数，在写作形式上，field 与相应的 value 同名，这样一来必是合法的写作形式。这可以看作是 struct() 函数中 field 与 value 的一致性。

【例 3-3】利用 struct 函数创建结构体示例。

```
field1 = 'f1';    value1 = zeros(1,10);
field2 = 'f2';    value2 = {'a', 'b'};
field3 = 'f3';    value3 = {pi, pi.^2};
field4 = 'f4';    value4 = {'fourth'};
s = struct(field1,value1,field2,value2,field3,value3,field4,value4)
```

运行结果如下：

```
s =
1x2 struct array with fields:
    f1
    f2
    f3
    f4
```

3.1.2　获取结构体内部数据

对于结构数组，也可以通过括号、下标索引来访问其内部的数据，需要注意的是结构体名和字段之间用点(.)连接。

【例 3-4】结构体字段数据的访问示例。

```
strArray=struct('name',{'personA','personB','personC'}...
,'age',{13,20,25},'sex',{'female','male','male'},...
'mat',{[1 2],[3 4;5 6],[]})
newArray=strArray(1:2)
strArray(1)
strArray(2).name
strArray(2).mat(2,1)
ageArray=strArray.age
ageArray={strArray.age}
whos ageArray
```

运行结果如下：

```
strArray =
1x3 struct array with fields:
    name
    age
    sex
    mat
newArray =
1x2 struct array with fields:
    name
    age
    sex
    mat
ans =
    name: 'personA'
    age: 13
    sex: 'female'
    mat: [1 2]
ans =
personB
ans =
    5
ageArray =
    13
ageArray =
    [13]    [20]    [25]
  Name          Size              Bytes  Class      Attributes
  ageArray      1x3                 204  cell
```

3.1.3　结构体操作函数

对结构体数组的常见操作包括获取其尺寸信息和增删字段。

和一般的数组一样，size\函数可以获取结构数组的尺寸，也就是数组中包含多少行多少列结构体对象。

向结构体中增加新的字段，只需要添加新的字段赋值语句即可。从结构中删除字段，需要用到 rmfield 函数。

【例 3-5】rmfield 函数示例。

```
strArray=struct('name',{'personA','personB','personC'}...
,'age',{13,20,25},'sex',{'female','male','male'},...
'mat',{[1 2],[3 4;5 6],[]})
whos
```

```
size(strArray)
strArray(2).QQ=37;
strArray=rmfield(strArray,'mat')
```

运行结果如下：

```
strArray =
1x3 struct array with fields:
    name
    age
    sex
    mat
  Name          Size              Bytes    Class        Attributes
   strArray      1x3               1118     struct
ans =
      1      3
strArray =
1x3 struct array with fields:
    name
    age
    sex
    QQ
```

3.1.4　结构体嵌套

当结构体的字段记录了结构体时，称其为内嵌结构体。创建内嵌结构体可以使用直接赋值的方法，也可以使用 struct 函数完成。

【例 3-6】使用直接赋值的方法创建内嵌结构体。

```
Student=struct('name',{'dawei','Lee'},'age',{22,24},'grade',{2,3},'score',{rand(3)*10,randn(3)*10});
Class.number=1;
Class.Student=Student;
whos
Class
```

运行结果如下：

```
Class
  Name          Size             Bytes   Class       Attributes
  A             2x3               666    cell
  B             2x3                 6    logical
  C             2x3                48    double
  Class         1x1              1184    struct
  D             2x2               336    cell
```

E	3x4	96	double
M	1x4	336	cell
N	1x1	156	cell
Stu	1x3	538	struct
Student	1x2	928	struct
X	3x4	96	double
Y	3x4	816	cell
Z	3x1	276	cell
ans	1x3	6	char

Class =

      number: 1
      Student: [1x2 struct]

3.1.5　结构体函数

MATLAB 中提供的结构体相关的函数及说明如表 3-1 所示。

表 3-1　结构体操作函数

函　　数	说　　明
struct	创建结构体或将其他数据类型转变成结构体
fieldnames	获取结构体的字段名称
getfield	获取结构体字段的数据
setfield	设置结构体字段的数据
rmfield	删除结构体的指定字段
isfield	判断给定的字符串是否为结构体的字段名称
isstruct	判断给定的数据对象是否为数据类型
orderfields	将结构体字段排序

【例 3-7】结构体函数示例。

A=struct('name','B','grade',3,'score',90)
fieldnames(A)
isstruct(A)
isfield(A,'grade')
A=rmfield(A,'grade')
struct2cell(A)

运行结果如下：

A =

      ame: 'B'
      grade: 3

```
       score: 90
ans =
    'name'
    'grade'
    'score'
ans =
     1
ans =
     1
A =
    name: 'B'
    score: 90
ans =
    'B'
    [90]
```

3.2　单　元　数　组

和结构体类型相似，单元数组也可以存储不同类型、不同尺寸的数据。单元数组是对常规的数值数组的扩展，其每一个元素称为一个单元，每一个单元中可以存储任意类型、任意尺寸的数据。

3.2.1　单元数组的创建

用户可以通过两种方式创建单元数组：一是通过赋值语句直接创建；二是利用 cell 函数先为单元数组分配一个内存空间，然后再给各个单元赋值。

单元数组的创建主要有以下几种方法：

(1) 使用运算符花括号{}，将不同类型和尺寸的数据组合在一起构成一个单元数组。

(2) 将数组的每一个元素用{}括起来，然后再用数组创建的符号[]将数组的元素括起来构成一个单元数组。

(3) 用{}创建一个单元数组，MATLAB 能够自动扩展数组的尺寸，没有明确赋值的元素作为空单元数组存在。

(4) 用函数 cell 创建单元数组。该函数可以创建一维、二维或者多维单元数组，但创建的数组都为空单元。

cell 函数创建单元数组的语法格式如下：

```
C = cell(dim)
C = cell(dim1,...,dimN)
D = cell(obj)
```

【例3-8】单元数组的创建。

```
mycell = cell(3,4,2);
similar = cell(size(mycell));
strArray = java_array('java.lang.String', 3);
strArray(1) = java.lang.String('one');
strArray(2) = java.lang.String('two');
strArray(3) = java.lang.String('three');
cellArray = cell(strArray)
A(1,1) = {[1 2 3; 0 5 7; 7 2 6]};
A(1,2) = {'Anle Syith'};
A(2,1) = {2+8i};
A(2,2) = {-pi:pi/10:pi};
A
B(3,3)={'Hello'};
B
C=cell(3,4);
C{2,3}=rand(2);
C
whos
```

运行结果如下：

```
cellArray =
    'one'
    'two'
    'three'
A =
          [3x3 double]        'Anle Syith'
    [2.0000 + 8.0000i]        [1x21 double]
B =
    []    []          []
    []    []          []
    []    []      'Hello'
C =
    []    []                    []    []
    []    []      [2x2 double]    []
    []    []                    []    []
```

Name	Size	Bytes	Class	Attributes
A	2x2	516	cell	
B	3x3	102	cell	
C	3x4	136	cell	
cellArray	3x1	202	cell	
mycell	3x4x2	96	cell	
similar	3x4x2	96	cell	

strArray　　　3x1　　　　　　　　java.lang.String[]　r

3.2.2　单元数组的显示

在显示单元数组时，MATLAB 有时只显示单元的大小和数据类型，而不显示每个单元的具体内容。若要显示单元数组的内容，可以用 celldisp 函数实现。celldisp 函数的语法格式如下：

celldisp(C)
celldisp(C, name)

【例 3-9】显示单元数组的内容。

C = {[1 2] 'Tony' 3+4i; [1 2;3 4] -5 'abc'};
celldisp(C)

运行结果如下：

C{1,1} =
　　　　1　　　2
C{2,1} =
　　　　1　　　2
　　　　3　　　4
C{1,2} =
　　　　Tony
C{2,2} =
　　　　-5
C{1,3} =
　　　　3.0000 + 4.0000i
C{2,3} =
　　　　abc

3.2.3　单元数组的图形显示

除了上面所介绍的单元数组的查看方式外，MATLAB 支持以图形方式查看单元数组的内容。在 MATLAB 中，cellplot 函数可以绘制出图像，显示单元数组的结构体，语法格式如下：

cellplot(c)
cellplot(c, 'legend')
handles = cellplot(c)

【例 3-10】查看单元数组图形。

```
c{1,1} = '2-by-3';
c{1,2} = 'eigenvalues of eye(4)';
c{2,1} = eye(4);
c{2,2} = eig(eye(4));
cellplot(c)
```

运行结果如图 3-1。

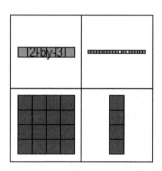

图 3-1　以图形方式查看单元数组

3.2.4　单元数组的访问

在 MATLAB 中单元数组的访问方法有以下几种：

(1) 使用圆括号()直接访问单元数组的单元，获取的数据也是一个单元数组。

(2) 使用花括号{}直接访问单元数组的单元，获取的数据是字符串。

(3) 将花括号{}和圆括号()结合起来使用，访问单元元素内部的成员。

单元数组的扩充和数值数组大体相同，单元数组的收缩和重组和数值数组大体相同。

【例 3-11】单元数组的访问示例。

```
N{1,1} = [1 2; 3 4];
N{1,2} = 'Names';
N{2,1} = 2-6i;
N{2,2} = 7;
c = N{1,2}
d = N{1,1}(2,2)
cc=N(1,2)
whos c cc
dd=N(:)
whos dd
```

运行结果如下：

```
c =
Names
d =
```

```
        4
cc =
    'Names'
    Name        Size              Bytes   Class     Attributes
    c           1x5                  10   char
    cc          1x1                  70   cell
dd =
    [2x2 double]
    [2.0000 - 6.0000i]
    'Names'
    [                 7]
    Name        Size              Bytes   Class     Attributes
    dd          4x1                 306   cell
```

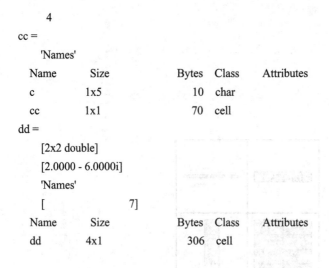

3.2.5　单元数组的删除和重新定义

删除单元数组元素的方法很简单，将待删除的元素置为"空"即可。在删除单元数组的元素时，采用索引方式为一维下标。

改变数组的维数可以通过添加或删除数组元素实现。删除数组元素时，得到的单元数组为元素组中剩下元素排列而成，为一元数组；添加数组元素时，自动添加该数组所对应的行和列，其他元素为空。

【例 3-12】单元数组的删除和重新定义。

```
C={'cell(1,1)','cel(l,2)','cell(1,3)';...
'cell(2,1)','cell(2,2)','cell(2,3)'}
D=reshape(C,3,2)
C(:,2)=[]
```

运行结果如下：

```
 C =
    'cell(1,1)'    'cel(l,2)'    'cell(1,3)'
    'cell(2,1)'    'cell(2,2)'    'cell(2,3)'
D =
    'cell(1,1)'    'cell(2,2)'
    'cell(2,1)'    'cell(1,3)'
    'cel(l,2)'     'cell(2,3)'
C =
    'cell(1,1)'    'cell(1,3)'
    'cell(2,1)'    'cell(2,3)'
```

3.2.6　单元数组的操作函数

在 MATLAB 中，提供的单元数组的操作函数及说明如表 3-2 所示。

表 3-2　单元数组的操作函数

函　　　数	说　　　明
cell	创建空的单元数组
celldisp	显示所有单元的内容
cellplot	利用图形方式显示单元数组
cell2mat	将单元数组转变成为普通的矩阵
mat2cell	将普通的值矩阵转变成为单元数组
num2cell	将数值数组转变成为单元数组
deal	将输入参数赋值给输出
cell2struct	将单元数组转变成为结构体
struct2cell	将结构体转变成为单元数组
iscell	判断输入是否为单元数组

【例 3-13】利用 num2cell 函数将数值数组转变为单元数组。

X = [1 2 3 4; 5 6 7 8; 9 10 11 12]
Y = num2cell(X)
Z= num2cell(X,2)
M = num2cell(X,1)
N= num2cell(X,[1,2])

运行结果如下：

X =
  1 2 3 4
  5 6 7 8
  9 10 11 12
Y =
  [1] [2] [3] [4]
  [5] [6] [7] [8]
  [9] [10] [11] [12]
Z =
  [1x4 double]
  [1x4 double]
  [1x4 double]
M =
  [3x1 double] [3x1 double] [3x1 double] [3x1 double]

N =

    [3x4 double]

【例 3-14】单元数组的应用。

A=[2 15;21 2;1 13]
B=num2cell(A)
iscell(B)
C=cell2struct(B,{'ID','age'},2)
%按 B 的列方向，把元胞数组转换成具有指定字段的结构体数组
C(2)

运行结果如下：

A =

     2   15
    21   2
     1   13
B =
    [2]   [15]
    [21]   [2]
    [1]   [13]
ans =
     1
C =
3x1 struct array with fields:
    ID
    age
ans =
    ID: 21
    age: 2

3.3 本 章 小 结

    本章讲述了 MATLAB 中两种比较特殊的数据类型：结构体和单元数组，着重介绍了
这两种数据类型的创建和操作方法。通过对本章的学习，希望读者理解两种数据类型的特
点和使用，掌握对它们的访问方法。

第4章 字 符 串

字符和字符串是 MATLAB 语言的重要组成部分，MATLAB 语言提供强大的字符串处理功能。通过本章的学习，读者可以对 MATLAB 的字符和字符串有一个简单的了解，并能深入认识 MATLAB 中字符数组与数值数组间相互转换的关系。

学习目标：
- 掌握如何创建字符串。
- 了解字符串的基本操作。
- 熟悉字符串操作函数。

4.1 创建字符串

字符串一般是 ASCII 值的数值数组，它作为字符串表达式进行显示。以字符为元素的数组称为字符数组。在 MATLAB 中，字符数组可以分为单行字符数组和多行字符数组。字符串一般以行向量形式存在，并且每一个字符占用两个字节的内存。

4.1.1 创建单行字符串

创建单行字符串很方便，只要把字符内容用单引号括号起来即可，还可以用方括号连接多个字符串组成较长的字符串，或者用 strcat 函数把多个字符串横向连接成更长的字符串。strcat 函数的调用方式如下：

combinedStr =strcat(s1,s2,...,sN)

【例 4-1】strcat 函数创建字符串示例。

运行程序如下：

```
a = {'abcde', 'fghi'};
b = {'jkl', 'mn'};
c = {'Q'};
abc = strcat(a, b, c)
```

运行结果如下：

```
ans =
     1        3
```

```
abc =
    'abcdejklQ'        'fghimnQ'
```

4.1.2　创建多行字符串

在 MATLAB 中经常用到多行字符串，多行字符串相当于把多个字符串纵向连接起来。这种连接和单行数组一样可以用中括号，只是各行字符串之间要用分号分隔，而不是横向连接时用的逗号或者空格了。MATLAB 提供的 strvcat 函数和 char 函数用于连接纵向多个字符串，调用方式如下：

```
S = strvcat(t1, t2, t3, ...)
S = strvcat(c)
S = char(X)
S = char(C)
S = char(T1,T2,...,TN)
```

【例 4-2】strvcat 函数创建字符串示例。

运行程序如下：

```
t1 = 'first';
t2 = 'string';
t3 = 'matrix';
t4 = 'second';
S1 = strvcat(t1, t2, t3)
S2 = strvcat(t4, t2, t3)
S3 = strvcat(S1, S2)
```

运行结果如下：

```
S1 =
first
string
matrix
S2 =
second
string
matrix
S3 =
first
string
matrix
second
string
matrix
```

【例 4-3】使用 char 函数创建一些无法通过键盘输入的字符，该函数的作用是将输入的整数参数转变为相应的字符。

```
asc = char(reshape(32:127,32,3)')
```

运行结果如下：

```
asc =
!"#$%&'()*+,-./0123456789:;<=>?
@ABCDEFGHIJKLMNOPQRSTUVWXYZ[\]^_
`abcdefghijklmnopqrstuvwxyz{|}~
```

4.2　字符串操作

4.2.1　字符串的比较

MATLAB 中比较两个字符串是否相同的函数有 strcmp、strncmp、strcmpi、strncmpi 四个，字符串的比较函数及说明如表 4-1 所示。

表 4-1　字符串操作函数

函　　数	说　　明
strcmp	比较字符串，判断字符串是否一致
strncmp	比较字符串的前 n 个字符，判断是否一致
strcmpi	比较字符串，比较时忽略字符的大小写
strncmpi	比较字符串的前 n 个字符，比较时忽略字符的大小写

【例 4-4】字符串比较示例。

```
a = 'upon';
b = {'Once' 'upon';
      'a' 'time'};
strcmp(a, b)
str1 = ['AAAAAAAAAA'; 'BBBBBBBBBB'; 'CCCCCCCCCC'; ...
      'DDDDDDDDDD'; 'EEEEEEEEEE']
str2 = str1;
str2(4,3) = '-'
strncmp(str1, str2, 13)
strncmp(str1, str2, 14)
A = {'Handle Graphics', 'Statistics';     ...
      'Toolboxes', 'MathWorks'};
```

```
    B = {'Handle Graphics', 'Signal Processing'; ...
          'Toolboxes', 'MATHWORKS'};
match = strcmpi(A, B)
function_list = {'calendar' 'case' 'camdolly' 'circshift' ...
                  'caxis' 'Camtarget' 'cast' 'camorbit' ...
                  'callib' 'cart2sph'};
strncmpi(function_list, 'CAM', 3)
function_list{strncmpi(function_list, 'CAM', 3)}
```

运行结果如下：

```
ans =
      0      1
      0      0
str1 =
AAAAAAAAAA
BBBBBBBBBB
CCCCCCCCCC
DDDDDDDDDD
EEEEEEEEEE
str2 =
AAAAAAAAAA
BBBBBBBBBB
CCCCCCCCCC
DD-DDDDDD
EEEEEEEEEE
ans =
      1
ans =
      0
match =
      1      0
      0      1
ans =
      0      0      1      0      0      1      0      1      0      0
ans =
camdolly
ans =
Camtarget
ans =
camorbit
```

4.2.2　字符串的替换和查找

MATLAB 中用 strrep 函数进行字符串的替换。strrep 函数的语法格式为：

modifiedStr =strrep(origStr, oldSubstr, newSubstr)

【例 4-5】替换字符串中的子字符 strrep 函数用法示例。

```
missing_info = {'Start: __'; ...
                'End: __'};
dates = {'01/01/2001'; ...
         '12/12/2002'};
complete = strrep(missing_info, '__', dates)
```

运行结果如下：

```
complete =
    'Start: 01/01/2001'
    'End: 12/12/2002'
```

在 MATLAB 中，字符串查找函数及说明如表 4-2 所示。

表 4-2　字符串查找函数

函　　数	说　　明
findstr	在较长的字符串中查寻较短的字符串出现的索引
strfind	在第一个字符串中查寻第二个字符串出现的索引
strmatch	查询匹配的字符串
strtok	用于从句子中分割截取单词

【例 4-6】查找函数示例。

```
s = 'Find the starting indices of the shorter string.';
findstr(s, 'the')
cstr = {'How much wood would a woodchuck chuck';
        'if a woodchuck could chuck wood?'};
idx = strfind(cstr, 'wood')
list = {'max', 'minimax', 'maximum', 'max'};
x = strncmp('max', list, 3)
s = {'all in good time'; ...
     'my dog has fleas'; ...
     'leave no stone unturned'};
remain = s;
for k = 1:4
    [token, remain] = strtok(remain);
    token
```

end

运行结果如下：

ans =

  6 30

idx =

 [1x2 double]

 [1x2 double]

x =

 1 0 1 1

token =

 'all'

 'my'

 'leave'

token =

 'in'

 'dog'

 'no'

token =

 'good'

 'has'

 'stone'

token =

 'time'

 'fleas'

 'unturned'

4.2.3　其他操作

在 MATLAB 中，对于字符串数组，除了最常用的创建、比较和查找替换操作外，还有许多别的操作，如表 4-3 所示。

表 4-3　字符串操作函数

函　　数	说　　明
strtrim	切断字符串开头和尾部的空格、制表符和回车符
double	将字符串转变成为 Unicode 数值
blanks	创建空白的字符串(由空格组成)
deblank	将字符串尾部的空格删除
strjust	对齐排列字符串
upper	将字符串的字符都转变成为大写字符
lower	将字符串的字符都转变成为小写字符

【例 4-7】改变字符串的字符大小写的 upper 函数和 lower 函数示例。

a=strvcat('Welcome','to','MathWorks')
upper(a)
lower(a)

运行结果如下：

ans =
WELCOME
TO
MATHWORKS
ans =
welcome
to
mathworks

MATLAB 可以进行格式化的输入、输出，格式化字符串都可以用于 MATLAB 的格式化输入输出函数，如表 4-4 所示。

表 4-4 字符串的输入和输出

函 数	说 明
sprintf	格式化输出数据到命令行窗口
sscanf	读取格式化字符串

在 MATLAB 中，有 sscanf 和 sprintf 这样两个函数用来进行格式化的输入和输出，它们的调用方法如下：

A=sscanf(s,format,size)
A=sscanf(str, format)
A=sscanf(str, format, sizeA)
[A, count]= sscanf(...)
[A, count, errmsg]= sscanf(...)
[A, count, errmsg, nextindex]= sscanf(...)
str = sprintf(formatSpec,A1,...,An)
[str,errmsg]= sprintf(formatSpec,A1,...,An)

【例 4-8】sscanf 和 sprintf 函数示例。

tempString = '78°F 72°F 64°F 66°F 49°F';
degrees = char(176);
tempNumeric = sscanf(tempString, ['%d' degrees 'F'])'
A1 = 'X';
A2 = 'Y';
A3 = 'Z';
formatSpec = ' %3$s %2$s %1$s';

str = sprintf(formatSpec,A1,A2,A3)

运行结果如下：

tempNumeric =
　　78　　72　　64　　66　　49
str =
　　Z Y X

4.3　字符数组与数值数组间的相互转换

MATLAB 中字符类型的内部运算都是按照其 unicode 编码对应的数字进行的，因此字符和数值数组之间的转换就很容易。在图形绘制的标注中，经常用到 MATLAB 提供的转换函数，如表 4-5、表 4-6所示。

表 4-5　数值数组转换成字符数组的函数

函　　数	说　　明
num2str	将数字转变成为字符串
int2str	将整数转变成为字符串
mat2str	将矩阵转变成为可被 eval 函数使用的字符串
str2double	将字符串转变成为双精度类型的数据
str2num	将字符串转变成为数字
Sprintf	格式化输出数据到命令行窗口
sscanf	读取格式化字符串

表 4-6　字符数组转换成数值数组的函数

函　　数	说　　明
hex2num	将十六进制整数字符串转变成为双精度数据
hex2dec	将十六进制整数字符串转变成为十进制整数
dec2hex	将十进制整数转变成为十六进制整数字符串
bin2dec	将二进制整数字符串转变成为十进制整数
dec2bin	将十进制整数转变成为二进制整数字符串
base2dec	将指定数制类型的数字字符串转变成为十进制整数
dec2base	将十进制整数转变成为指定数制类型的数字字符串

【例 4-9】将数值数组转换成字符数组。

x = [87 85 84 96 85 76];
xx=char(x)

```
y=int2str(rand(3))
z=mat2str([1 2 3.5])
a=dec2bin(356)
b=dec2base(356,7)
whos
```

运行结果如下：

```
xx =
WUT`UL
y =
1 1 0
0 0 0
1 1 1
z =
 [1 2 3.5]
a =
101100100
b =
1016
```

Name	Size	Bytes	Class	Attributes
a	1x9	18	char	
b	1x4	8	char	
x	1x6	48	double	
xx	1x6	12	char	
y	3x5	30	char	
z	1x9	18	char	

【例4-10】将字符数组转换成数值数组。

```
name = 'Tms R. Lie';
name = double(name)
name = char(name)
str = '37.294e-1';
val = str2num(str)
c = {'37.294e-1'; '-58.375'; '13.796'};
d = str2double(c)
whos c d
hex2dec('3ff')
bin2dec('010111')
base2dec('212',3)
```

运行结果如下：

```
name =
    84   109   115    32    82    46    32    76   105   101
```

```
name =
Tms R. Lie
val =
    3.7294
d =
    3.7294
   -58.3750
   13.7960
```

Name	Size	Bytes	Class	Attributes
c	3x1	224	cell	
d	3x1	24	double	

```
ans =
    1023
ans =
    23
ans =
    23
```

4.4　本 章 小 结

　　本章主要讲解了字符串类型的创建、比较、查找、转换等操作。通过对本章的学习，希望读者能够理解字符串的类型、特点和使用方法，掌握对它的访问方法。

第5章　MATLAB程序设计

和各种高级语言一样，MATLAB 不仅可以如前几节所介绍的那样，以一种人机交互式的命令行的方式工作，还可以像 BASIC、FORTRAN、C 等其他高级计算机语言一样进行控制流的程序设计。

本章介绍 MATLAB 中的四大类程序流程控制语句：分支控制语句、循环控制语句、错误控制语句和程序终止语句。

学习目标：
- 熟悉 MATLAB 中分支控制语句的编写。
- 掌握 MATLAB 中循环控制语句的编写。
- 熟悉 MATLAB 中错误控制语句和程序终止语句。

5.1　MATLAB 分支控制语句

MATLAB 语言也给出了丰富的流程控制语句，以实现具体的程序设计。在命令窗口中的操作虽然可以实现人机交互，但是所能实现的功能却相对简单。虽然也可以在命令窗口中使用流程控制语句，但是由于命令窗口中交互式的执行方式，使得这样的操作极为不方便。

而在 M 文件中，通过组合使用流程控制语句，可以实现多种复杂功能。MATLAB 语言的流程控制语句主要有 for、while、if-else-end 及 switch-case 等 4 种语句。

5.1.1　顺序结构

顺序结构是 MATLAB 程序中最基本的结构，表示程序中的各操作是按照它们出现的先后顺序执行的。顺序结构可以独立使用构成一个简单完整的程序，常见的输入、计算、输出的程序就是顺序结构。

【例 5-1】计算圆的面积。在菜单下调出 MATLAB 的程序编辑器，如图 5-1 所示。
在程序编辑器窗口中输入程序：

```
r=8
s=r*r*pi
fprintf('Area=%f\n',s)
```

运行结果如下：

r =

　　　8

s =

　　201.0619

Area=201.061930

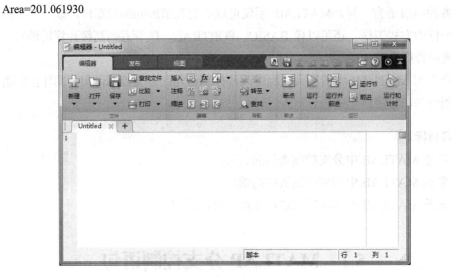

图 5-1　新建 M 文件

5.1.2　if-else-end 分支结构

在 MATLAB 中，if-else-end 分支结构依照不同的判断条件进行判断，然后根据判断的结果选择某一种方法来解决某一个问题。

在 MATLAB 中，if 语句有 3 种格式。

1. 单分支 if 语句

```
if　条件
　　　语句组
　　end
```

当条件成立时，则执行语句组，执行完之后继续执行 if 语句的后继语句；若条件不成立，则直接执行 if 语句的后继语句。

2. 条件判断语句

条件判断语句也是程序设计语言中流程控制语句之一。使用该语句，可以选择执行指定的命令，MATLAB 语言中的条件判断语句是 if-else-end 语句。

双分支 if 语句：

```
if　条件
        语句组 1
    else
        语句组 2
    end
```

当条件成立时，执行语句组 1，否则执行语句组 2，语句组 1 或语句组 2 执行后，再执行 if 语句的后继语句。

在程序设计中，也经常碰到需要进行多重逻辑选择的问题，这时可以采用 if-else-end 语句的嵌套形式：

```
if〈逻辑判断语句 1〉
        逻辑值 1 为"真"时的执行语句
else if〈逻辑判断语句 2〉
        逻辑值 2"真"时的执行语句
else if〈逻辑判断语句 3〉
……
else
当以上所有的逻辑值均为假时的执行语句
end
```

【例 5-2】符号函数的分支实现。

运行程序如下：

```
x = input('enter"x":');
if(x>0)
    y = 1;
elseif(x==0)
    y = 0;
else
    y =-1;
end
disp(y)
```

运行结果如下：

```
enter'x':0
y =
0
enter'x':1
y =
  1
enter'x':-1
y =
  -1
```

【例 5-3】 判断数字的奇偶。

运行程序如下：

```
clear                                    %清除工作区的所有变量
a=8;
if rem(a,2)==0                           %当 a 能够被 2 整除时，显示'a 是偶数'
    disp(strcat(num2str(a),'是偶数'));
else                                     %否则，即 a 不能被 2 整除时，显示'a 是奇数'
    disp(strcat(num2str(a),'是奇数'));
end
```

运行结果如下：

8 是偶数

3. 多分支 if 语句

```
if    条件 1
        语句组 1
    else if    条件 2
        语句组 2
        ……
    else if    条件 m
        语句组 m
    else
        语句组 n
    end
```

语句用于实现多分支选择结构。

【例 5-4】 数组用于 if 结构。

运行程序如下：

```
clear
A=zeros(4);
if A
    disp('全零数组被判为逻辑真');
else
    disp('全零数组被判为逻辑假');
end
B=[];
if B
    disp('空数组被判为逻辑真');
else
    disp('空数组被判为逻辑假');
```

```
end
```

运行结果如下：

全零数组被判为逻辑假
空数组被判为逻辑假

5.1.3　switch-case 和 otherwise

if-else-end 语句所对应的是多重判断选择，而有时也会遇到多分支判断选择的问题。MATLAB 语言为解决多分支判断选择提供了 switch-case 语句。

switch 语句根据表达式的取值不同，分别执行不同的语句，其语句格式为：

```
switch  表达式
    case  表达式 1
        语句组 1
    case  表达式 2
        语句组 2
        ……
    case  表达式 m
        语句组 m
    otherwise
        语句组 n
    end
```

与其他的程序设计语言的 switch-case 语句不同的是，在 MATLAB 语言中，当其中一个 case 语句后的条件为真时，switch-case 语句不对其后的 case 语句进行判断，也就是说在 MATLAB 语言中，即使有多条 case 判断语句为真，也只执行所遇到的第一条为真的语句。这样就不必像 C 语言那样，在每条 case 语句后加上 break 语句以防止继续执行后面为真的 case 条件语句。

【例 5-5】switch 结构的简单应用。

运行程序如下：

```
num = 5;
switch num
    case 1
        data = 'Monday'          %如果 num=1，定义 data='Monday'
    case 2
        data = 'Tuesday'         %如果 num=2，定义 data='Tuesday'
    case 3
        data = 'Wednesday'       %如果 num=3，定义 data='Wednesday'
    case 4
        data = 'Thursday'        %如果 num=4，定义 data='Thursday'
```

```
            case 5
                data = 'Friday'                    %如果 num=5，定义 data='Friday'
            case 6
                data = 'Saturday'                  %如果 num=6，定义 data='Saturday'
            case 7
                data = 'Sunday'                    %如果 num=7，定义 data='Sunday'
        otherwise
                data = 'None!!!'                   %如果 num 不等于上面所有值，定义 data = 'None!!!'
        end
```

运行结果如下：

```
data =
Friday
```

【例 5-6】switch 结构的简单应用：求任意底数的对数函数值。

运行程序如下：

```
clear
n = input('Enter the value of"n":');
x = input('Enter the value of"x":');
switch(n)
        case 1
        errordlg('出错！！！');
        case 2
        y=log2(x);
        case exp(1)
        y=log(x);
        case 10
        y=log10(x);
        otherwise
        y=log10(x)/log10(n);
end
disp(y)
```

运行结果如下：

```
Enter the value of'n':5
Enter the value of'x':10
1.4307
```

5.1.4　for 循环结构

for 循环结构是针对大型运算相当有效的运算方法，在 MATLAB 中，包含两种循环结构：循环次数不确定的 while 循环、循环次数确定的 for 循环。

for 循环语句是流程控制语句的基础，使用该循环语句可以以指定的次数重复执行循环体内的语句。

for 语句的格式为：

```
for  循环变量=表达式 1:表达式 2:表达式 3
        循环体语句
    end
```

其中表达式 1 的值为循环变量的初值，表达式 2 的值为步长，表达式 3 的值为循环变量的终值。步长为 1 时，表达式 2 可以省略。

【例 5-7】利用 for 循环求解 1 到 1000 的数字相加之和。

运行程序如下：

```
sum = 0;
for i = 1:1:1000
    sum = sum + i;
end
sum
```

运行结果如下：

```
sum =
    500500
```

【例 5-8】数值幅值循环变量的 for 循环示例。

$$x = \cos(\frac{n*k*\pi}{360}), n \in [1:8], k \in [1:5]$$

运行程序如下：

```
clear
x = [];
for n = 1:1:8
    for k = 1:1:5
        x(n,k) = sin((n*k*pi)/360);
    end
end
x
```

运行结果如下：

```
x =
    0.0087    0.0175    0.0262    0.0349    0.0436
    0.0175    0.0349    0.0523    0.0698    0.0872
    0.0262    0.0523    0.0785    0.1045    0.1305
```

0.0349	0.0698	0.1045	0.1392	0.1736
0.0436	0.0872	0.1305	0.1736	0.2164
0.0523	0.1045	0.1564	0.2079	0.2588
0.0610	0.1219	0.1822	0.2419	0.3007
0.0698	0.1392	0.2079	0.2756	0.3420

【例 5-9】数值赋值循环变量的 for 循环。

运行程序如下：

```
clear
A=rand(4,6)
i=0;
for k=A
    i=i+1;
    disp(['-----loop',num2str(i),'-----']);
    k
end
```

运行结果如下：

```
A =
    0.9575    0.9572    0.4218    0.6557    0.6787    0.6555
    0.9649    0.4854    0.9157    0.0357    0.7577    0.1712
    0.1576    0.8003    0.7922    0.8491    0.7431    0.7060
    0.9706    0.1419    0.9595    0.9340    0.3922    0.0318
-----loop1-----
k =
    0.9575
    0.9649
    0.1576
    0.9706
-----loop2-----
k =
    0.9572
    0.4854
    0.8003
    0.1419
-----loop3-----
k =
    0.4218
    0.9157
    0.7922
    0.9595
-----loop4-----
```

```
k =
    0.6557
    0.0357
    0.8491
    0.9340
-----loop5-----
k =
    0.6787
    0.7577
    0.7431
    0.3922
-----loop6-----
k =
    0.6555
    0.1712
    0.7060
    0.0318
```

5.1.5　while 循环结构

while 循环在一个逻辑条件的控制下重复执行一组语句一个不定的次数,可以实现"当"型的循环结构, 匹配的 end 描述该语句。while 循环的具体语法结构如下。

```
while(表达式)
MATLAB 语句
end
```

其中循环判断语句为某种形式的逻辑判断表达式, 当该表达式的值为真时, 就执行循环体内的语句; 当表达式的逻辑值为假时, 就退出当前的循环体。

在 while 循环语句中, 在语句内必须有可以修改循环控制变量的命令, 否则该循环语言将陷入死循环中, 除非循环语句中有控制退出循环的命令, 如 break 语句、continue 命令。当程序流程运行至该命令时, 则不论循环控制变量是否满足循环判断语句, 均退出当前循环, 执行循环后的其他语句。

【例 5-10】利用 while 循环求解 1 到 1000 的和。

运行程序如下:

```
i = 1;
sum = 0;
while i<1001
    sum = sum + i;
    i = i + 1;
end
```

sum

运行结果如下：

sum =
　　　500500

5.2　交互式程序控制命令

5.2.1　input 和 disp 命令

1. 数据输入

从键盘输入数据，可以使用 input 函数进行，该函数的调用格式为：

A=input(提示信息，选项)；

其中提示信息为一个字符串，用于提示用户输入什么样的数据。

如果在 input 函数调用时采用's'选项，则允许用户输入一个字符串。例如，想输入一个人的姓名，可采用命令：

xm=input('What''s your name?','s');

2. 数据输出

MATLAB 提供的命令窗口输出函数主要有 disp 函数，其调用格式为：

disp(输出项)

其中输出项既可以为字符串，也可以为矩阵。

【例 5-11】数据输出示例。

运行程序如下：

A='Hello,MATLAB';
disp(A)

运行结果如下：

Hello,MATLAB

【例 5-12】输入 x、y 的值，并将它们的值互换后输出。

运行程序如下：

```
x=input('Input x please.');
y=input('Input y please.');
z=x;
x=y;
y=z;
disp(x);
disp(y);
```

运行结果如下：

```
input x please.1
input y please.2
     2
     1
```

【例 5-13】对任一自然数 m，按如下法则进行运算：若 m 为偶数，则将 m 除 2；若 m 为奇数，则将 m 乘 3 加 1。将运算结果按上面法则继续运算，重复若干次后计算结果最终是 1。

```
n=input('input  n=');         %输入数据
while n~=1
     r=rem(n,2);              %求 n/2 的余数
     if  r ==0
         n=n/2               %第一种操作
     else
         n=3*n+1             %第二种操作
     end
end
```

运行结果如下：

```
input  n=5
n =
     16
n =
     8
n =
     4
n =
     2
n =
     1
```

5.2.2　pause 命令

在 MATLAB 中，pause 命令用于使程序运行停止，等待用户按任意键继续。其调用格式有：

(1) pause：暂停程序运行，按任意键继续。

(2) pause(n)：程序暂停运行 n 秒后继续。

(3) pause on/off：允许/禁止其后的程序暂停。

5.2.3　continue 命令

通常用于 for 或 while 循环语句中，与 if 语句一起使用，达到跳过本次循环，去执行下一轮循环的目的。

【例 5-14】continue 命令示例。

运行程序如下：

```
a=4;b=7;
for i=1:4
    b=b+1;
    if i<2
        continue          %当 if 条件满足时不再执行后面的语句
    end
    a=a+2                  %当 i<2 时不执行该语句
end
```

运行结果如下：

```
a =
    6
a =
    8
a =
   10
```

5.2.4　break 命令

在 MATLAB 中，break 命令通常用于 for 或 while 循环语句中，与 if 语句一起使用中止本次循环，跳出最内层循环。

【例 5-15】break 命令示例。

运行程序如下：

```
a=4;b=7;
for i=1:4
    b=b+1;
    if i>2
        break        %当 if 条件满足时不再执行循环
    end
    a=a+2
end
```

运行结果如下：

```
a =
    6
a =
    8
```

【例 5-16】 break 语句示例。

运行程序如下：

```
clc
m=5;n=4
A=rand(m,n)<0.7
result=zeros(m,1);
for i=1:m
    for j=1:n
        if ~A(i,j)
            result(i)=j;
            break;
        end
    end
    if result(i)==0
        result(i)=Inf;
    end
end
result
```

运行结果如下：

```
n =
    4
A =
    0    1    1    1
    1    1    1    0
    1    1    1    1
    1    0    1    0
    0    0    0    1
```

```
result =
    1
    4
    Inf
    2
    1
```

例子实现了查找某二维逻辑数值中每一行第一个零元素的位置,并将其下标保存在结果中,退出这行在列方向上的循环。

5.2.5　echo 命令

在 MATLAB 中,echo 指令用来控制 m 文件在执行过程中是否显示,该命令的调用方法有:

(1) echo on:打开所有命令文件的显示方式。

(2) echo off:关闭所有命令文件的显示方式。

(3) echo:在以上两者间切换。

5.3　程序终止的 return 语句

在被调用的函数中插入 return 语句,终止当前的命令序列,把控制返回到调用函数或键盘。

【例 5-17】return 语句示例。

运行程序如下:

```
clear
clc
n=1;
if n>0
    disp('negative number!');
    return;
end
disp('codon after return')
```

运行结果如下:

```
negative number!
```

可以看到程序段通过 return 语句直接退出,注意的是 return 语句主要用在 M 文件中,在后续的章节会有实际的举例。

5.4　错误控制的 try-catch 结构

在程序设计中，有时候会遇到不能确定某段代码是否出现运行错误的情况，这时候就可以用错误控制结构。

try-catch 是 MATLAB 特有的语句，它先试探性地执行语句 1，如果出错，则将错误信息存入系统保留变量 lasterr 中，然后再执行语句 2；如果不出错，则转向执行 end 后面的语句。此语句可以提高程序的容错能力，增加编程的灵活性。该指令的一般结构是：

```
try
语句 1
catch
语句 2
end
```

【例 5-18】已知某图像文件名为 football，但不知其存储格式为.bmp 还是.jpg，试编程正确读取该图像文件。

```
try
    picture=imread('football.bmp','bmp');
    filename='football.bmp';
catch
    picture=imread('football.jpg','jpg');
    filename='football.jpg';
end
filename
```

如图 5-2所示，运行结果如下：

```
filename =
football.jpg
picture=imread('football.jpg','jpg');
imshowp('picture')
```

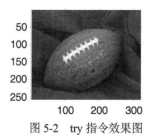

图 5-2　try 指令效果图

【例 5-19】先求两矩阵的乘积，若出错，则自动转去求两矩阵的点乘。

```
A=[1,2;4,5]; B=[7,8;10,11];
```

```
try
    C=A*B;
catch
    C=A.*B;
end
C
lasterr        %显示出错原因
```

运行结果如下：

```
C =
    27    30
    78    87
ans =
Error using vertcat
Dimensions of matrices being concatenated are not consistent.
```

5.5　本　章　小　结

MATLAB 是解释性的程序语言，且以复数矩阵为基本运算单位，所以无论其形式、结构、语法规则等方面都比一般的计算机语言简单、易写、易读。本章详细介绍了 MATLAB 编程方面的基础知识，主要介绍内容式 MATLAB 分支控制语句及交互式程序控制命令。通过本章的学习，读者可以掌握 MATLAB 编程的基础知识，便于后面章节的学习。

第6章 M 文 件

MATLAB 语言编程，程序简洁、可读性很强而且调试十分容易。MATLAB 作为一种高级语言，它不仅可以如前几节所介绍的那样，以一种人机交互式的命令行的方式工作，还可以像 BASIC、FORTRAN、C 等其他高级计算机语言一样进行控制流的程序设计，即编制一种以. m 为扩展名的 MATLAB 程序(简称 M 文件)。而且由于 MATLAB 本身的一些特点，M 文件的编制同上述几种高级语言比较起来，有许多无法比拟的优点。

学习目标:

- 了解 MATLAB 中变量的操作。
- 熟悉 MATLAB 中 M-文件的编写。
- 掌握 MATLAB 程序结构。
- 掌握 MATLAB 中的函数类型。

6.1 变 量

6.1.1 变量的命名

MATLAB 中所有的变量都是用矩阵形式来表示的，即所有的变量都表示一个矩阵或者一个向量。其命名规则如下:

(1) 变量名对大小写敏感。

(2) 变量名的第一个字符必须为英文字母，其长度不能超过 31 个字符。

(3) 变量名可以包含下连字符、数字，但不能包含空格符、标点。

6.1.2 变量的类型

在 MATLAB 语言的函数中，变量主要有输入变量、输出变量及函数内所使用的变量。

输入变量相当于函数入口数据，是一个函数操作的主要对象。某种程度上讲，函数的作用就是对输入变量进行加工以实现一定的功能。

函数的输入变量为形式参数，即只传递变量的值而不传递变量的地址，函数对输入变量的一切操作和修改如果不依靠输出变量传出的话，将不会影响工作空间中该变量的值。

MATLAB 语言提供了函数 nargin 和函数 varargin 来控制输入变量的个数，以实现不定个数参数输入的操作。

例如：

function y = bar(varargin)

也就是说，你调用 bar 这个函数，可以传递 1 个参数，2 个参数，……，或者不给参数。varargin 表示输入变量的个数。

【例 6-1】变量控制示例。

定义子程序如下：

```
function[num1,num2,num3]=text1(varargin)
num1=0;
num2=0;
num3=0;
if nargin==1
    num1=1;
elseif nargin==2
    num2=2;
else nargin==3
    num3=3;
end
```

运行程序结果如下：

```
[num1,num2,num3]=text1(a,b,c)
num1=0
num2=0
num3=3
[num1,num2,num3]=text1(a)
num1=1
num2=0
num3=0
```

函数对于函数变量而言，还应当指出的是其作用域的问题。在 MATLAB 语言中，函数内定义的变量均被视为局部变量，即不加载到工作空间中。如果希望使用全局变量，则应当使用命令 global 定义，而且在任何使用该全局变量的函数中都应加以定义。

【例 6-2】全局变量的示例。

定义子程序如下：

```
function[num1,num2,num3]=text(varargin)
global    firstlevel    secondlevel                    %定义全局变量
num1=0;
num2=0;
num3=0;
list=zeros(nargin);
```

```
for i=1:nargin
    list(i)=sum(varargin{i}(:));
    list(i)=list(i)/length(varargin{i});
    if    list(i)>firstlevel
            num1=num1+1
    elseif    list(i)>secondlevel
            num2=num2+1;
    else
       num3=num3+1;
    end
end
```

运行程序如下：

```
%在命令窗口中也应定义相应的全局变量
global    firstlevel    secondlevel
firstlevel=85;
secondlevel=75;
```

可以看到，定义全局变量时，与定义输入变量和输出变量不同，变量之间必须用空格分隔，而不能用逗号分隔，否则系统将不能识别逗号后的全局变量。

6.1.3 MATLAB 默认的特殊变量

MATLAB 预定义了许多变量，这些变量具有系统默认的含义：

(1) ans：用于计算结果的默认变量。

(2) pi：圆周率。

(3) eps：计算机的最小数。

(4) flops：浮点运算数。

(5) inf：无穷大。

(6) nargin：所用函数的输入变量数目。

(7) nargout：所用函数的输出变量数目。

(8) realmin：最小可用整实数。

(9) realmax：最大可用整实数。

6.1.4 流程控制变量

在 MATLAB 中常用到的流程控制变量共有 20 个，在命令窗口输入 iskeyword，即可查询这 20 个控制变量，如下所示：

```
ans =
    'break'
```

'case'
'catch'
'classdef'
'continue'
'else'
'elseif'
'end'
'for'
'function'
'global'
'if'
'otherwise'
'parfor'
'persistent'
'return'
'spmd'
'switch'
'try'
'while'

6.2　M 文件和 MATLAB 编程概述

6.2.1　M 文件概述

MATLAB 提供了极其丰富的内部函数，使得用户通过命令行调用就可以完成很多程序要求，但是想要更有效地完成编程目标就需要 MATLAB 编程中 M 文件的帮助。M 文件提高了 MATLAB 的应用效率，把 MATLAB 基本函数扩展为实际的用户应用。

MATLAB 文件有 3 种类型：数据文件、脚本文件及 M 文件。

1. 数据文件.mat

mat 文件是 MATLAB 以标准二进制格式保存的数据文件，可将工作空间中有用的数据变量保存下来。mat 文件的生成和调用是由函数 save 和 load 完成的。

2. 脚本文件

脚本的操作对象为 MATLAB 工作空间内的变量，并且在脚本执行结束后，脚本中对变量的一切操作均会被保留。在 MATLAB 语言中也可以在脚本内部定义变量，并且该变量将会自动地被加入到当前的 MATLAB 工作空间中，并可以为其他的脚本或函数引用，直到 MATLAB 被关闭或采用一定的命令将其删除。

【例 6-3】 脚本文件示例。

```
%命令窗口中定义矩阵 a，b
a=pascal(3)
a=
1     1     1
1     2     3
1     3     6
b=magic(3)
b=
8     1     6
3     5     7
4     9     2
```

```
%在编辑器中编写下述命令

a=a+b
b=a-b
a=a-b
```

在编辑器中编辑完上例的脚本文件后，保存至文件 scripts-example 中，然后在工作窗口中调用该脚本文件，scripts-example。

```
>> a
a=
8     1     6
3     5     7
4     9     2
>>b
b=
1     1     1
1     2     3
1     3     6
```

其中矩阵 a、b 均是在工作空间中已定义完毕的，脚本运行时直接使用该变量，并对其进行操作，然后在命令窗口中调用该脚本，可以看到变量 a、b 已经进行了相互交换。

3. M 文件

M 文件的语法类似于 C 语言，但又有其自身特点。它只是一个简单的 ASCII 码文本文件，执行程序时逐行解释运行程序，MATLAB 是解释性的编程语言。

M 语言是一种解释性语言，利用该语言编写的代码，仅能被 MATLAB 接受，被 MATLAB 解释、执行。一个 M 语言文件就是由若干 MATLAB 命令组合在一起构成的。 M 语言文件是标准的纯文本格式的文件，其文件扩展名为.m。

使用 M 文件可以将一组 MATLAB 命令组合起来，通过一个简单的指令就可以执行这些命令。

M 文件有两类：独立的 m 文件，也被称为命令文件，可调用 M 文件——称函数文件。

脚本文件是 M 文件中最简单的一种。运行脚本文件等价于从命令窗口中顺序运行文件里的语句。

M 文件的类型是普通的文本文件，我们可以使用系统认可的文本文件编辑器来建立 M 文件。如 Dos 下的 Edit，Windows 的记事本和 Word 等。

具体的创建方法如下：

(1) 在 MATLAB 主菜单中选择菜单命令"新建"→"脚本"，如图 6-1 所示。

图 6-1 创建新的 M 文件

(2) 点击"保存"→"保存"，将工作空间中的内容存入文件，如图 6-2 所示。

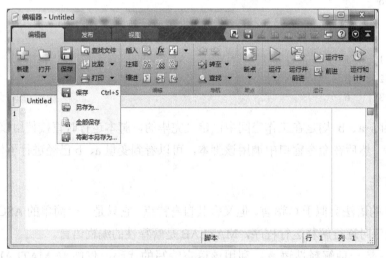

图 6-2 M 文件的保存

【例 6-4】利用函数文件，实现直角坐标与极坐标之间的转换。

运行程序如下：

```
x=input('Please input x=:');
y=input('Please input y=:');
[rho,the]=tran(x,y);
rho
the
```

过程中调用的子程序如下：

函数文件 tran.m：

```
function [rho,theta]=tran(x,y)
rho=sqrt(x*x+y*y);
theta=atan(y/x);
```

运行结果如下：

```
Please input x=:1
Please input y=:1
rho =
     1.4142
the =
     0.7854
```

在 MATLAB 中，函数可以嵌套调用，即一个函数可以调用别的函数，甚至调用它自身。一个函数调用它自身称为函数的递归调用。

6.2.2　MATLAB 的工作模式

用户如想灵活应用 MATLAB 解决实际问题，充分调用 MATLAB 的科学技术资源，就需要编辑 M 文件。包含 MATLAB 语言代码的文件称为 M 文件，其扩展名为 M。编辑 M 文件可使用各种文本编辑器。

通常 MATLAB 以指令驱动模式工作，即在 MATLAB 窗口下当用户输入单行指令时，MATLAB 立即处理这条指令，并显示结果，这就是 MATLAB 命令行的方式。

命令行操作时，MATLAB 窗口只允许一次执行一行上的一个或几个语句。

【例 6-5】直接在窗口输入命令。

运行程序如下：

```
x1=0:10,x2=0:3:11,x3=11.5:-3:0
```

运行结果如下：

```
x1 =
     0     1     2     3     4     5     6     7     8     9    10

x2 =
```

```
         0      3      6      9
x3 =
    11.5000    8.5000    5.5000    8.5000
```

在 MATLAB 窗口输入数据和命令进行计算时，当处理复杂问题和大量数据时很不方便，因此应编辑 M 文件。

命令行方式程序可读性差，而且不能存储，对于复杂的问题，应编写成能存储的程序文件。

将 MATLAB 语句构成的程序存储成以 m 为扩展名的文件，然后再执行该程序文件，这种工作模式称为程序文件模式。

6.3　M 文件结构实例

6.3.1　M 文件的一般结构

函数文件由 function 语句引导，其基本结构为：

(1) 函数题头：指函数的定义行，是函数语句的第一行，在该行中将定义函数名、输入变量列表及输出变量列表等。

(2) HI 行：指函数帮助文本的第一行，为该函数文件的帮助主题，当使用 lookfor 命令时，可以查看到该行信息。

(3) 帮助信息：这部分提供了函数的完整帮助信息，包括 HI 之后至第一个可执行行或空行为止的所有注释语句，通过 MATLAB 语言的帮助系统查看函数的帮助信息时，将显示该部分。

(4) 函数体：指函数代码段，也是函数的主体部分。

(5) 注释部分：指对函数体中各语句的解释和说明文本，注释语句以%引导。

其中以 function 开头的一行为引导行，表示该 M 文件是一个函数文件。函数名的命名规则与变量名相同。输入形参为函数的输入参数，输出形参为函数的输出参数。当输出形参多于一个时，则应该用方括号括起来。

函数文件较为复杂。函数需要给定输入参数，并能够对输入变量进行若干操作，实现特定的功能，最后给出一定的输出结果或图形等，其操作对象为函数的输入变量和函数内的局部变量等。

函数调用的一般格式是：

[输出参数表]=函数名(输入参数表)

要注意的是，函数调用时各参数出现的顺序、个数，应与函数定义时参数的顺序、个数一致，否则会出错。

6.3.2 脚本文件实例

虽然一些脚本文件可以包括除去函数声明的四个部分，但在实际应用中，脚本 M 文件经常只由 M 文件正文和注释组成。

【例 6-6】利用脚本文件找出 20 到 100 的所有素数。

运行程序如下：

```
%Find the prime numbers between 20 and 1000
%clear the workspace
clear
%result save the prime numbers.
result=[];
%for-loop
for i=20:1000
    %define a variable which is used to mark whether i is a prime number
    mark=1;
    %check whether i is a prime number
    for j=2:i-1
        if mod(i,j)==0
            mark=0;
            break
        end
    end
    %add prime number to result
    if mark==1
        result=[result i];
    end
end
%output
result
```

运行脚本文件结果如下：

```
result =
    23    29    31    37    41    43    47    53    59    61    67    71    73    79
    83    89    97
```

6.3.3 函数文件实例

M 文件就是由 MATLAB 语言编写的可在 MATLAB 语言环境下运行的程序源代码文件。M 文件的语法与 C 语言十分相似。对广大参加建模竞赛且学过 C 语言的同学来说，M 文件的编写相当容易。M 文件可以分为脚本文件(Script)和函数文件(Function)两种。M 文件不仅可以在 MATLAB 的程序编辑器中编写，也可以在其他的文本编辑器中编写，并以"m"为扩展名加以存储。

当遇到输入命令较多以及要重复输入命令的情况时，利用命令文件就显得很方便了。将所有要执行的命令按顺序放到一个扩展名为.m 的文本文件中，每次运行时只需在 MATLAB 的命令窗口输入 M 文件的文件名就可以了。下面介绍 MATLAB 中 M 文件的命名规则：

(1) 文件名命名要用英文字符，第一个字符不能是数字。

(2) 文件名不要取为 MATLAB 的一个固有函数，M 文件名的命名尽量不要是简单的英文单词，最好是由大小写英文/数字/下划线等组成。原因是简单的单词命名容易与 MATLAB 内部函数名同名，结果会出现一些莫名其妙的错误。

(3) 文件存储路径一定为英文。

(4) M文件起名不能为两个单词，如 three phase，应该写成 three_phase 或者 ThreePhase。

需要注意的是，M 文件最好直接放在 MATLAB 的默认搜索路径下(一般是 MATLAB 安装目录的子目录 work 中)，这样就不用设置 M 文件的路径了，否则应当用路径操作指令 path 重新设置路径。另外，M 文件名不应该与 MATLAB 的内置函数名以及工具箱中的函数重名，以免发生执行错误命令的现象。

MATLAB 对命令文件的执行等价于从命令窗口中顺序执行文件中的所有指令。命令文件可以访问 MATLAB 工作空间里的任何变量及数据。

命令文件运行过程中产生的所有变量都等价于从 MATLAB 工作空间中创建这些变量。因此，任何其他命令文件和函数都可以自由地访问这些变量。这些变量一旦产生就一直保存在内存中，只有对它们重新赋值，它们的原有值才会变化。关机后，这里变量也就全部消失了。另外，在命令窗口中运行 clear 命令，也可以把这些变量从工作空间中删去。当然，在 MATLAB 的工作空间窗口中也可以用鼠标选择想要删除的变量，从而将这些变量从工作空间中删除。

【例6-7】函数 M 文件示例。

运行程序如下：

```
function y=tri(A,M)
%Determine whether point M is in triangle A or not.
%A makes the triangle,A is a 3*2 matrix
%M makes the point,M is a 1*2 vector

%y=1 means M lies in the triangle determined by A.
%y=0 means M lies on the edge of triangle determined by A.
%y=-1 means M lies out of the triangle determined by A.

%---------method 1-------------------
% x1=A(1,1);y1=A(1,2);
% x2=A(2,1);y2=A(2,2);
```

```
% x3=A(3,1);y3=A(3,2);
% x0=M(1);y0=M(2);
% if
    and(((x0-x1)*(y2-y1)-(x2-x1)*(y0-y1))*((x0-x1)*(y3-y1)-(x3-x1)*(y0-y1))<0,((x0-x2)*(y1-y2)-(x1-x2)*
    (y0-y2))*((x0-x2)*(y3-y2)-(x3-x2)*(y0-y2))<0)
%        y=1;
% elseif
    or(((x0-x1)*(y2-y1)-(x2-x1)*(y0-y1))*((x0-x1)*(y3-y1)-(x3-x1)*(y0-y1))==0,((x0-x2)*(y1-y2)-(x1-x2)*
    (y0-y2))*((x0-x2)*(y3-y2)-(x3-x2)*(y0-y2))==0)
%        y=0;
% else
%        y=-1;
% end
%---------method 1 end---------------


%---------method 2--------------------
%assign the coordinates of the three points
x1=A(1,1);y1=A(1,2);
x2=A(2,1);y2=A(2,2);
x3=A(3,1);y3=A(3,2);
%assign the coordinates of the target points
x0=M(1);y0=M(2);
%Determine the relationship between point M and triangle A
if
    and(((M(1)-A(1,1))*(A(2,2)-A(1,2))-(A(2,1)-A(1,1))*(M(2)-A(1,2)))*((M(1)-A(1,1))*(A(3,2)-A(1,2))-(
    A(3,1)-A(1,1))*(M(2)-A(1,2)))<0,((M(1)-A(2,1))*(A(1,2)-A(2,2))-(A(1,1)-A(2,1))*(M(2)-A(2,2)))*((M(
    1)-A(2,1))*(A(3,2)-A(2,2))-(A(3,1)-A(2,1))*(M(2)-A(2,2)))<0)
        y=1;
elseif
    or(((M(1)-A(1,1))*(A(2,2)-A(1,2))-(A(2,1)-A(1,1))*(M(2)-A(1,2)))*((M(1)-A(1,1))*(A(3,2)-A(1,2))-(
    A(3,1)-A(1,1))*(M(2)-A(1,2)))==0,((M(1)-A(2,1))*(A(1,2)-A(2,2))-(A(1,1)-A(2,1))*(M(2)-A(2,2)))*(
    (M(1)-A(2,1))*(A(3,2)-A(2,2))-(A(3,1)-A(2,1))*(M(2)-A(2,2)))==0)
        y=0;
else
        y=-1;
end
%plot the triangle A and the M point
plot([A(:,1);A(1,1)],[A(:,2);A(1,2)],'r',M(1),M(2),'b*');
%----------method 2 end---------------
```

在命令窗口运行主程序如下：

```
B=[1,2;3,4;4,1]
Q=[3,2]
tri(B,Q)
```

运行结果如下：

B =

    1   2
    3   4
    4   1

Q =

    3   2

ans =

    1

运行结果如图 6-3 所示。

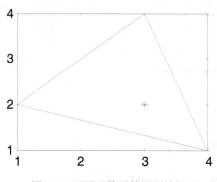

图 6-3　调用函数后的运行结果

【例 6-8】编写函数文件求解一元二次方程。

函数文件如下：

```
function [x1 x2] = eq_s (a,b,c)
delt = b*b - 4*a*c;
if delt < 0
    'There is no answer!'                %若判别式小于 0，方程无解
    x1=a-a;
    x2=b-b;
elseif delt == 0
    'There is only one answer!'          %若判别式等于 0，有一个解，并求解
    x1 = (-b+sqrt(delt))/(2*a);
    x2= (-b-sqrt(delt))/(2*a);
    ans = x1
else
    'There are two answers!'             %若判别式大于 0，有两个解，并求解
    x1 = (-b+sqrt(delt))/(2*a);
    x2 = (-b-sqrt(delt))/(2*a);
    ans = [x1 x2]
end
```

在命令窗口运行主程序如下：

```
 [x1 x2] = equation_solve(1,3,4);          %求解方程 x²+3x+4=0
[x1 x2] = eq_s (1,4,4);                    %求解方程 x²+4x+4=0
[x1 x2] = eq_s (1,2,-3);                   %求解方程 x²+2x-3=0
```

运行结果下：

```
ans =
There is no answer!
ans =
There is only one answer!
ans =
    -2
ans =
There are two answers!
ans =
    1      -3
```

6.4　函　数　类　型

MATLAB 中的函数分为：匿名函数、M 文件主函数、嵌套函数、子函数、私有函数和重载函数，下面分别进行讲述。

6.4.1　匿名函数

匿名函数很简单，它通常只由一句很简单的声明语句组成。使用匿名函数的优点是不需要维护一个 M 文件，只需要一句非常简单的语句，就可以在命令窗口或者 M 文件中调用函数。

创建匿名函数的标准格式如下：

F=@(input1,input2...)expr

【例 6-9】匿名函数示例。

在命令窗口输入：

```
myfhd1=@(x)(x-2*x.^2)
myfhd1(4)
myfhd2=@(x,y)(sin(x)-cos(y))
myfhd2(pi/2,pi/6)
myfhd3=@()(3+2)
myfhd3()
```

```
myfhd3
myffhd=@(a)(quad(@(x)(a.*x.^2+1./a.*x+1./a^2),0,1))        %匿名函数嵌套使用
myffhd(0.3)
```

运行结果如下：

```
myfhd1 =
    @(x)(x-2*x.^2)
ans =
    -28
myfhd2 =
    @(x,y)(sin(x)-cos(y))
ans =
    0.1340
myfhd3 =
    @()(3+2)
ans =
    5
myfhd3 =
    @()(3+2)
myffhd =
    @(a)(quad(@(x)(a.*x.^2+1./a.*x+1./a^2),0,1))
ans =
    12.8778
```

6.4.2　M 文件主函数

每一个函数 M 文件第一行定义的函数就是 M 文件主函数，一个 M 文件只能包含一个主函数。M 文件主函数的说法是针对其内部的子函数和嵌套函数而言的，一个 M 文件中除了主函数外，还可以编写多个嵌套函数或子函数。

6.4.3　子函数

在 MATLAB 中，一个 M 文件中除了一个主函数外，该文件中的其他函数称为子函数，保存时所用的函数名应该与主函数定义名相同，外部函数只能对主函数进行调用。

所有的子函数都有自己独立的声明和帮助、注释等结构，只需要在位置上处于主函数之后即可，而各个子函数的前后顺序可以任意放置。

M 文件内部发生函数调用时，MATLAB 首先检查该文件中是否存在相应名称的子函数，然后检查这一 M 文件所在目录的子目录下是否存在同名的私有函数，然后按照 MATLAB 路径，检查是否在同名的 M 文件或内部函数。

6.4.4   嵌套函数

在一个函数内部，可以定义一个或多个函数，这种定义在其他函数内部的函数就称为嵌套函数。一个函数内部可以嵌套多个函数，嵌套函数内部又可以继续嵌套其他函数。

嵌套函数的书写语法格式如下：

```
function x= A(b1 b2)
…
    function y = B(c1 c2)
    …
    End
…
end
```

6.4.5   私有函数

私有函数具有限制性访问权限，是位于私有目录 private 目录下的函数文件，这些私有函数的构造与普通 M 函数完全相同，只不过私有函数只能被 private 直接父目录下的 M 文件调用，任何指令通过“名称”对函数进行调用时，私有函数的优先级仅次于 MATLAB 的内置函数和子函数。

通过 help、lookfor 等帮助命令都不能显示一个私有函数的任何信息，必须声明其私有的特点。

6.4.6   重载函数

重载是计算机编程中非常重要的概念，它经常用在处理功能类似，但是参数类型或个数不同的函数编写中。例如实现两个相同的计算功能，输入变量数量相同，不同的是其中一个输入变量的类型为双精度浮点类型，另一个输入类型为整形。这时候用户就可以编写两个同名函数，一个用来处理双精度浮点类型的输入函数，另一个用来处理整型的输入参数。

MATLAB 的内置函数中有许多重载函数，放置在不同的文件路径下，文件夹名称以@开头，然后跟一个代表 MATLAB 数据类型的字符。

6.5   本 章 小 结

MATLAB 是一个强有力的运算环境，这不仅表现在它是一个高级的“数学演算纸和图形表现器", 而且还表现在 MATLAB 提供了一套完整而易于使用的编程语言。从形式上讲, MATLAB 程序文件是 ASCII 码文件(标准的纯文本文件), 扩展名为.m(M 文件的名称由此而来), 用任何字处理软件都可以对它进行编写和修改。本章先简单介绍了 MATLAB 中变量的操作, 然后具体讲解了 M 文件的编写和结构类型, 最后介绍了常用的函数类型。从特征上讲, MATLAB 语言是解释性编程语言, 其优点是语法简单, 程序容易调试, 人机交互性强; 从功能上讲, M 文件(即 MATLAB 程序)大大扩展了 MATLAB 的能力, 为用户提供了二次开发的便利工具。

第7章 数 据 分 析

数据分析和处理是实际应用中非常重要的问题。MATLAB 能够对数据进行解析函数的分析，如可利用插值法描述数据点之间的关系，或利用曲线拟合来拟合数据。其次 MATLAB 还能求函数极限、导数等。MATLAB 提供了大量的函数方便用户使用。

学习目标：
- 学会应用、实践数据的插值方法。
- 掌握曲线拟合的基本方法。
- 熟悉、理解函数的极限和导数、积分。

7.1 数 据 插 值

在实际研究中，常常需要在已有的数据点之间的中间点的数据。如何能更加光滑准确地得到这些点的数据，就需要使用不同的插值方法。

在 MATLAB 中，提供了多种多样的插函数，常用的 interp1 函数用于一维数据插值，interp2 函数则实现二维插值。

7.1.1 一维插值

在 MATLAB 中，函数 interp1 用于实现一维插值，其调用格式为：

(1) yi = interp1(x,Y,xi)：返回插值向量 **yi**，每一元素对应于参量 **xi**，同时由向量 **x** 与 **Y** 的内插值决定。参量 *x* 指定数据 *Y* 的点。若 *Y* 为一矩阵，则按 *Y* 的每列计算。*yi* 是阶数为 length(xi)*size(Y,2)的输出矩阵。

(2) yi = interp1(Y,xi)：假定 *x*=1:*N*，其中 *N* 为向量 *Y* 的长度，或者为矩阵 *Y* 的行数。

(3) yi = interp1(x,Y,xi,method)：用指定的算法计算插值：

其中，nearest 表示最近邻点插值，直接完成计算；linear 表示线性插值(缺省方式)，直接完成计算；spline 表示三次样条函数插值。

(4) yi = interp1(x,Y,xi,method,'extrap')：对于超出 *x* 范围的 *xi* 中的分量将执行特殊的外插值法 extrap。

(5) yi=interp1(x,Y,xi,method,extrapval)：确定超出 *x* 范围的 *xi* 中的分量的外插值 extrapval，其值通常取 NaN 或 0。

【例 7-1】对函数进行插值示例。

```
clear all;
x = (-5:5)';
v1 = x.^2;
v2 = 2*x.^2 + 2;
v3 = 3*x.^2 + 4;
v = [v1 v2 v3];
xq = -5:0.1:5;
vq = interp1(x,v,xq,'pchip');
figure
plot(x,v,'o',xq,vq);
set(gca,'XTick',-5:5);
```

运行结果如图 7-1 所示。

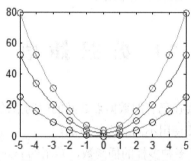

图 7-1　对函数进行插值效果图

7.1.2　二维插值

在 MATLAB 中，函数 interp2 用于实现二维插值，其调用格式为：

(1) ZI = interp2(X,Y,Z,XI,YI)：返回矩阵 ZI，其元素包含对应于参量 XI 与 YI(可以是向量、或同型矩阵)的元素，即 Zi(i,j)←[Xi(i,j),yi(i,j)]。

用户可以输入行向量和列向量 Xi 与 Yi，此时，输出向量 Zi 与矩阵 meshgrid(xi,yi)是同型的。同时取决于由输入矩阵 X、Y 与 Z 确定的二维函数 Z=f(X,Y)。

参量 X 与 Y 必须是单调的，且相同的划分格式，就像由命令 meshgrid 生成的一样。若 Xi 与 Yi 中有在 X 与 Y 范围之外的点，则相应地返回 nan(Not a Number)。

(2) ZI = interp2(Z,XI,YI)：缺省地，X=1:n、Y=1:m，其中[m,n]=size(Z)。再按第一种情形进行计算。

(3) ZI = interp2(Z,n)：作 n 次递归计算，在 Z 的每两个元素之间插入它们的二维插值，这样，Z 的阶数将不断增加。interp2(Z)等价于 interp2(z,1)。

(4) ZI = interp2(X,Y,Z,XI,YI,method)：用指定的算法 method 计算二维插值："nearest"表示最近邻点插值，直接完成计算；"linear"表示线性插值(缺省方式)，直接完成计算；

"spline"表示三次样条函数插值。

【例 7-2】二维插值示例。

```
[X,Y] = meshgrid(-3:3);
V = peaks(X,Y);
subplot(121)
surf(X,Y,V)
title('Original Sampling');
[Xq,Yq] = meshgrid(-3:0.25:3);
Vq = interp2(X,Y,V,Xq,Yq);
subplot(122)
surf(Xq,Yq,Vq);
title('Linear Interpolation Using Finer Grid');
```

运行结果如图 7-2 所示。

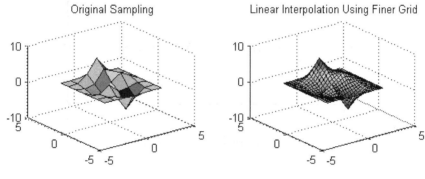

图 7-2   二维插值效果图

7.2   曲 线 拟 合

在 MATLAB 中，多项式拟合函数 polyfit 可以用来拟合得到多项式的系数。默认的拟合目标是最小方差最小，即最小二乘法拟合数据，其调用格式如下：

```
p = polyfit(x,y,n)
[p,S] = polyfit(x,y,n)
[p,S,mu] = polyfit(x,y,n)
y = polyval(p,x)
[y,delta] = polyval(p,x,S)
y = polyval(p,x,[],mu)
[y,delta]= polyval(p,x,S,mu)
```

其中 x,y 为已知的测量数据，n 为拟合多项式的阶数，s 为方差，mu 是比例，delta 为误差范围。

【例 7-3】曲线拟合示例。

```
x = (0: 0.1: 2.5)';
y = erf(x);
p = polyfit(x,y,6)
f = polyval(p,x);
table = [x y f y-f]
x = (0: 0.1: 5)';
y = erf(x);
f = polyval(p,x);
plot(x,y,'o',x,f,'-')
axis([0   5   0   2])
```

运行结果如图 7-3 所示：

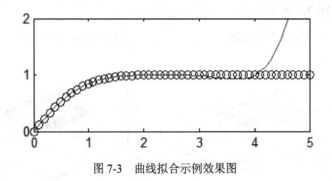

图 7-3   曲线拟合示例效果图

运行结果如下：

```
p =
    0.0084    -0.0983     0.4217    -0.7435     0.1471     1.1064     0.0004
table =
         0          0     0.0004    -0.0004
    0.1000     0.1125     0.1119     0.0006
    0.2000     0.2227     0.2223     0.0004
    0.3000     0.3286     0.3287    -0.0001
    0.4000     0.4284     0.4288    -0.0004
    0.5000     0.5205     0.5209    -0.0004
    0.6000     0.6039     0.6041    -0.0002
    0.7000     0.6778     0.6778     0.0000
    0.8000     0.7421     0.7418     0.0003
    0.9000     0.7969     0.7965     0.0004
    1.0000     0.8427     0.8424     0.0003
    1.1000     0.8802     0.8800     0.0002
    1.2000     0.9103     0.9104    -0.0000
    1.3000     0.9340     0.9342    -0.0002
    1.4000     0.9523     0.9526    -0.0003
    1.5000     0.9661     0.9664    -0.0003
```

1.6000	0.9763	0.9765	-0.0002
1.7000	0.9838	0.9838	0.0000
1.8000	0.9891	0.9889	0.0002
1.9000	0.9928	0.9925	0.0003
2.0000	0.9953	0.9951	0.0002
2.1000	0.9970	0.9969	0.0001
2.2000	0.9981	0.9982	-0.0001
2.3000	0.9989	0.9991	-0.0003
2.4000	0.9993	0.9995	-0.0002
2.5000	0.9996	0.9994	0.0002

7.3　函 数 极 限

极限运算是高等数学的基础，MATLAB 提供了计算函数极限的命令，可方便用户进行极限运算。

在 MATLAB 中，主要用 limit 函数求函数的极限。这些函数的调用方法如下：

(1) limit(s,n,inf)：返回符号表达式当 n 趋于无穷大时表达式 s 的极限。

(2) limit(s,x,a)：返回符号表达式当 x 趋于 a 时表达式 s 的极限。

(3) limit(s,x,a,'left')：返回符号表达式当 x 趋于 a-0 时表达式 s 的左极限。

(4) limit(s,x,a,'right')：返回符号表达式当 x 趋于 a-0 时表达式 s 的右极限。

【例 7-4】极限求解示例。

```
clear all
syms x h
limit(sin(x)/x)
limit((sin(x + h) - sin(x))/h, h, 0)
```

运行结果为：

```
ans =
1
 ans =
cos(x)
```

7.4　函 数 求 导

在 MATLAB 中，主要用 diff 函数求函数导数。这些函数的调用方法如下：

```
Y = diff(X)
```

Y = diff(X,n)

Y = diff(X,n,dim)

返回符号表达式 X 对自变量 n 的 dim 阶导数。

【例 7-5】函数求导示例。

```
clear all
h = 0.001;
X = -pi:h:pi;
f = sin(X);
Y = diff(f)/h;
Z = diff(Y)/h;
plot(X(:,1:length(Y)),Y,'r',X,f,'b', X(:,1:length(Z)),Z,'k')
```

运行如图 7-4 所示：

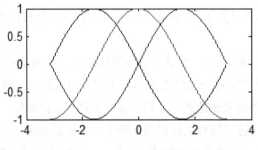

图 7-4　求导前后的图形

7.5　数 值 积 分

7.5.1　一元函数的数值积分

MATLAB 为一元函数的数值积分提供了 3 个函数，分别为 quad、quadl、quadv，下面将对这个函数做介绍。

在 MATLAB 中，quad 函数采用遍历的自适应辛普森法计算函数的数值积分。适用于精度要求低，被积分函数平滑较差的数值积分。常用的调用格式为：

```
q = quad(fun,a,b)
q = quad(fun,a,b,tol)
q = quad(fun,a,b,tol,trace)
[q,fcnt] = quad(...)
```

其中 fun 是被积函数名。a 和 b 分别是定积分的下限和上限。tol 用来控制积分精度，缺省时取 tol=0.001。trace 控制是否展现积分过程，若取非 0 则展现积分过程，取 0 则不展现，缺省时取 trace=0。返回参数 I 即定积分值，n 为被积函数的调用次数。

【例 7-6】求定积分。

运行程序如下：

```
F = @(x)1./(x.^3-2*x-5);
Q = quad(F,0,2)
```

运行结果如下：

```
Q =
    -0.4605
```

quadl 函数采用遍历自适应法计算函数的数值积分，适应于精度要求高，被积分函数曲线比较平滑的数值积分。该函数的调用格式为：

```
q = quadl(fun,a,b)
q = quadl(fun,a,b,tol)
quadl(fun,a,b,tol,trace)
[q,fcnt] = quadl(...)
```

其中参数的含义和 quad 函数相似，只是 tol 的缺省值取 10～6。该函数可以更精确地求出定积分的值。

【例 7-7】利用 quadl 函数求定积分。

运行程序如下：

```
F = @(x)1./(x.^3-2*x-5);
Q = quadl(F,0,2)
```

运行结果如下：

```
Q =
    -0.4605
```

quadv 函数是 quad 函数的矢量扩展，因此也称为矢量积分。其用法与 quad 相同，该函数的调用格式为：

```
Q = quadv(fun,a,b)
Q = quadv(fun,a,b,tol)

Q = quadv(fun,a,b,tol,trace)
[Q,fcnt] = quadv(...)
```

【例 7-8】利用 quadv 函数求定积分。

运行程序如下：

```
for k = 1:10
        Qs(k) = quadv(@(x)myscalarfun(x,k),0,1);
```

```
end
function y = myscalarfun(x,k)
y = 1./(k+x);
```

运行结果如下：

```
Qs =
    0.6931    0.4055    0.2877    0.2231    0.1823    0.1542    0.1335    0.1178    0.1054
    0.0953
Qs =
    0.6931    0.4055    0.2877    0.2231    0.1823    0.1542    0.1335    0.1178    0.1054
    0.0953
Qs =
    0.6931    0.4055    0.2877    0.2231    0.1823    0.1542    0.1335    0.1178    0.1054
    0.0953
Qs =
    0.6931    0.4055    0.2877    0.2231    0.1823    0.1542    0.1335    0.1178    0.1054
    0.0953
Qs =
    0.6931    0.4055    0.2877    0.2231    0.1823    0.1542    0.1335    0.1178    0.1054
    0.0953
Qs =
    0.6931    0.4055    0.2877    0.2231    0.1823    0.1542    0.1335    0.1178    0.1054
    0.0953
Qs =
    0.6931    0.4055    0.2877    0.2231    0.1823    0.1542    0.1335    0.1178    0.1054
    0.0953
Qs =
    0.6931    0.4055    0.2877    0.2231    0.1823    0.1542    0.1335    0.1178    0.1054
    0.0953
Qs =
    0.6931    0.4055    0.2877    0.2231    0.1823    0.1542    0.1335    0.1178    0.1054
    0.0953
Qs =
    0.6931    0.4055    0.2877    0.2231    0.1823    0.1542    0.1335    0.1178    0.1054

    0.0953
```

7.5.2　多重数值积分

本节将讨论被积函数为二元函数和三元函数的情况。MATLAB 提供了 dblquad 函数和 triplequad 函数分别用于计算二重数值积分和三重数值积分。

在 MATLAB 中，dblquad 函数就可以直接求出上述二重定积分的数值解。该函数的调用格式为：

```
q = dblquad(fun,xmin,xmax,ymin,ymax)
q = dblquad(fun,xmin,xmax,ymin,ymax,tol)
q = dblquad(fun,xmin,xmax,ymin,ymax,tol,method)
```

该函数求 fun 在 xmin,xmax,ymin,ymax 区域上的二重定积分。参数 tol、method 的用法与函数 quad 完全相同。

【例 7-9】计算二重定积分。

```
Q = dblquad(@integrnd,pi,2*pi,0,pi)
function z = integrnd(x, y)
z = y*sin(x)+x*cos(y);
```

运行结果如下：

```
Q =
    -9.8696
```

triplequad 函数可以用来计算被积函数在空间内的数值积分值。该函数的调用格式为：

```
q = triplequad(fun,xmin,xmax,ymin,ymax,zmin,zmax)
q = triplequad(fun,xmin,xmax,ymin,ymax,zmin,zmax,tol)
q = triplequad(fun,xmin,xmax,ymin,ymax,zmin,zmax,tol,method)
```

该函数求 fun 在 xmin,xmax,ymin,ymax 区域上的二重定积分。参数 tol，method 的用法与函数 quad 完全相同。

【例 7-10】计算三重定积分。

```
F = @(x,y,z)y*sin(x)+z*cos(x);
Q = triplequad(F,0,pi,0,1,-1,1)
```

运行结果如下：

```
Q =
    2.0000
```

7.6　本 章 小 结

本章对使用 MATLAB 进行数据分析进行了介绍，同时通过示例对数据分析比较常见的函数命令进行了介绍，内容包括数据插值、曲线拟合、函数极限、函数求导、数值积分等内容。如果读者需要通过数据进行专业复杂的分析，可以寻找相关专题方向的书籍进行学习。

第8章 绘制二维图形

数据可视化是 MATLAB 的一项重要功能。通过数据化可视化的方法，我们可以对数据分布和趋势特性有一个直观的了解。数据可视化即用图表和图形表示数据。本章重点介绍二维图形的绘制和修饰，并在此基础上介绍二维特殊图形的可视化。

学习目标：

- 熟悉并掌握简单二维图形显示与绘图函数。
- 熟悉图形显示的特征控制语句，包括曲线格式和标记点格式、坐标轴设置等
- 掌握特殊图形的绘制方法。

8.1　MATLAB 图形窗口概述

为了把计算机更好地运用于大学的课程教育和科学研究，从 20 世纪 80 年代开始，出现了多种科学计算语言，也称为数学软件。经过十多年的发展和竞争，已经商品化的有 MATLAB、MAPLE、MATHEMATICA 等。它们的功能大同小异，又各有千秋。就易学性和普及性而言，首推 MATLAB 语言。

MATLAB 是 MATrix LABoratory 的缩写，早期主要用于现代控制中复杂的矩阵、向量的各种运算。由于 MATLAB 提供了强大的矩阵处理和绘图功能，很多专家因此在自己擅长的领域用它编写了许多专门的 MATLAB 工具包(toolbox)。

MATLAB 功能不断扩展，现在的 MATLAB 已不仅仅局限于现代控制系统分析和综合应用，它已是一种包罗众多学科的功能强大的"技术计算语言"。MATLAB 以矩阵作为基本编程单元，它提供了各种矩阵的运算与操作，并有较强的绘图功能。

MATLAB 集科学计算、图像处理、声音处理于一身，是一个高度的集成系统，有良好的用户界面，并有良好的帮助功能。MATLAB 不仅流行于控制界，在机械工程、生物工程、语音处理、图像处理、信号分析、计算机技术等各行各业中都有极广泛的应用。

MATLAB 自产生之日起就具有方便的数据可视化功能。新版本的 MATLAB 对整个图形处理功能做了很大的改进和完善，它不仅具有一般数据可视化软件都具有的功能，还具有一些其他软件所没有的功能，同时对一些特殊的可视化要求,例如图形动画等,MATLAB 也有相应的功能函数。

数据可视化(Data Visualization)技术指的是运用计算机图形学和图像处理技术，将数据换为图形或图像在屏幕上显示出来，并进行交互处理的理论、方法和技术。它涉及计算机图形学、图像处理、计算机辅助设计、计算机视觉及人机交互技术等多个领域。数据可

视化概念首先来自科学计算可视化，科学家们不仅需要通过图形图像来分析由计算机算出的数据，而且需要了解在计算过程中数据的变化。随着计算机技术的发展，数据可视化概念已大大扩展，它不仅包括科学计算数据的可视化，而且包括工程数据和测量数据的可视化。

怎样分析大量、复杂和多维的数据呢？答案是要提供像人眼一样的直觉的、交互的和反应灵敏的可视化环境。数据可视化技术的主要特点如下：

(1) 交互性。用户可以方便地以交互的方式管理和开发数据。

(2) 多维性。可以看到表示对象或事件的数据的多个属性或变量，而数据可以按其每一维的值，将其分类、排序、组合和显示。

(3) 可视性。数据可以用图像、曲线、二维图形、三维体和动画来显示，并可对其模式和相互关系进行可视化分析。历史证明，人类的视觉在人类的科学发现中发挥过杰出的作用。通常在可视化方面，关键技术的出现，就是重大科学发现的前奏。

只有将数据和信息用图形和图像表示出来，才有可能为获得十分宝贵的隐知识创造条件。总之，数据可视化可以大大加快数据的处理速度，使时刻都在产生的海量数据得到有效利用；可以在人与数据、人与人之间实现图像通信，从而使人们能够观察到数据中隐含的现象，为发现和理解科学规律提供有力工具；可以实现对计算和编程过程的引导和控制，通过交互手段改变过程所依据的条件，并观察其影响。

在 MATLAB 中，绘制的图形被直接输出到一个新的窗口中，这个窗口和命令行窗口是相互独立的，被称为图形窗口。如果当前不存在图形窗口，MATLAB 的绘图函数会自动建立一个新的图形窗口；如果已存在一个图形窗口，MATLAB 的绘图函数就会在这个窗口中进行绘图操作；如果已存在多个图形窗口，MATLAB 的绘图函数就会在当前窗口中进行绘图操作。

1. 函数调用方式

(1) figure('PropertyName',PropertyValue,...)：以指定的属性值，创建一个新的图形窗口。

(2) figure(h)：如果 h 已经是图形句柄，则将它代表的图形窗口置为当前窗口；如果 h 不是图形句柄，但为一正整数，则创建一个图形句柄为 h 的新的图形窗口。

2. 关闭与清除图形窗口

关闭图形窗口的函数如下。

(1) close：关闭当前图形窗口。

(2) close(h)：关闭图形句柄 h 指定的图形窗口。

(3) close name：关闭图形窗口名 name 指定的图形窗口。

(4) close all：关闭除隐含图形句柄的所有图形窗口。

(5) close all hidden：关闭包括隐含图形句柄在内的所有图形窗口。

(6) status=close(...)：调用 close 函数正常关闭图形窗口时，返回 1；否则返回 0。

清除图形窗口的函数如下。

(1) clf：清除当前图形窗口中所有可见的图形对象。

(2) clf reset：清除当前图形窗口中所有可见的图形对象，并将窗口的属性设置为默认值。建立图形窗口如图 8-1 所示。

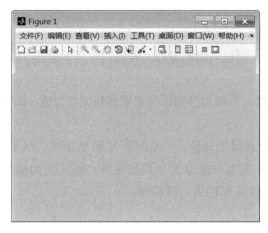

图 8-1　图形窗口

8.2　二 维 绘 图

本节介绍 MATLAB 中命令窗口下的基本绘图流程和各绘图步骤中用到的 MATLAB 函数。这些命令是 MATLAB 绘图的基础。

8.2.1　基本绘图流程

在 MATLAB 中绘制一个典型的图形文件，需要经过以下 7 个步骤：
(1) 数据准备。
(2) 设置当前绘图区。
(3) 绘图。
(4) 设置图形中的曲线和标记点格式。
(5) 设置坐标轴和网格属性。
(6) 标注图形。
(7) 保存和导出图形。

8.2.2　plot 命令

在 MATLAB 中，对主要的二维绘图函数 plot 的调用格式如下。
(1) plot(Y)
① 若 Y 为实向量，则以该向量元素的下标为横坐标，以 Y 的各元素值为纵坐标，绘

制二维曲线。

　　Y=2*[1:10]

　　② 若 Y 为复数向量，则等效于 plot(real(Y),imag(Y))。

　　③ 若 Y 为实矩阵，则按列绘制每列元素值相对其下标的二维曲线，曲线的条数等于 Y 的列数。

　　④ 若 Y 为复数矩阵，则按列分别以元素实部和虚部为横、纵坐标绘制多条二维曲线。

　　(2) plot(X,Y)

　　① 若 X、Y 为长度相等的向量，则绘制以 X 和 Y 为横、纵坐标的二维曲线。

　　② 若 X 为向量，Y 是有一维与 X 同维的矩阵，则以 X 为横坐标，与 X 同维的 Y 的一维为纵坐标。曲线条数与 Y 的另一维相同。

　　plot(X,Y)

　　③ 若 X、Y 为同维矩阵，则绘制以 X 和 Y 对应的列元素为横、纵坐标的多条二维曲线，曲线条数与矩阵的列数相同。

　　(3) plot(X1,Y1,X2,Y2,...,Xn,Yn)

　　每一对参数 Xi 和 Yi 的取值和所绘图形与(2)中相同。

　　(4) plot(X1,Y1,LineSpec,...)

　　以 LineSpec 指定的属性，绘制所有 Xn、Yn 对应的曲线。

　　(5) plot(X1,Y1,'PropertyName',PropertyValue,...)

　　对于由 plot 绘制所有曲线，按照设置的属性值进行绘制。

　　(6) h=plot(...)

　　调用函数 plot 时，同时返回每条曲线的图形句柄 h。

　　【例 8-1】用不同线型和颜色在同一坐标内绘制曲线 $y = 2e^{-0.5x} \sin(2\pi x)$ 及其包络线。

运行程序如下：

```
x=0:0.4*pi:2*pi;
y=sin(x);
plot(y)
```

运行结果如图 8-2 所示。

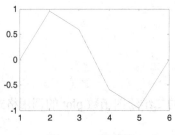

图 8-2　二维曲线

【例 8-2】利用 plot 函数绘制多条曲线。

运行程序如下：

```
clear all
x=-pi:pi/10:pi;
y=[sin(x);sin(x+7);sin(x+5)];
z=[cos(x);cos(x+7);cos(x+5)];
figure;
plot(x,y,'r:*',x,z,'g-.^');
```

运行结果如图 8-3 所示。

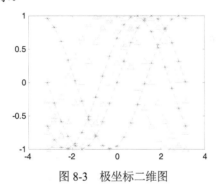

图 8-3　极坐标二维图

8.2.3　设置曲线格式和标记点格式

在 MATLAB 中为区别画在同一窗口中的多条曲线，可以改变曲线的颜色和线型等图形属性，plot 函数可以接受字符串输入变量，这些字符串输入变量用来指定不同的颜色、线型和标记符号(各数据点上的显示符号)，如表 8-1所示。

表 8-1　plot 绘图函数的常用参数

颜色参数	颜　色	线型参数	线　型	标记符号	标　记
Y	黄	-	实线	.	圆点
B	蓝	--	虚线	o	圆圈
g	绿	-.	点划线	+	加号
m	洋红(magenta)	:	点线	*	星号
w	白			x	叉号
c	青(cyan)			s 或'square'	方块
k	黑			d 或'diamond'	菱形
r	红			^	朝上三角符号
				v	朝下三角符号
				<	朝左三角符号
				>	朝右三角符号
				p	五角星(pentagon)
				h	六角星(hexagon)

【例 8-3】 绘制两条不同颜色、不同线型的曲线。

运行程序如下：

```
x=0:0.1*pi:2*pi;
y1=cos(x).*sin(3*x);
y2=sin(x);
y3=cos(3*x);
plot(x,y1,'ob',x,y2,'--dc',x,y3,':vr')
```

运行结果如图 8-4 所示。

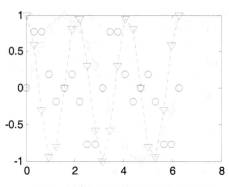

图 8-4　曲线格式和标点类型的绘制

8.2.4　子图绘制

在 MATLAB 窗口中，允许在一个窗口下建立多个子图，这个时候需要用到 subplot 函数，其调用格式如下：

```
subplot(a,b,c)
```

其中 a,b 表示建立 *a* 行 *b* 列个绘图子区，*c* 表示当前的绘图区的序号。

【例 8-4】 子图绘制示例。

运行程序如下：

```
x=-6:0.1:6;
y1=x;
y2=x.^4;
y3=x.^5;
y4=x.^6;
subplot(2,2,1)
plot(x,y1)
title('y1=x')
subplot(2,2,2)
plot(x,y2)
title('y2=x^2')
```

```
subplot(2,2,3)
plot(x,y3)
title('y3=x^3')
subplot(2,2,4)
plot(x,y4)
title('y4=x^4')
```

运行结果如图 8-5 所示。

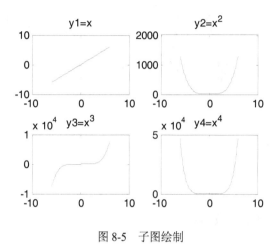

图 8-5　子图绘制

8.2.5　叠加绘制

在 MATLAB 中，有的情况下，用户需要在已经绘制好的图形上叠加绘制新的图形。这个时候需要用到 hold 函数，其调用格式如下：

```
hold on
hold off
```

【例 8-5】叠加绘图模式。

运行程序如下：

```
figure
x = 0:0.01*pi:pi*8; y = 0:pi:pi*16;
subplot(1,2,1)
plot(x,sin(x),'r:','LineWidth',3);hold on;
plot(x,2*sin(x/2),'b','LineWidth',3);hold on;
plot(y,sin(y),'g^','MarkerSize',10,'LineWidth',3);hold on;
plot(y,2*sin(y/2),'mo','MarkerSize',10,'LineWidth',3);hold on;
subplot(1,2,2)
plot(x,sin(x),'r:','LineWidth',3);
plot(x,2*sin(x/2),'b','LineWidth',3);hold on;
```

```
plot(y,sin(y),'g^','MarkerSize',10,'LineWidth',3);
plot(y,2*sin(y/2),'mo','MarkerSize',10,'LineWidth',3);hold on;
```

运行结果如图 8-6 所示。

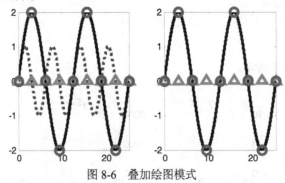

图 8-6　叠加绘图模式

8.2.6　坐标轴设置

MATLAB 在绘图时会根据数据的分布范围自动选择坐标轴的刻度范围。MATLAB 提供了指定坐标轴刻度范围的函数 axis。

调用格式：

axis([xmin xmax ymin ymax])

xmin,xmax,ymin,ymax 分别表示 x 轴的起点、终点，y 轴的起点、终点。

MATLAB 还提供了一些图形标注命令，通过这些标注命令可以对每个坐标轴单独进行标注，给图形放置文本注解，可以加上网格线以确定曲线上某一点的坐标值，还可以用 hold on/off 实现保持原有图形或刷新原有图形，如表 8-2 所示。

表 8-2　常用图形标注命令

命　　令	功　　能
axis on/off	显示/取消坐标轴
xlabel('option')	X 轴加标注，option 表示任意选项
ylabel('option')	Y 轴加标注
title('option')	图形加标题
legend('option')	图形加标注
grid on/off	显示/取消网格线
box on/off	给坐标加/不加边框线
hold on/off	保持/刷新原有图形

【例 8-6】对本章第一个例子进行标注。

运行程序如下：

```
x=(0:pi/100:2*pi)';
y1=2*exp(-0.5*x)*[1,-1];
y2=2*exp(-0.5*x).*sin(2*pi*x);
x1=(0:12)/2;
y3=2*exp(-0.5*x1).*sin(2*pi*x1);
plot(x,y1,'g:', x,y2,'b--', x1,y3,'rp');
title('曲线及其包络线');
xlabel('变量 X');
ylabel('变量 Y');
text(3.2,0.5,'包络线');
legend('包络线','包络线','曲线 Y','离散数据点');
```

运行结果如图 8-7 所示。

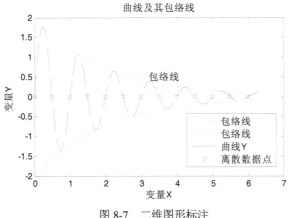

图 8-7 二维图形标注

【例 8-7】坐标轴设置示例。

运行程序如下：

```
figure
x=0:0.1:6;
y=sin(x).*cos(3*x);
plot(x,y)
axis([0 6 -0.9 0.9])
```

运行结果如图 8-8 所示。

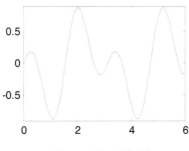

图 8-8 设置坐标轴

8.2.7　对数坐标系绘图

MATLAB 提供了绘制对数和半对数坐标曲线的函数，调用格式为：

semilogx(x1,y1,选项 1,x2,y2,选项 2,…)
semilogy(x1,y1,选项 1,x2,y2,选项 2,…)
loglog(x1,y1,选项 1,x2,y2,选项 2,…)

【例 8-8】绘制 e^{-x} 的图形。
运行程序如下：

```
x=logspace(-1,2);
loglog(x,exp(-x),'-s')
grid on
```

运行结果如图 8-9 所示。

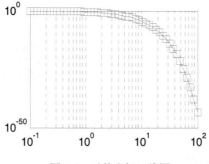

图 8-9　对数坐标二维图

【例 8-9】半对数坐标系作图示例。
运行程序如下：

```
a = 0.1:0.1:5; x = log10(a);
y = 10.^a;
figure
subplot(1,2,1);
loglog(x,y);
subplot(1,2,2);
plot(x,y);
```

运行结果如图 8-10 所示。

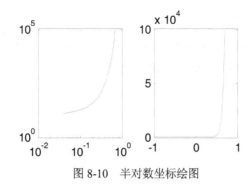

图 8-10　半对数坐标绘图

8.2.8　绘制双纵坐标曲线图

在 MATLAB 中，如果需要绘制出具有不同纵坐标的两个图形，可以使用 plotyy 绘图
函数。

调用格式为：

plotyy(x1,y1,x2,y2,'fun1','fun2')

其中 $x1,y1$ 对应一条曲线，$x2,y2$ 对应另一条曲线。横坐标的标度相同，纵坐标有两个，
左纵坐标用于 $x1,y1$ 数据对，右纵坐标用于 $x2,y2$ 数据对。

【例 8-10】双纵坐标图形实现。

运行程序如下：

```
x=0:0.01:5;
y=exp(x);
plotyy(x,y,x,y,'semilogy','plot')
```

运行结果如图 8-11 所示。

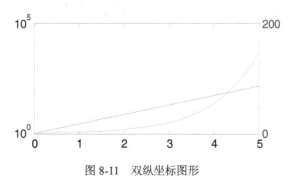

图 8-11　双纵坐标图形

8.2.9　极坐标绘图

polar 函数用来绘制极坐标图，其调用格式为：

polar(theta,rho,linespec)

其中 theta 为极坐标极角，rho 为极坐标矢径，选项的内容与 plot 函数相似。

【例 8-11】绘制 $r = \sin(x)\cos(x)$ 的极坐标图。

运行程序如下：

```
t=0:pi/50:2*pi;
r=sin(t).*cos(t);
polar(t,r,'-*');
```

运行结果如图 8-12 所示。

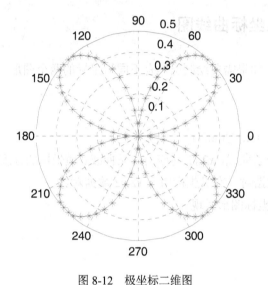

图 8-12　极坐标二维图

8.3　二维特殊绘图

在 MATLAB 中，还有其他绘图函数，可以绘制不同类型的二维图形。

8.3.1　条形图和面域图

MATLAB 中可以用 bar 或者 barh 指令绘制条形图，该指令把单个数据显示为纵向或者横向的柱条。

【例 8-12】条形图画图示例。

运行程序如下：

```
figure
X=[5 2 1;3 2 7;3 7 9;5 5 7];
```

```
subplot(1,2,1)
bar(X)
subplot(1,2,2)
barh(X,'stacked')
```

运行结果如图 8-13 所示：

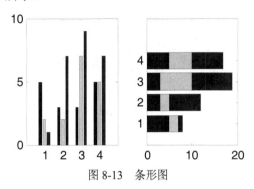

图 8-13　条形图

面域图指令 area 的特点是：在图上绘制多条曲线时，每条曲线(除第一条外)都是把"前"条曲线作基线，再取值绘制而成。因此，该指令所画的图形，能醒目地反映各因素对最终结果的贡献份额。

注意：

(1) area 的第一输入宗量是单调变化的自变量。第二输入宗量是"各因素"的函数值矩阵，且每个"因素"的数据取列向量形式排放。第三输入宗量是绘图的基准线值，只能取标量。当基准值为 0(即以 x 轴为基准线)时，第三输入宗量可以缺省。

(2) 本例第<4>条指令书写格式 x' , Y' ，强调沿列方向画各条曲线的事实。

【例 8-13】面域图示例。

运行程序如下：

```
clf;
x=-2:2                          %注意：自变量要单调变化
Y=[3,4,2,4,1;3,4,5,2,1;5,4,3,2,5]   %各因素的相对贡献份额
Cum_Sum=cumsum(Y)                %各曲线在图上的绝对坐标
area(x',Y',0)
%<4>
legend('因素 1','因素 2','因素 3')
grid on
colormap(spring)
```

运行结果如图 8-14 所示：

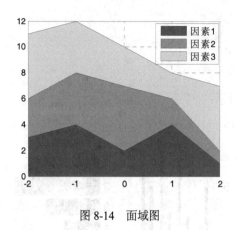

图 8-14　面域图

8.3.2　饼形图

pie 函数用于绘制饼形图，调用格式如下。

pie(x,explode)

【例 8-14】创建二维饼图和三维饼图。

运行程序如下：

```
x = [1 4 1.5 1.5 3];
explode = [0 0 1 1 0];
subplot(121)
pie(x,explode)      %绘制饼图
colormap jet
%生成如图所示的二维饼图
subplot(122)
pie3(x,explode)
colormap hsv
```

运行结果如图 8-15 所示：

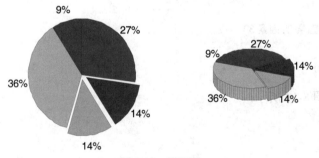

图 8-15　饼形图

8.3.3　直方图

直方图也称为频数直方图，它用来显示已知数据集的分布情况。hist 函数用于绘制条形直方图。所有向量 y 中的元素根据它们的数值范围来分组，每一组作为一个条形显示。调用格式如下。

hist (y,x)

【例 8-15】绘制直方图示例。

运行程序如下：

```
x=randn(5000,1);
y=randn(5000,3);
subplot(3,1,1)
hist(x)
subplot(3,1,2)
hist(x,100)
subplot(3,1,3)
hist(y,50)
```

运行结果如图 8-16 所示：

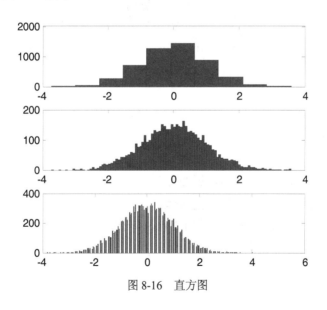

图 8-16　直方图

8.3.4　等高线图

等高线图最常用于多元函数的函数值趋势变化。MATLAB 中一般用 contour 函数绘制一般的等高线图，clabel 函数可以用来标注等高线图中的函数值，contourf 函数则是绘制填充模式的等高线图。

【例 8-16】等高线图。

运行程序如下：

```
clf;
clear;
[X,Y,Z]=peaks(40);              %获得 peaks 图形数据
n=5;                            %等高线分级数
C=contour(X,Y,Z,n,'k:');
[C,h,CF]=contourf(X,Y,Z,n,'k:');
clabel(C,h)                     %沿线标识法
```

运行结果如图 8-17 所示：

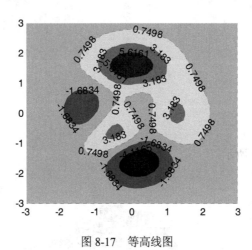

图 8-17　等高线图

8.3.5　向量图

在有些情况下，需要用图形表示数据的方向信息，这时候就需要用到向量图。MATLAB 中常用的向量图有射线图、羽毛图和向量场图。

【例 8-17】射线图 compass 和羽毛图 feather 示例。

运行程序如下：

```
t=-pi/2:pi/12:pi/2;
r=ones(size(t));               %单位半径
[x,y]=pol2cart(t,r);           %极坐标转化为直角坐标
subplot(1,2,1
compass(x,y)
title('Compass')
subplot(1,2,2)
feather(x,y)
```

title('Feather')

运行结果如图 8-18 所示。

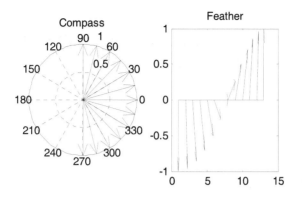

图 8-18 射线图和羽毛图

【**例 8-18**】向量场图 quiver 示例。

运行程序如下：

```
[x,y,z]=peaks(30);
contour(x,y,z,20)
[u,v]=gradient(z);
hold on
quiver(x,y,u,v)
```

运行结果如图 8-19 所示。

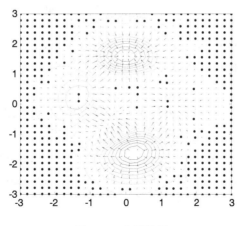

图 8-19 向量场图

8.3.6 网格图绘制

对于二元函数 z=f(x,y)，可用函数 ezmesh 绘制各类图形，也可以用 meshgrid 函数获得矩阵 z，或用循环语句计算矩阵 z 的元素。

1. 函数 ezmesh 调用格式

(1) ezmesh(f)

按照 x、y 的默认取值范围(-2*pi<*x*<2*pi,-2*pi<*y*<2*pi)绘制函数 *z*=f(*x,y*)的图形。

【例 8-19】ezmesh(f)函数用法示例。

运行程序如下：

```
syms x y
f=100-x^2-y^2
ezmesh(f)
```

运行结果如图 8-20 所示：

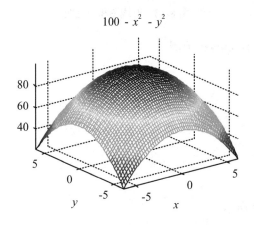

图 8-20　ezmesh 函数运行结果

(2) ezmesh(f,[xmin xmax ymin ymax])或 ezmesh(f,[min max])

按照指定的取值范围绘制函数 *z*=f(x,y)的图形。对于[min max]，min<*x*，*y*<max。

(3) ezmesh(x,y,z)

按照 s、t 的默认取值范围(-2*pi<*s*<2*pi,-2*pi<*t*<2*pi)绘制函数 *x*=*x*(*s,t*)、*y*=*y*(*s,t*)和 *z*=*z*(*s,t*)的图形。

(4) ezmesh(x,y,z,[smin smax tmin tmax])或 ezmesh(x,y,z,[min max])

按照指定的取值范围绘制函数 *z*=*f*(*x,y*)的图形。对于[min max]，min<*s*，*t*<max。

【例 8-20】二元函数坐标控制。

运行程序如下：

```
syms x y z s t
y=s*cos(t)
x=s*sin(t)
z=t
ezmesh(x,y,z)
```

ezmesh(x,y,z,[0 pi 0 5*pi])

运行结果如图 8-21 所示：

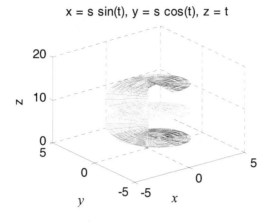

图 8-21　二元函数坐标控制

(5) ezmesh(...,n)

调用 ezmesh 绘制图形时，同时绘制 $n×n$ 的网格，默认值 n=60。

(6) ezmesh(...,'circ')　circumcenter

调用 ezmesh 绘制图形时，在指定区域的中心绘制图形。

8.3.7　曲面图绘制

曲面图的绘制由 surf 指令完成，该指令的调用格式与 mesh 指令类似。

【例 8-21】绘制二元函数 z=f(x,y)=x3+y3 的图形。

运行程序如下：

```
x=0:0.2:5
y=-3:0.2:1
[X Y]=meshgrid(x,y)        %形成三维图形的 X 和 Y 数组
Z=-X.^2-Y.^2+100
surf(X,Y,Z)
xlabel('x')
ylabel('y')
zlabel('z')
```

运行结果如图 8-22 所示：

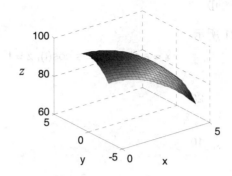

图 8-22　surf 函数运行结果

8.3.8　其他特殊绘图指令

除了前面介绍的绘图指令外，MATLAB 中还有很多其他的特殊绘图函数。

【例 8-22】填色图示例。

运行程序如下：

```
X=[0.5 0.6 0.7 0.4;0.3 0.2 0.5 0.5;0 1 1 1];
Y=[0.5 0.6 0.7 0.1;0.3 0.2 0.3 0.4;0 1 1 1];
Z=[1 1 1 1;0 1 0 0;0 1 0 0];
C=[0 0 1 1;0 1 1 1;0 0 0 1];
fill3(X,Y,Z,C)
view([-10 55])
colormap cool
xlabel('x')
ylabel('y')
box on;
grid on
```

运行结果如图 8-23 所示：

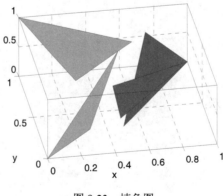

图 8-23　填色图

【例 8-23】用 voronoi 多边形勾画每个点的最近邻范围，voronoi 多边形在计算几何、模式识别中有重要应用。

运行程序如下：

```
clf;
rand('state',111)
n=50;
A=rand(n,1)-0.5;
B=rand(n,1)-0.5;                    %产生 50 个随机点
T=delaunay(A,B);                    %求相邻三点组
T=[T T(:,1)];                       %为使三点剖分三角形封闭而采取的措施
voronoi(A,B)                        %画 voronoi 图
hold on;axis square
fill(A(T(10,:)),B(T(10,:)),'y');    %画一个剖分三角形
voronoi(A,B)                        %重画 voronoi 图，避免线被覆盖
```

运行结果如图 8-24 所示：

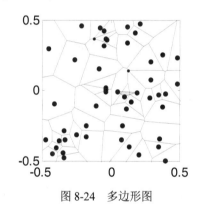

图 8-24　多边形图

【例 8-24】彩带绘图指令 ribbon 示例。

运行程序如下：

```
clear,clf
zeta2=[1.1 0.7 0.8 0.3 1.5 1.6 0.2 0.1];
n=length(zeta2);
for k=1:n;
Num{k,1}=1;
Den{k,1}=[1 2*zeta2(k) 1];
end
S=tf(Num,Den);                     %产生单输入多输出系统
t=(0:0.4:30)';                     %时间采样点
[Y,x]=step(S,t);                   %单输入多输出系统的响应
tt=t*ones(size(zeta2));            %为画彩带图，生成与函数值 Y 维数相同的时间矩阵
ribbon(tt,Y,0.4)                   %画彩带图
```

%至此彩带图已经生成。以下指令都是为了使图形效果更好、标识更清楚而用。

```
view([150,50])
shading interp
colormap(jet)                          %设置视角、明暗、色图
light
lighting phong
box on                                 %设置光源、照射模式、坐标框
```

运行结果如图 8-25 所示：

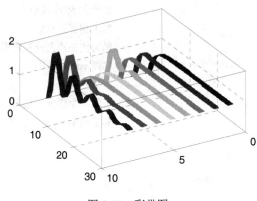

图 8-25　彩带图

8.3.9　函数绘制

用函数 ezplot 可以绘制任意一元函数，调用格式为：

(1) ezplot(f)

按照 x 的默认取值范围(-2*pi<x<2*pi)绘制 f=f(x)的图形。对于 f=f(x,y)，x、y 的默认取值范围为：-2*pi<x<2*pi，-2*pi<y<2*pi，绘制 f(x,y)=0 的图形。

(2) ezplot(f,[min max])

按照 x 的指定取值范围(min<x<max)绘制函数 f=f(x)的图形。对于 f=f(x,y)，ezplot(f,[xmin xmax ymin ymax])按照 x、y 的指定取值范围($x$min<x<$x$max,$y$min<y<$y$max)绘制 f(x,y)=0 的图形。

【例 8-25】ezplot(f)函数用法示例。

运行程序如下：

```
syms x y
clf
ezplot(x^3+y^3-64)
```

运行结果如图 8-26 所示：

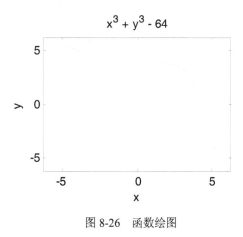

图 8-26　函数绘图

(3) ezplot(x,y)

按照 t 的默认取值范围($0<t<2*pi$)绘制函数 $x=x(t)$、$y=y(t)$的图形。

(4) ezplot(x,y,[tmin tmax])

按照 t 的指定取值范围($tmin<t<tmax$)，绘制函数 $x=x(t)$、$y=y(t)$的图形。

【例 8-26】一元函数的坐标控制示例。

运行程序如下：

```
f='cos(x)+sin(3*x)';
ezplot(f,[-2*pi 2*pi -3 3])
title('y=cos(x)+sin(3x)')
```

运行结果如图 8-27 所示：

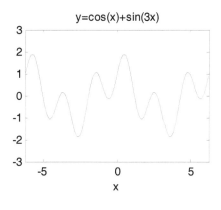

图 8-27　函数绘图

8.4　本 章 小 结

MATLAB 不仅具有强大的数值运算功能，同时具备非常便利的绘图功能，尤其擅长将数据、函数等各种科学运算结果可视化。本章介绍了二维图形的绘制和特殊图形的常用函数，以及控制这些图形的线性、色彩、标记、坐标和效果等修饰。希望读者通过努力学习，仔细钻研，掌握二维图形的绘制。

第9章 绘制三维图形

上一章介绍了使用 MATLAB 绘制二维图形,可是在实际应用中,数学计算人员需要通过绘制三维图形或者四维图形给人们提供一种更直接的表达方式,可以使人们更直接、更清楚的了解数据的结果和本质。MATLAB 语言提供了强大的三维和四维绘图命令。

学习目标:
- 了解三维图形的绘制。
- 理解特殊三维图形的绘制方法。
- 掌握三维图形显示函数和控制。
- 了解四维图形的可视化。

9.1 创建三维图形

9.1.1 三维图形概述

命令格式如下:

(1) plot3:绘制三维曲线图形。

(2) stem3:绘制三维枝干图。

(3) grid on:打开坐标网格。

(4) grid off:关闭坐标网格。

(5) hold:在原有图形上添加图形。

(6) hold on:保持当前图形窗内容。

(7) hold off:解除当前保持状态。

【例9-1】当输入参数是向量(x,y,z)时,plot3(x,y,z)生成的曲线示例。

运行程序如下:

```
t=0:pi/50:9*pi;            %定义 t 的范围
plot3(sin(t),cos(t),t)     %画三维线状图
axis square;               %使各坐标轴的长度相等
grid on                    %打开坐标网格线
```

运行结果如图 9-1 所示:

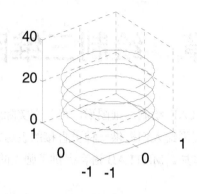

图 9-1　单线条图

9.1.2　三维曲线图

　　plot3 是基本的绘图命令，它把数学函数用曲线描绘出来。当输入参数是向量(x,y,z),则 plot3(x,y,z)生成一条通过各个(x,y,z)点的曲线。当输入参数是三个维数相同的矩阵 **X**，**Y**，**Z**，plot3(X,Y,Z)将绘制 *X*，*Y*，*Z* 每一列的数据曲线。

　　【例 9-2】用 plot3 绘制三维曲线图。

　　运行程序如下：

```
close all
x=-6:0.3:6;
y=6:-0.3:-6;
z=exp(-0.15*y).*cos(x);
[X,Y]=meshgrid(x,y);
Z=exp(-0.15*y).*cos(x);
figure
subplot(2,1,1)
plot3(x,y,z,'or',x,y,z)
subplot(2,1,2)
plot3(X,Y,Z)
```

　　运行结果如图 9-2 所示：

　　plot3 是基本的绘图命令，它把数学函数用曲线描绘出来。当输入参数是向量(x,y,z),则 plot3(x,y,z)生成一条通过各个点(x,y,z)的曲线。当输入参数是三个维数相同的矩阵 *X*，*Y*，*Z*，plot3(X,Y,Z)将绘制 *X*，*Y*，*Z* 每一列的数据曲线。

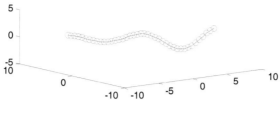

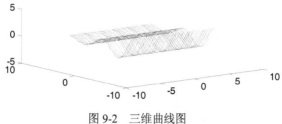

图 9-2　三维曲线图

【**例 9-3**】当输入参数是矩阵 X，Y，Z 时，plot3(X,Y,Z)生成的曲线程序。

运行程序如下：

```
[X,Y]=meshgrid([-2:.1:2]);          %生成网格点坐标生成
Z=X.*exp(X.^2-Y.^3);                %定义函数 Z
plot3(X,Y,Z)                        %绘制三维线状图
grid on                             %打开坐标网格
```

运行结果如图 9-3 所示：

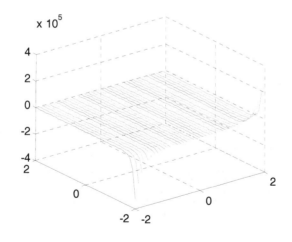

图 9-3　矩阵线状图

【**例 9-4**】plot3 指令使用示例。

运行程序如下：

```
theta = 0:.02*pi:2*pi;
x = sin(theta);
```

```
y = cos(theta);
z = cos(2*theta);
figure
plot3(x,y,z,'LineWidth',2);
hold on;
theta = 0:.01*pi:2*pi;
x = sin(theta);
y = cos(theta);
z = cos(3*theta);
plot3(x,y,z,'rd','MarkerSize',10,'LineWidth',2)
```

运行结果如图 9-4 所示：

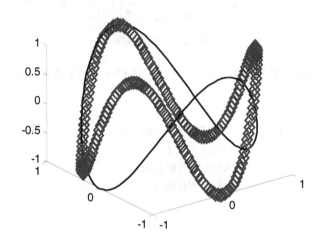

图 9-4　三维曲线运行结果

9.1.3　三维曲面图

当矩阵过大用数字形式难以表示时，绘制曲面图形将十分有用。MATLAB 用 x,y 平面内矩形网格中点的 z 坐标来定义曲面，曲面图形由连接相邻的曲线组成。

MATLAB 生成网格图和面状图两种形式的曲面图，网格图是一种只对连接曲线着色的曲面图，面状图对连接线及连接线构成的表面都进行着色。

命令格式如下：

(1) mesh：绘制三维网格图。

(2) meshc：绘制带有基本等高线的网格图。

(3) meshz：绘制带有基准平面的网格图。

(4) surf：绘制面状图。

(5) surfl：绘制设定光源方向的面状图。

(6) shading interp 和 shading flat：把曲面上的小格平滑掉，使曲面成为光滑表面。

(7) shading faceted：默认状态，它使曲面上有小格。

【例 9-5】三维网线图。

运行程序如下：

```
close all
clear
[X,Y] = meshgrid(-3:.5:3);
Z = 3*X.^3-2*Y.^3;
subplot(2,2,1)
plot3(X,Y,Z)
title('plot3')
subplot(2,2,2)
mesh(X,Y,Z)
title('mesh')
subplot(2,2,3)
meshc(X,Y,Z)
title('meshc')
subplot(2,2,4)
meshz(X,Y,Z)
title('meshz')
```

运行结果如图 9-5 所示：

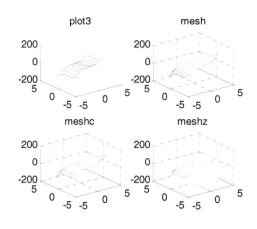

图 9-5　三维网线图

【例 9-6】运用 mesh、meshc、meshz 绘制三维网线图。

运行程序如下：

```
x=-10:.5:10;
y=x;
[X,Y]=meshgrid(x,y);          %生成网格点坐标
R=sqrt(X.^2+Y.^2)             %定义 R
Z=cos (R)./R;                 %生成函数 Z
```

```
subplot(1,3,1);                    %分割成的 3 个子窗口中第一个为当前窗口
mesh(Z)                            %画网格图
title('mesh(Z)');                  %给图形加标题
subplot(1,3,2);                    %分割成的 3 个子窗口中第二个为当前窗口
meshc(Z)                           %画带有基本等高线的网格图
title('meshc(Z)');                 %给图形加标题
subplot(1,3,3);                    %分割成的 3 个子窗口中第三个为当前窗口
meshz(Z)                           %画带有基准平面的网格图
title('meshz(Z)');                 %给图形加标题
```

运行结果如图 9-6 所示：

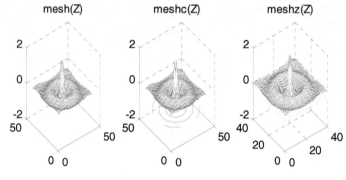

图 9-6　三维表面图

【例 9-7】命令 surfl 的使用示例。

运行程序如下：

```
z=peaks(10);
surfl(z);                %画指定光源方向的面状图
shading interp;          %把曲面上的小格平滑掉，使曲面成为光滑表面
figure                   %以第一图形窗口作为当前图形输出窗口
colormap(hsv);           %设定颜色
```

运行结果如图 9-7 所示：

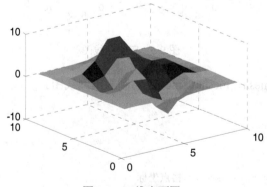

图 9-7　三维表面图

【例 9-8】三维曲面图。

运行程序如下：

```
close all
clear
[X,Y] = meshgrid(-4:.5:4);
Z =-3*X.^2-4*Y.^2;
subplot(2,2,1)
mesh(X,Y,Z)
title('mesh')
subplot(2,2,2)
surf(X,Y,Z)
title('surf')
subplot(2,2,3)
surfc(X,Y,Z)
title('surfc')
subplot(2,2,4)
surfl(X,Y,Z)
title('surfl')
```

运行结果如图 9-8 所示：

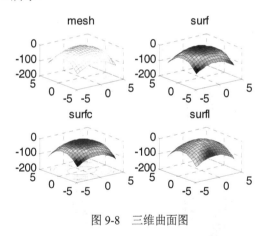

图 9-8　三维曲面图

9.2　特殊的三维图形

9.2.1　三维柱状图示例

柱状图是平常工作中经常用到的图形，它适用于对不同数据的比较，以及分析各个数据在总体中所占的比例，在 MATLAB 中用于绘制直方图的三维函数有 bar3、bar3h，bar3

用于绘制垂直方向的直方图，bar3h 用于绘制水平方向的直方图，它们都是以输入数据矩阵的每一列为一组数据，并以相同的颜色表示，而把矩阵的行画在一起。

【例 9-9】绘制柱状图示例。

运行程序如下：

```
x=[4 5 1;7 9 3;8 5 5;3 8 5;4 10 9];
subplot(2,2,1)
bar(x)
title('bar')
subplot(2,2,2)
barh(x,'stack')
title('barh-stack')
subplot(2,2,3)
bar3(x)                          %创建三维垂直方向直方图
title('bar3')
subplot(2,2,4)
bar3h(x,'stack')                 %创建三维水平方向直方图
title('bar3h-stack')
```

运行结果如图 9-9 所示。

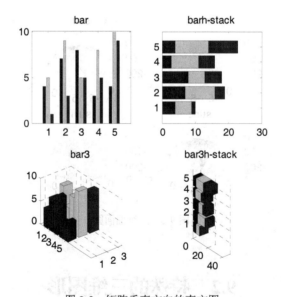

图 9-9   矩阵垂直方向的直方图

9.2.2   散点图

三维散点图绘制函数是 scatter3。scatter3 将三维空间的离散点标识在三维坐标轴下，实际和指定标记点类型的 plot3 的结果一样。

【例 9-10】三维散点图示例。

运行程序如下：

```
x=6*pi*(-1:0.2:1);
y=x;
[X,Y]=meshgrid(x,y);
R=sqrt(X.^2+Y.^2)+eps;
Z=cos (R)./R;
C=abs(del2(Z));
meshz(X,Y,Z,C)
hold on
scatter3(X(:),Y(:),Z(:),'filled')
hold off
colormap(hot)
```

运行结果如图 9-10 所示：

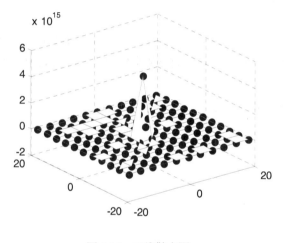

图 9-10　三维散点图

9.2.3　火柴杆图

函数(stem3)绘制在 x-y 平面上扩展的火柴杆图，如果该函数只有一个向量输入参数，MATLAB 将首先判断该向量是行向量还是列向量，然后将枝干图绘制在 $x=1$ 或 $y=1$ 处。本实验以对复平面上以 t 为半径的圆上取矢量 x、y，绘制三维火柴杆图为例，使三维数据可视化，避免输出大量的数据点。

【例 9-11】绘制火柴杆图。

运行程序如下：

```
t=(0:127)/128*2*pi;        %定义 t 的范围
```

```
y=t.*sin(t);            %定义矢量 x
x=t.*cos(t);            %定义矢量 y
stem3(x,y,t,'fill')     %以三个矢量 x、y、t 绘制三维枝杆图，并指定点为实心点
```

运行结果如图 9-11 所示：

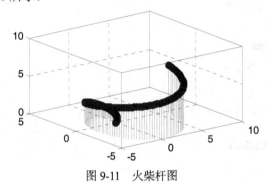

图 9-11　火柴杆图

9.2.4　等高线图

等高线图最常用于地理勘测中的地形标绘，在 MATLAB 中 contour3 用于绘制等高线图，它能够自动根据 z 值的最大值及最小值来确定等高线的条数，也可根据给定的参数来取值。

【例 9-12】绘制等高线图。

运行程序如下：

```
clear
close all
[X,Y]=meshgrid(-2:0.02:2);
Z=X.^2-Y.^2;
contour3(X,Y,Z,20)
view([45 50])
```

运行结果如图 9-12 所示：

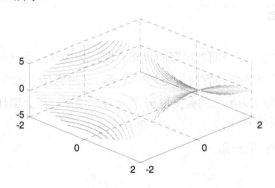

图 9-12　高斯分布矩阵的三维等高线图

9.2.5　瀑布图

瀑布图(waterfall)和网格图(mesh)非常相似，不同的是网格图不像瀑布图那样，把每条曲线都垂下，形成瀑布状。

【例 9-13】绘制瀑布图。

运行程序如下：

```
clear
close all
[X,Y]=meshgrid(-2:0.02:2);
Z=X.^2-Y.^2;
waterfall(Z);              %画瀑布图
shading faceted           %使曲面上有小格
colormap(gray);           %设定颜色为灰色
```

运行结果如图 9-13 所示。

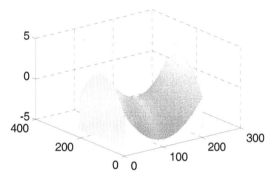

图 9-13　高斯分布矩阵的瀑布图

可以改变 colormap(m)中 m 的参数，得到不同颜色的瀑布图，也可以运用课本上的例子，加深对 waterfall 命令的理解。

9.2.6　简易绘图函数

运用三维命令(mesh)绘制立体解析几何图形，加深对立体解析几何曲面的理解。

在空间解析几何中每个曲面都与一个数学方程相对应，我们用有三个元素的向量来表示空间中的一个点，点的轨迹构成了空间曲面。

【例 9-14】绘制抛物曲面 $z = -x^2 - 4y^2$。

运行程序如下：

```
x=-2:.5:2;                %定义 x 的范围
y=x;                      %定义 y
[X,Y]=meshgrid(x,y);      %生成网格点坐标
```

```
Z=-X.^2-Y.^2;              %定义函数 Z
mesh(X,Y,Z)                %绘制曲面图
```

运行结果如图 9-14 所示：

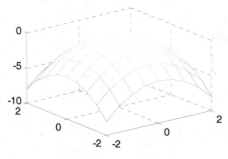

图 9-14　二次抛物线图

【例 9-15】绘制球面 $x^2 + y^2 + z^2 = 16$。

运行程序如下：

```
x=-1:.2:1;                 %定义 x 的范围
y=x;                       %定义 y
[X,Y]=meshgrid(x,y);       %生成网格点坐标
Z=sqrt(16-X.^2-Y.^2)+eps;  %定义函数 Z
mesh(X,Y,Z)                %绘制曲面图
```

运行程序结果如图 9-15 所示：

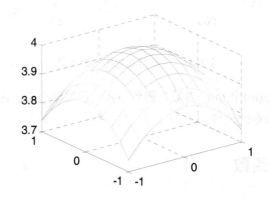

图 9-15　球面图像

【例 9-16】绘制锥面 $z^2 = 2x^2 + 2y^2$。

运行程序如下：

```
clear                      %清除内存中保存的变量
x=-5:.25:5;                %定义 x 的范围
y=x;                       %定义 y
[X,Y]=meshgrid(x,y);       %生成网格点坐标
Z=sqrt(2.*(X.^2+Y.^2))+eps; %定义函数 Z
```

mesh(X,Y,Z)   %绘制曲面图

运行程序如图 9-16 所示。

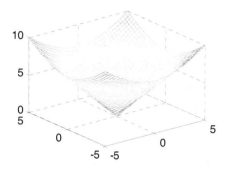

图 9-16　锥面图像

【例 9-17】绘制曲面 $z^2 = x^4 y^4$。

运行程序如下：

```
[X,Y]=meshgrid(-3.14:.1:3.14);     %生成网格点坐标
Z=sqrt((X.^4).*(Y.^4));            %定义函数 Z
mesh(X,Y,Z)                        %绘制曲面图
```

运行结果如图 9-17 所示：

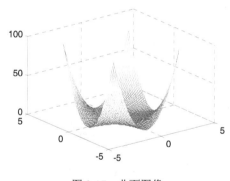

图 9-17　曲面图像

9.3　显示与控制三维图形

9.3.1　颜色控制

每个 MATLAB 图形窗口中都有一个彩色矩阵图，一个 colormap 是由一个 $n \times 3$ 的矩阵组成的，矩阵中的每一行由 0 到 1 的随机数构成并定义了一种特殊的颜色，这些数定义

了 R(红)、G(绿)、B(蓝)颜色组合。

(1) colormap(pink)：设定颜色为粉红色。

(2) colormap(copper)：设定颜色为铜色。

(3) colormap(gray)：设定颜色为灰黑色。

(4) colormap(hsv)：色调-饱和度-亮值彩色图。

(5) colormap(cool)：蓝绿和洋红阴影彩色图。

(6) colormap(hot)：黑-红-黄-白彩色图。

【例 9-18】面状图的绘制。

运行程序如下：

```
z=peaks(25);          %定义一个 25×25 的高斯分布矩阵
surf(z);              %画面状图
shading interp;       %把曲面上的小格平滑掉，使曲面成为光滑表面
figure(1)             %以第一图形窗口作为当前图形输出窗口
colormap(pink);       %设定颜色为粉红色
figure(2)             %以第二图形窗口作为当前图形输出窗口
surf(z);              %画面状图
colormap(gray);       %设定颜色为灰黑色
figure(3)             %以第三图形窗口作为当前图形输出窗口
surf(z);              %画面状图
shading interp;       %把曲面上的小格平滑掉，使曲面成为光滑表面
colormap(copper)      %设定颜色为铜色
```

运行结果如图 9-18～图 9-20 所示：

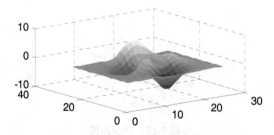

图 9-18 设定颜色为 pink 后的矩阵面状图

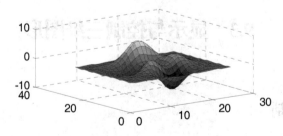

图 9-19 设定颜色为 gray 后的矩阵面状图

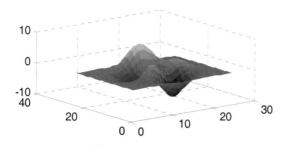

图 9-20　设定颜色为 copper 后的矩阵面状图

对于曲面图形我们可以通过改变 shading interp 为 shading faceted，查看其所得运行结果的不同，改变 colormap()中的参数得到不同颜色的曲面图形。

9.3.2　坐标控制

三维图形下坐标设置与二维图像下类似，都是通过带参数的 axis 命令设置坐标轴的显示范围和显示比例。

(1) axis auto：自动确定坐标轴的范围。

(2) axis manual：锁定当前坐标轴的显示范围。

(3) axis tight：设置坐标轴显示范围，即数据所在范围。

(4) axis equal：设置各坐标轴等长显示。

(5) axis square：锁定坐标轴在正方体内。

(6) axis vis3d：锁定坐标轴比例。

【例 9-19】设置坐标轴。

运行程序如下：

```
close all
z=peaks(30);            %定义一个 30×30 的高斯分布矩阵
subplot(1,3,1)
surfl(z);
axis auto;title('auto')
subplot(1,3,2)
surfl(z);
axis equal;title('equal')
subplot(1,3,3)
surfl(z);
axis square;title('square')
```

运行结果如图 9-21 所示：

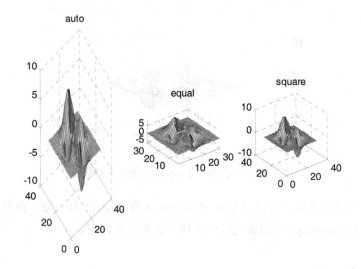

图 9-21　设置坐标轴

9.3.3　视角控制

view(方位角，仰俯角)：设置视角。

方位角(Azimuth)：指视点与原点间的连线在 x-y 平面上的投影与 y 轴所成的夹角，一个正的方位角标志着标准视图将向逆时针方向旋转某个角度。

仰俯角(Elevation)：指视点与原点间的连线在 x-y 平面上的投影与 x-y 平面所成的夹角，仰俯角用来表明方位角的位置是在 x-y 平面的上方还是下方。它们之间的关系如图 9-22 所示：

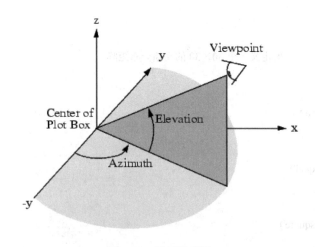

图 9-22　坐标关系图

对于一个二维图形，缺省方位角是 0°，仰俯角是 90°；对于三维图形，缺省方位角是-37.5°，仰角是 30°。

【例 9-20】当输入参数是矩阵 **X**、**Y**、**Z** 时，设置视角完成数据的可视化。

运行程序如下：

```
d=90;                   %定义 d 的值
t=(0:(d-1))/d*6*pi;     %定义 t 的取值范围
y=cos(t);               %定义 y 为余弦函数
z=zeros(1,d);           %定义一个零矩阵 z
plot3(t,y,z)            %绘制线状图
hold on                 %保持当前图形窗口中内容
z=sin(t);               %定义 z 为正弦函数
y=zeros(1,d);           %定义一个零矩阵 y
stem3(t,y,z,'g-')
hold on                 %保持当前图形窗口中内容
z=zeros(1,d);           %定义一个零矩阵 z
y=zeros(1,d);           %定义一个零矩阵 y
plot3(t,y,z,'k')        %绘制三维线状图并指定颜色为黑色
grid                    %打开坐标网格线
hold off                %解除当前保持状态
view([145   60])        %设置视角
```

运行结果如图 9-23 所示：

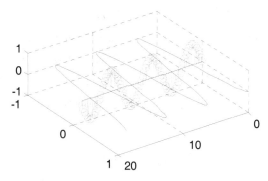

图 9-23   线状图和枝干图在同一窗口生成

9.4   绘制动画图形

运用动画命令(movie、getframe、moviein)来达到图形的动画效果，加深对数学函数和相关三维绘图命令的理解。

命令格式如下：

moviein：预留存储空间，即为帧函数(getframe)分配一个适当的矩阵。

m=moviein(n)：创建有 n 列的矩阵 **M**，该矩阵存储了 n 个放映帧。

getframe：录制作图的每一帧。

movie：播放产生动画效果。

movie(M,n)：播放动画 n 次。如果 n 是负数，则每个循环是从前到后的，如果 n 是一个向量，则第一个元素表示播放的次数，后面的向量组成播放帧的清单。例如 $n = [10\ 4\ 4\ 2\ 1]$ 表示播放 10 次，播放的帧由 4，4，2，1 组成。

clear：清除内存中保存的变量。

shading faceted：使曲面上有小格。

colormap：设定图的颜色。

每个 MATLAB 图形窗口中都有一个彩色矩阵图，一个 colormap 是由一个 $n×3$ 的矩阵组成的，矩阵中的每一行由 0 到 1 的随机数构成并定义了一种特殊的颜色，这些数定义了 R(红)、G(绿)、B(蓝)颜色组合。

colormap(pink)：设定颜色为粉红色。

colormap(copper)：设定颜色为铜色。

colormap(gray)：设定颜色为灰黑色。

colormap(hsv)：色调-饱和度-亮值彩色图。

colormap(cool)：蓝绿和洋红阴影彩色图。

colormap(hot)：黑-红-黄-白彩色图。

axis：设置坐标轴属性。

axis square：使 x 轴、y 轴和 z 轴的长度相同。

axis equal：使 x 轴、y 轴和 z 轴的比例尺相同。

axis(xmin,xmax,ymin,ymax,zmin,zmax)：设置坐标轴的范围。

【例 9-21】矩形函数的傅立叶变换是 sinc 函数，$sinc(r)=sin(r)/r$，其中 r 是 X-Y 平面上的向径。该实验用面状图(surfl)命令，把 sinc 函数的立体图绘制出来，并采用动画命令使图形动起来，让用户看到图形的不同面，达到良好的视觉效果。

运行程序如下：

```
clear                      %清除内存中保存的变量
M=moviein(32);             %预先分配一个能够存储 16 帧的矩阵
for j=1:32
    x=-8:.25:8;
y=x;
[X,Y]=meshgrid(x,y);       %生成网格点坐标
    R=sqrt(X.^2+Y.^2)+eps;
    Z=sin(R)./R;
    Zq=sin(.2*pi*j).*Z;
    surfl(Z,[15*j,8])
    axis([0,70,0,70,-1,1])  %设定坐标的范围
    colormap(copper);       %设定颜色为铜色
    shading flat            %使曲面上的小格平滑掉
    M(:,j)=getframe;        %录制作图的每一帧，每次循环得到一帧
end                        %结束循环
movie(M,10,10)             %反复播放 20 次，播放速度每秒 10 帧
```

运行程序结果如图 9-24 所示：

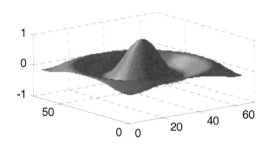

图 9-24　sinc 函数的动画

【例 9-22】卫星运行轨道绘制示例。

运行程序如下：

```
shg;
R0=1;                              %以地球半径为一个单位
a=8*R0;
b=12*R0;
T0=2*pi;                           %T0 是轨道周期
T=10*T0;
dt=pi/100;
t=[0:dt:T]';
f=sqrt(a^2-b^2);                   %地球与另一焦点的距离
th=12.5*pi/180;                    %卫星轨道与 x-y 平面的倾角
E=exp(-t/20);                      %轨道收缩率
x=E.*(a*cos(t)-f);
y=E.*(b*cos(th)*sin(t));
z=E.*(b*sin(th)*sin(t));
plot3(x,y,z,'g')                   %画全程轨线
[X,Y,Z]=sphere(30);
X=R0*X;
Y=R0*Y;
Z=R0*Z;                            %获得单位球坐标
grid on
hold on
surf(X,Y,Z)
shading interp                     %画地球
x1=-18*R0;
x2=6*R0;
y1=-12*R0;
y2=12*R0;
z1=-6*R0;
z2=6*R0;
axis([x1 x2 y1 y2 z1 z2])          %确定坐标范围
```

```
view([120   30]),
comet3(x,y,z,0.02)
hold off                                            %设视角、画运动轨线
```

运行结果如图 9-25 所示。

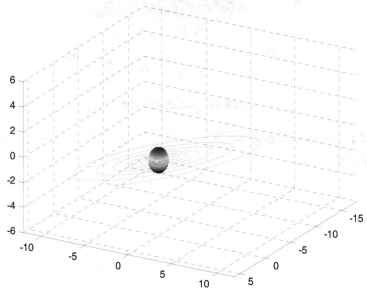

图 9-25   卫星运行轨道动态图形

9.5   四维图形可视化

9.5.1   用颜色描述第四维

用色彩表现函数的不同特征。演示：当三维网线图、曲面图的第四个输入宗量取一些特殊矩阵时，色彩就能表现或加强函数的某特征，如梯度、曲率、方向导数等。

【例 9-23】用颜色描述第四维示例。

运行程序如下：

```
[X,Y,Z]=peaks(50);
R = sqrt(X.^2+Y.^2);
subplot(1,2,1);surf(X,Y,Z,Z);
axis tight
subplot(1,2,2);surf(X,Y,Z,R);
axis tight
```

运行结果如图 9-26 所示：

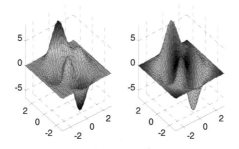

图 9-26　使用色彩描述第四维示例

【例 9-24】用色图阵表现函数的不同特征。

运行程序如下：

```
x=2*pi*(-1:1/15:1);
y=x;
[X,Y]=meshgrid(x,y);
R=sqrt(X.^2+Y.^2)+eps;
Z=tan (R)./R;
[dzdx,dzdy]=gradient(Z);
dzdr=sqrt(dzdx.^2+dzdy.^2);            %计算对 r 的全导数
dz2=del2(Z);                          %计算曲率
subplot(1,2,1)
surf(X,Y,Z)
title('No. 1      surf(X,Y,Z)')
shading faceted
colorbar('horiz')
brighten(0.2)
subplot(1,2,2)
surf(X,Y,Z,R)
title('No. 2      surf(X,Y,Z,R)')
shading faceted;
colorbar('horiz')
```

运行结果如图 9-27 所示。

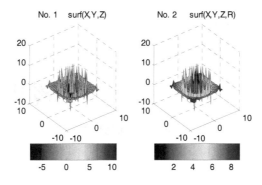

图 9-27　色彩表征图

9.5.2　其他函数

除了 surf、mesh 和 pcolor 函数外，slice 函数也可以通过颜色来表示存在于第四维空间中的值，其语法格式如下。

slice(X,Y,Z,V,sx,sy,sz)

沿着由 sx,sy,sz 定义的曲面穿过立体 V 的切面图。

【例 9-25】利用 slice 绘制四维切片图。

运行程序如下：

```
clf;
[X,Y,Z,V]=flow;
x1=min(min(min(X)));
x2=max(max(max(X)));            %取 x 坐标上下限
y1=min(min(min(Y)));
y2=max(max(max(Y)));            %取 y 坐标上下限
z1=min(min(min(Z)));
z2=max(max(max(Z)));            %取 z 坐标上下限
sx=linspace(x1+1.2,x2,5);       %确定 5 个垂直 x 轴的切面坐标
sy=1;                           %在 y=1 处，取垂直 y 轴的切面
sz=0;                           %在 z=0 处，取垂直 z 轴的切面
slice(X,Y,Z,V,sx,sy,sz);        %画切片图
view([-12,30]);
shading interp;
colormap jet;
axis off;
colorbar
```

运行结果如图 9-28 所示：

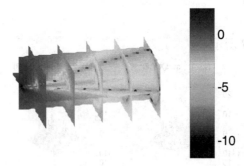

图 9-28　四维切片图

9.6　本　章　小　结

　　本章主要介绍了三维图形的基本绘制，以及三维图形的显示与控制，其中包括颜色控制、坐标控制、视角控制。同时介绍了四维图形的可视化和动画图形的绘制。三维图形的绘制功能和二维图形有很多类似之处，其中曲线属性的设置是完全相同的，读者可以根据上一章的介绍对三维图形进行更多的操作。

第10章　信号与系统应用

系统理论的研究包括系统分析和系统综合两个方面，系统分析与信号分析被看成是一个整体。系统分析的任务是在给定的系统条件下，求得输入激励所产生的输出响应。本章将介绍 MATLAB 在信号与系统中的应用。

学习目标：

- 了解连续信号的 MTALAB 实现和运算。
- 熟悉掌握信号的时域分析和频域分析。
- 掌握统计信号的处理。

10.1　MATLAB 信号处理基础介绍

随着 MATLAB/SIMULINK 通信、信号处理专业函数库和专业工具箱的成熟，它们在通信理论研究、算法设计、系统设计、建模仿真和性能分析验证等方面的应用也更加广泛。

10.1.1　连续时间系统的时域信号处理

连续时间线性非时变系统(LTI)可以用如下的线性常系数微分方程来描述：

$$a_n y^{(n)}(t) + a_{n-1} y^{(n-1)}(t) + ... + a_1 y'(t) + a_0 y(t) = b_m f^{(m)}(t) + ... + b_1 f'(t) + b_0 f(t)$$

其中，$n \geq m$，系统的初始条件为：$y(0), y'(0), y''(0), ..., y^{(n-1)}(0)$。

系统的响应一般包括两个部分，即由当前输入所产生的响应(零状态响应)和由历史输入(初始状态)所产生的响应(零输入响应)。

对于低阶系统，一般可以通过解析的方法得到响应，但是，对于高阶系统，手工计算就比较困难，这时 MATLAB 强大的计算功能就比较容易确定系统的各种响应，如冲激响应、阶跃、零状态响应、全响应等。

涉及到的 MATLAB 函数有：impulse(冲激响应)、step(阶跃)、roots(零输入响应)、lsim(零状态响应)等。在 MATLAB 中，要求以系统向量的形式输入系统的微分方程，因此，在使用前必须对系统的微分方程进行变换，得到其传递函数。其分别用向量 a 和 b 表示分母多项式和分子多项式的系数(按照 s 的降幂排列)。

根据系统的单位冲激响应，利用卷积计算的方法，也可以计算任意输入状态下系统的零状态响应。设一个线性零状态系统，已知系统的单位冲激响应为 $h(t)$，当系统的激励信

号为 $f(t)$ 时，系统的零状态响应为：

$$y_{zs}(t) = \int_{-\infty}^{\infty} f(\tau)h(t-\tau)\mathrm{d}\tau = \int_{-\infty}^{\infty} f(t-\tau)h(\tau)\mathrm{d}\tau$$

也可以简单记为：

$$y_{zs}(t) = f(t)*h(t)$$

由于计算机采用的是数值计算，因此系统的零状态响应也可以用离散序列卷积和近似为：

$$y_{zs}(k) = \sum_{n=-\infty}^{\infty} f(n)h(k-n)T = f(k)*h(k)$$

式中 $y_{zs}(k)$、$f(k)$、$h(k)$ 分别对应以 T 为时间间隔对连续时间信号 $y_{zs}(t)$、$f(t)$ 和 $h(t)$ 进行采样得到的离散序列。

在 MATLAB 中，控制系统工具箱提供了一个用于求解零初始条件微分方程数值解的函数 lsim。其调用格式：

y=lsim(sys,f,t)

式中，t 表示计算系统响应的抽样点向量，f 是系统输入信号向量，sys 是 LTI 系统模型，用来表示微分方程、差分方程或状态方程。其调用格式：

sys=tf(b,a)

式中，b 和 a 分别是微分方程的右端和左端系数向量。例如，对于以下方程：

$$a_3 y'''(t) + a_2 y''(t) + a_1 y'(t) + a_0 y(t) = b_3 f'''(t) + b_2 f''(t) + b_1 f'(t) + b_0 f(t)$$

可用 $a = [a_3, a_2, a_1, a_0]; b = [b_3, b_2, b_1, b_0]; sys = tf(b,a)$ 获得其 LTI 模型。注意，如果微分方程的左端或右端表达式中有缺项，则其向量 a 或 b 中的对应元素应为零，不能省略不写，否则出错。

【例 10-1】有一物理学系统，用微分方程描述为 $y''(t) + 2y'(t) + 100y(t) = 10\sin 2\pi t$，求系统的零状态响应。

运行程序如下：

```
clear
ts=0;te=5;dt=0.01;
sys=tf([1],[1 2 100]);
t=ts:dt:te;
f=10*sin(2*pi*t);
y=lsim(sys,f,t);
plot(t,y);
xlabel('t(s)');ylabel('y(t)');
title('零状态响应')
grid on;
```

运行结果如图 10-1 所示：

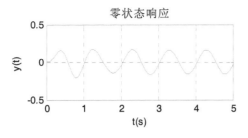

图 10-1　系统的零状态响应

在 MATLAB 中，求解系统冲激响应可应用控制系统工具箱提供的函数 impulse，求解阶跃响应可利用函数 step，其调用形式为：

y=impulse(sys,t)

y=step(sys,t)

式中，t 表示计算系统响应的抽样点向量，sys 是 LTI 系统模型。

【例 10-2】计算下述系统在冲激、阶跃、斜坡、正弦激励下的零状态响应：

$$y^{(4)}(t)+0.6363y^{(3)}(t)+0.9396y^{(2)}(t)+0.5123y^{(1)}(t)+0.0037y(t)$$
$$=-0.475f^{(3)}(t)-0.248f^{(2)}(t)-0.1189f^{(1)}(t)-0.0564f(t)$$

运行程序如下：

```
b=[-0.475 -0.248 -0.1189 -0.0564];a=[1 0.6363 0.9396 0.5123 0.0037];
sys=tf(b,a);
T=1000;
t=0:1/T:10;t1=-5:1/T:5;
f1=stepfun(t1,-1/T)-stepfun(t1,1/T);
f2=stepfun(t1,0);
f3=t;
f4=sin(t);
y1=lsim(sys,f1,t);
y2=lsim(sys,f2,t);
y3=lsim(sys,f3,t);
y4=lsim(sys,f4,t);
subplot(221);
plot(t,y1);
xlabel('t');ylabel('y1(t)');
title('冲激激励下的零状态响应');
grid on;axis([0 10 -1.2 1.2]);
subplot(222);
plot(t,y2);
xlabel('t');ylabel('y2(t)');
title('阶跃激励下的零状态响应');
```

```
grid on;axis([0 10 -1.2 1.2]);
subplot(223);
plot(t,y3);
xlabel('t');ylabel('y3(t)');
title('斜坡激励下的零状态响应');
grid on;axis([0 10 -5 0.5]);
subplot(224);
plot(t,y4);
xlabel('t');ylabel('y4(t)');
title('正弦激励下的零状态响应');
grid on;axis([0 10 -1.5 1.2]);
```

运行程序如图 10-2 所示：

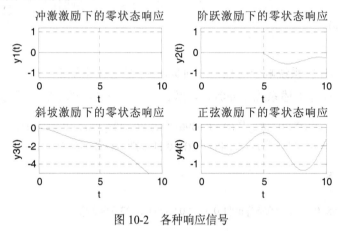

图 10-2　各种响应信号

连续时间系统可以使用常系数微分方程来描述，其完全响应由零输入响应和零状态响应组成。MATLAB 符号工具箱提供了 dsolve 函数，可以实现对常系数微分方程的符号求解，其调用格式为：

dsolve('eq1,eq2…', 'cond1,cond2,…','v')

其中参数 eq 表示各个微分方程，它与 MATLAB 符号表达式的输入基本相同，微分和导数的输入是使用 Dy、D2y、D3y 来表示 y 的一价导数、二阶导数、三阶导数；参数 cond 表示初始条件或者起始条件；参数 v 表示自变量，默认是变量 t。通过使用 dsolve 函数可以求出系统微分方程的零输入响应和零状态响应，进而求出完全响应。

【例 10-3】已知某线性时不变系统的动态方程为：$y''(t)+4y'(t)+4y(t)=2f'(t)+3f(t)$，$t>0$ 系统的初始状态为 $y(0)=0, y'(0)=1$，求系统的零输入响应 $y_x(t)$。

运行程序如下：

```
eq='D2y+4*Dy+4*y=0';
cond='y(0)=0,Dy(0)=1';
yx=dsolve(eq,cond);
yx=simplify(yx);
```

```
ezplot(yx,[0,10]);
xlabel('t');ylabel('yx(t)');
title('系统的零输入响应');
grid on;
```

运行结果如图 10-3 所示。

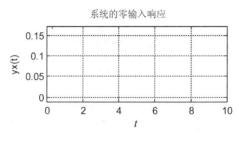

图 10-3　系统响应

10.1.2　离散时间系统及其实现

离散时间系统还可分成线性和非线性两种。同时具有叠加性和齐次性(均匀性)的系统，通常称为线性离散系统。当若干个输入信号同时作用于系统时，总的输出信号等于各个输入信号单独作用时所产生的输出信号之和。这个性质称为叠加性。

齐次性是指当输入信号乘以某常数时，输出信号也相应地乘以同一常数。不能同时满足叠加性和齐次性的系统称为非线性离散系统。如果离散系统中乘法器的系数不随时间变化，这种系统便称为时不变离散系统；否则就称为时变离散系统。

描述一个线性时不变离散时间系统，有两种常用方法。

(1) 用单位冲激响应来表征系统；

(2) 用差分方程(Difference Equation)来描述系统输入和输出之间的关系。

设系统的初始状态为零，若输入信号 $x(n) = \delta(n)$，这种条件下系统的输出称为系统的单位脉冲响应，用 $h(n)$ 表示。

系统的单位脉冲响应的实质：是系统对于 $\delta(n)$ 的零状态响应，用公式表示为：

$$h(n) = T[\delta(n)]$$

系统 $T[\,]$ 的输入用 $x(n)$ 表示，表示成：

$$x(n) = \sum_{m=-\infty}^{\infty} x(m)\delta(n-m)$$

这样系统 $T[\,]$ 的输出为：

$$y(n) = T[\sum_{m=-\infty}^{\infty} x(m)\delta(n-m)]$$

若系统 $T[]$ 为线性系统，线性系统满足叠原理性，得：

$$y(n) = \sum_{m=-\infty}^{\infty} x(m)T[\delta(n-m)]$$

若系统 $T[]$ 同时为时不变系统，即 $h(n) = T[\delta(n)]$，最后得到：

$$y(n) = \sum_{m=-\infty}^{\infty} x(m)h(n-m)$$
$$= x(n) * h(n)$$

式中 "*" 代表卷积运算，上式称为卷积和(convolution sum)公式；此类卷积运算中的主要运算是反折、移位、相乘和相加，故此类卷积又称为线性卷积。

上式表明线性时不变系统的输出等于输入序列与该系统的单位冲激响应的卷积，因此只要知道线性时不变系统的单位冲激响应，对于任意输入都可以求出该系统的输出。由此可以认为任何线性时不变系统都可由单位冲激响应 $h(n)$ 来表征。

如果序列 $x(n)$ 和 $h(n)$ 的长度分别是 N 和 M，卷积结果的长度为 $N+M-1$。

用线性常系数差分方程表示线性时不变系统，一个 N 阶线性常系数差分方程用下式表示：

$$\sum_{i=0}^{N} a_i y(n-i) = \sum_{j=0}^{M} b_j x(n-j), \quad a_0 = 1$$

式中 a_i, b_j 均为常数，$x(n-j), y(n-i)$ 都是一次幂，也不存在彼此相乘的项，所以上式称为线性常系数差分方程。

差分方程的阶数是用 $y(n-i)$ 项中 i 的最大值与最小值之差确定的。

若 $x(n)$ 和 $y(n)$ 分别表示系统的输入和输出序列，则方程的两边分别为输出序列 $y(n)$ 和输入序列 $x(n)$ 的移位的线性组合，方程描述的就是系统输入和输出之间的关系，系数 a_i, b_j 表示系统的特性或结构。

将方程改写成为下式：

$$y(n) = \sum_{j=0}^{M} b_j x(n-j) - \sum_{i=1}^{N} a_i y(n-i)$$

可以看出，如果计算 n 时刻的输出，需要知道系统 n 时刻以及 n 时刻以前的输入序列值，还要知道 n 时刻以前的输出信号值。而 n 时刻以前的输出信号值就是求解差分方程必须的初始条件，初始条件不同，差分方程的解也不同。

离散时间信号是指在离散时刻才有定义的信号，简称离散信号，或者序列。离散序列通常用 $x(n)$ 来表示，自变量必须是整数。

离散时间信号定义：离散时间信号(Discrete-Time Signal)是指在时间上取离散值，幅度取连续值的一类信号，可以用序列(Sequence)来表示。

序列是指按一定次序排列的数值 $x(n)$ 的集合，表示为：

$$\{x(-\infty),\ldots, x(-2), x(-1), x(0), x(1), x(2),\ldots,x(\infty)\} \text{ 或 } x(n)，\quad -\infty < n < \infty$$

注意：其中 n 为整数，$x(n)$ 表示序列，对于具体信号，$x(n)$ 也代表第 n 个序列值。特别应当注意的是，$x(n)$ 仅当 n 为整数时才有定义，对于非整数，$x(n)$ 没有定义，不能错误地认为 $x(n)$ 为零。

1．单位取样序列

单位采样序列 (也称单位脉冲序列) $\delta(n)$，定义为：

$$\delta(n)=\begin{cases} 1, & n = 0 \\ 0, & n \neq 0 \end{cases}$$

其中，单位采样序列 $\delta(n)$ 的特点是仅在时序列 $n = 0$ 值为 1，n 取其它值，序列值为 0。它的地位与连续信号中的单位冲激函数 $\delta(t)$ 相当。不同的是 $n = 0$ 时 $\delta(n)=1$，而不是无穷大。

在 MATLAB 中，冲激序列可以用 zeros 函数实现，如要产生 N 点的单位抽样序列，可以通过以下命令实现：

```
x=zeros(1,N);
x(1)=1;
```

【例 10-4】编制程序产生单位抽样序列 $\delta(n)$ 及 $\delta(n-20)$，并绘制出图形。

运行程序如下：

```
clear all
n=50;
x=zeros(1,n);
x(1)=1;
xn=0:n-1;
subplot(121);
stem(xn,x);
grid on
axis([-1 51 0 1.1]);
title('单位抽样序列 δ(n)')
ylabel('δ(n)');
xlabel('n');
k=20;
x(k)=1;
x(1)=0;
subplot(122);
stem(xn,x);
grid on
axis([-1 51 0 1.1]);
```

```
title('单位抽样序列 δ(n-20)')
ylabel('δ(n-20)');
xlabel('n');
```

运行结果如图 10-4 所示：

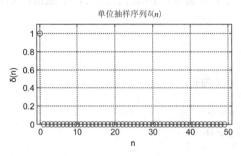
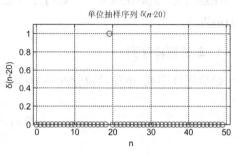

图 10-4　序列及移位

2. 单位阶跃序列

单位阶跃序列 $u(n)$ 定义如下：

$$u(n) = \begin{cases} 1, & n \geqslant 0 \\ 0, & n < 0 \end{cases}$$

在 MATLAB 中，单位阶跃序列可以用 ones 函数实现，如要产生 N 点的单位抽样序列，可以通过以下命令实现：

```
x=ones(1,N);
```

【例 10-5】编制程序产生单位阶跃序列 $u(n)$ 及 $u(n-10)$，并绘制出图形。

运行程序如下：

```
clear all
n=40;
x=ones(1,n);
xn=0:n-1;
subplot(211);
stem(xn,x);
grid on
axis([-1 51 0 1.1]);
title('单位阶跃序列 u(n)')
ylabel('u(n)');
xlabel('n');
x=[zeros(1,10),1,ones(1,29)];
subplot(212);
stem(xn,x);
grid on
```

```
axis([-1 51 0 1.1]);
title('单位阶跃序列 u(n-10)')
ylabel('u(n-10)');
xlabel('n');
```

运行结果如图 10-5 所示:

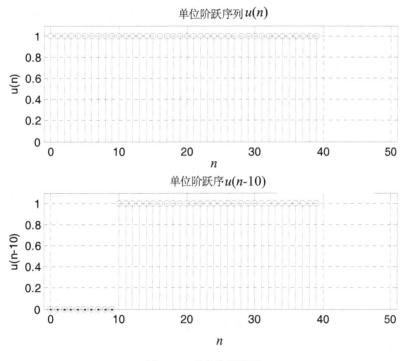

图 10-5 单位阶跃序列

3. 矩形序列

矩形序列 (Rectangular Sequence)定义为:

$$R_N(n) = \begin{cases} 1, & 0 \leq n \leq N-1 \\ 0, & \text{其它} n \end{cases}$$

式中的 N 称为矩形序列的长度。符号 $R_N(n)$ 的下标 N 表示矩形序列的长度，如 $R_4(n)$ 表示长度 $N=4$ 的矩形序列。

单位采样序列 $\delta(n)$、单位阶跃序列 $u(n)$ 和矩形序列 $R_N(n)$ 之间的关系如下:

$$\delta(n) = u(n) - u(n-1)$$

$$u(n) = \sum_{k=0}^{n} \delta(k)$$

$$R_N(n) = u(n) - u(n-N)$$

一般地，若序列 $y(n)$ 与序列 $x(n)$ 之间满足 $y(n)=x(n-k)$ 的关系，则称 $y(n)$ 为 $x(n)$ 的移位(或

延迟)序列。

4. 正弦序列

正弦序列的定义如下：

$$x(n) = \sin(\omega n)$$

式中 ω 称为正弦序列的数字域频率，单位为弧度，它表示序列变化的速率，或者表示相邻两个序列值之间相差的弧度数。

如果正弦序列是由连续信号采样得到的，那么：

$$x_a(nT) = x_a(t)\big|_{t=nT} = \sin(\Omega t)\big|_{t=nT} = \sin(\Omega nT)$$

因为在数值上序列值等于采样值，可以得到数字域频率 ω 与模拟角频率 Ω 的关系为：

$$\omega = \Omega T$$

上式具有普遍意义，它表明由连续信号采样得到的序列、模拟角频率 Ω 与数字域频率 ω 成线性关系。再由采样频率 f_s 与采样间隔 T 互为倒数，上式也可以写成下列形式：

$$\omega = \frac{\Omega}{f_s}$$

上式表示数字域频率 ω 可以看作模拟角频率 Ω 对采样频率 f_s 的归一化频率。

【例 10-6】试用 MATLAB 命令绘制正弦序列 $x(n) = \sin(\frac{n\pi}{5})$ 的波形图。

运行程序如下：

```
clear all
n=0:59;
x=sin(pi/5*n);
stem(n,x);
xlabel('n')
ylabel('h(n)')
title('正弦序列')
axis([0,40,-1.5,1.5]);
grid on;
```

运行结果如图 10-6 所示：

5. 实指数序列

实指数序列定义如下：

$$x(n) = a^n u(n)$$

如果 $|a| < 1$，$x(n)$ 的幅度随 n 的增大而减小，此时 $x(n)$ 为收敛序列，如 $|a| > 1$，$x(n)$ 的幅度随 n 的增大而增大，此时 $x(n)$ 为发散序列。

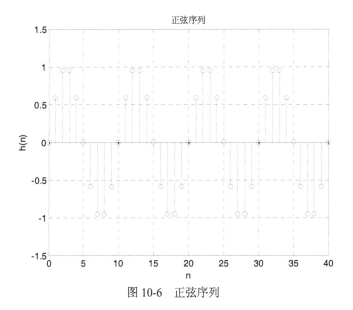

图 10-6　正弦序列

【例 10-7】试用 MATLAB 命令分别绘制单边指数序列 $x_1(n) = 1.2^n u(n)$、$x_2(n) = (-1.2)^n u(n)$、$x_3(n) = (0.8)^n u(n)$、$x_4(n) = (-0.8)^n u(n)$ 的波形图。

运行程序如下：

```
clear
n=0:10;
a1=1.2;a2=-1.2;a3=0.8;a4=-0.8;
x1=a1.^n;
x2=a2.^n;
x3=a3.^n;
x4=a4.^n;
subplot(221)
stem(n,x1,'fill');
grid on;
xlabel('n'); ylabel('h(n)');
title('x(n)=1.2^{n}')
subplot(222)
stem(n,x2,'fill');
grid on
xlabel('n'); ylabel('h(n)');
title('x(n)=(-1.2)^{n}')
subplot(223)
stem(n,x3,'fill');
grid on
xlabel('n') ; ylabel('h(n)');
title('x(n)=0.8^{n}')
subplot(224)
stem(n,x4,'fill');
```

```
grid on
xlabel('n'); ylabel('h(n)');
title('x(n)=(-0.8)^{n}')
```

运行程序如图 10-7 所示：

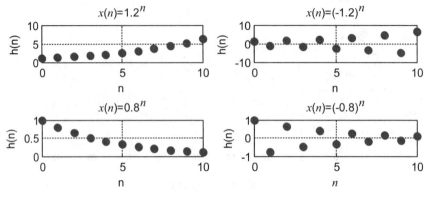

图 10-7 正弦序列

6. 复指数序列

复指数序列定义为：

$$x(n) = e^{(a+j\omega_0)n}$$

当 $a = 0$ 时，得到虚指数序列 $x(n) = e^{j\omega_0 n}$，式中 ω_0 是正弦序列的数字域频率。由欧拉公式知，复指数序列可进一步表示为：

$$x(n) = e^{(a+j\omega_0)n} = e^{an}e^{j\omega_0 n} = e^{an}[\cos(n\omega_0) + j\sin(n\omega_0)]$$

与连续复指数信号一样，我们将复指数序列实部和虚部的波形分开讨论，得出如下结论：

(1) 当 $a > 0$ 时，复指数序列 $x(n)$ 的实部和虚部分别是按指数规律增长的正弦振荡序列。

(2) 当 $a < 0$ 时，复指数序列 $x(n)$ 的实部和虚部分别是按指数规律衰减的正弦振荡序列。

(3) 当 $a = 0$ 时，复指数序列 $x(n)$ 即为虚指数序列，其实部和虚部分别是等幅的正弦振荡序列。

【例 10-8】用 MATLAB 命令画出复指数序列 $x(n) = 3e^{(0.7+j314)n}$ 的实部、虚部、模及相角随时间变化的曲线，并观察其时域特性。

运行程序如下：

```
clear all;
N=32;
A=3;
a=0.7;
w=314;
```

```
xn=0:N-1;
x=A*exp((a+j*w)*xn);
stem(xn,x)
```

运行结果如图 10-8 所示：

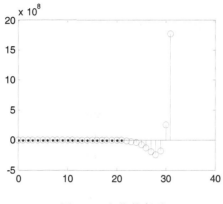

图 10-8　复指数序列

7．周期序列

如果对所有的 n，关系式 $x(n) = x(n+N)$ 均成立，且 N 为满足关系式的最小正整数，则定义 $x(n)$ 为周期序列，其周期为 N。

【例 10-9】已知 $x(n) = 0.8^n R_8(n)$，利用 MATLAB 生成并图示 $x(n)$，$x(n-m)$，$x((n))_8 R_N(n)$，其中 N=24，$0 < m < N$，$x((n))_8$ 表示 $x(n)$ 以 8 为周期的延拓。

运行过程中用到的函数名为 sigshift 的子程序为：

```
function[y,n]=sigshift(x,m,n0)
% y(n)=x(n-n0)
n=m+n0;y=x;
```

运行程序如下：

```
N=24;M=8;m=5;
%设移位值为 5
n=0:N-1;
x1=0.8.^n;x2=[(n>=0)&(n<M)];
xn=x1.*x2;
%产生 x(n)
[xm,nm]=sigshift(xn,n,m);
%产生 x(n-m)
xc=xn(mod(n,8)+1);
%产生 x(n)的周期延拓,求余后加 1 是因为 MATLAB 向量下标从 1 开始
xcm=xn(mod(n-m,8)+1);
%产生 x(n)移位后的周期延拓
subplot(2,2,1);stem(n,xn,'.');
```

```
axis([0,length(n),0,1]);title('x(n)')
subplot(2,2,2);stem(nm,xm,'.');
axis([0,length(nm),0,1]);title('x(n-5)')
subplot(2,2,3);stem(n,xc,'.');
axis([0,length(n),0,1]);title('x((n)的周期延拓')
subplot(2,2,4);stem(n,xcm,'.');
axis([0,length(n),0,1]);title('x(n)的循环移位')
```

运行结果如图 10-9 所示：

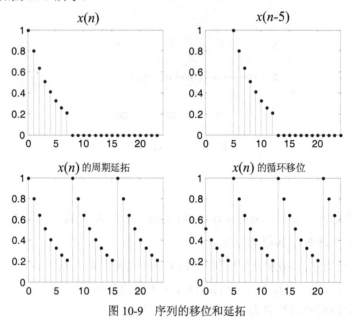

图 10-9   序列的移位和延拓

8. 随机序列

(1) 独立同分布白噪声序列的产生

均匀分布的白噪声序列 rand()

用法：x=rand(m,n)

功能：产生 $m*n$ 的均匀分布随机数矩阵，例如，x=rand(100,1)，产生一个 100 个样本的均匀分布白噪声序列矢量。

(2) 正态分布白噪声序列

用法：x=randn(m,n)

功能：产生 $m*n$ 的标准正态分布随机数矩阵，例如，x=randn(100,1)，产生一个 100 个样本的正态分布白噪声序列矢量。

(3) 韦伯分布白噪声序列 weibrnd()

用法：x=weibrnd(A,B,m,n);

功能：产生 $m*n$ 的韦伯分布随机数矩阵，其中 A、B 是韦伯分布的两个参数。例如，x=weibrnd(1,1.5,100,1)，产生一个 100 个样本的韦分布白噪声序列矢量，韦伯分布参数 $a=1$，

b=1.5。

(4) 均值函数 mean()

用法：m=mean(x)

功能：返回 $X(n)$ 按 $\dfrac{1}{N}\sum\limits_{n=1}^{N}x(n)$ 估计的均值，其中 x 为样本序列 $x(n)(n=1,2,\cdots,N\text{-}1)$ 构成的数据矢量。

(5) 方差函数 var()

用法：sigma2=var(x)

功能：返回 $X(n)$ 按 $\dfrac{1}{N-1}\sum\limits_{n=0}^{N-1}\left[x[n]-\hat{m}_x\right]^2$ 估计的方差，这一估计是无偏估计。在实际中也经常采用式 $\dfrac{1}{N}\sum\limits_{n=0}^{N-1}\left[x[n]-\hat{m}_x\right]^2$ 估计方差。

(6) 互相关函数估计 xcorr

$c = \text{xcorr}(x,y)$

$c = \text{xcorr}(x)$

$c = \text{xcorr}(x,y,\text{'option'})$

$c = \text{xcorr}(x,\text{'option'})$

xcorr(x,y)计算 X 与 Y 的互相关，矢量 X 表示序列 x(n)，矢量 Y 表示序列 y(n)。xcorr(x)计算 X 的自相关。

选项为'biased'时，　$\hat{R}_x(m) = \dfrac{1}{N}\sum\limits_{n=0}^{N-|m|-1}x_{n+m}x_n$。

选项为'unbiased'时，　$\hat{R}_x = \dfrac{1}{N-|m|}\sum\limits_{n=0}^{N-|m|-1}x_{n+m}x_n$。

(7) 概率密度的估计

概率密度的估计有两个函数：ksdensity()及 hist()。

ksdensity()函数直接估计随机序列概率的密度，它的用法是：

[f,xi] = ksdensity(x)

它的功能是估计用矢量 x 表示的随机序列在 xi 处的概率密度 f。也可以指定 xi，估计对应点的概率密度值，用法为：

f = ksdensity(x,xi)

直方图 hist()的用法为：

hist(y,x)

它的功能是画出用矢量 y 表示的随机序列的直方图，参数 x 表示计算直方图划分的单元，也用矢量表示。

【例 10-10】计算长度 N=50000 的正态高斯随机信号的均值、均方差、均方值根、方差和均方差。

运行程序如下：

```
N=50000;
randn('state',0);
y=randn(1,N);
disp('平均值:');
yM=mean(y)
disp('平方值:');
yp=y*y'/N
disp('平方根:');
ys=sqrt(yp)
disp('标准差:');
yst=std(y,1)
disp('方差:');
yd=yst.*yst
```

程序的运行结果如下：

平均值:yM =0.0090
平方值:yp =1.0087
平方根:ys =1.0043
标准差:yst =1.0043
方差:yd =1.0086

注意，函数 s=std(x,flag)计算标准差时。x 为向量或矩阵；s 为标准差；flag 为控制符，用来控制标准算法。当 flag=1 时，按下式计算无偏标准差：

$$s = \sqrt{\frac{1}{N}\sum_{i=1}^{N}(x_i - \mu_x)^2}$$

当 flag=1 时，按照下式计算有偏标准差：

$$s = \sqrt{\frac{1}{N-1}\sum_{i=1}^{N}(x_i - \mu_x)^2}$$

【例 10-11】产生一个正态随机序列。

运行程序如下：

```
a=0.8;
sigma=2;
N=500;
u=randn(N,1);
x(1)=sigma*u(1)/sqrt(1-a^2);
```

```
for i=2:N
    x(i)=a*x(i-1)+sigma*u(i);
end
plot(x);
xlabel('n');ylabel('x(n)');
```

运行结果如图 10-10 所示：

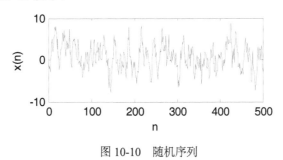

图 10-10　随机序列

10.1.3　离散时间信号的基本运算

1. 信号的时移、反折和尺度变换

描离散序列的时域运算包括信号的相加、相乘，信号的时域变换包括信号的移位、反折、尺度变换等。在 MATLAB 中，离散序列的相加、相乘等运算是两个向量之间的运算，因此参加运算的两个序列向量必须具有相同的维数，否则应进行相应的处理。

离散序列的时移、反折、尺度变换与连续时间信号相似,在此举一例来说明其 MATLAB 实现过程。

【例 10-12】离散序列的时移、反折、尺度变换的实现。

运行程序如下：

```
clear;
k=-12:12;
k1=2.*k+4;
f=-[stepfun(k,-3)-stepfun(k,-1)]+...
    4.*[stepfun(k,-1)-stepfun(k,0)]+...
    0.5*k.*[stepfun(k,0)-stepfun(k,11)];
f1=-[stepfun(k1,-3)-stepfun(k1,-1)]+...
    4.*[stepfun(k1,-1)-stepfun(k1,0)]+...
    0.5*k1.*[stepfun(k1,0)-stepfun(k1,11)];
subplot 221;
stem(k,f);
axis([-12 12 -1 6]);
grid on;
xlabel('n');
```

```
ylabel('h(n)');
text(-8,3,'f[k]')
subplot 222;
stem(k+1,f);
axis([-12 12 -1 6]);
grid on;
xlabel('n');
ylabel('h(n)');
text(-9.5,3,'f[k-1]')
subplot 223;
stem(k,f1);
axis([-12 12 -1 6]);
grid on;
xlabel('n');
ylabel('h(n)');
text(-8,3,'f[2k+4]')
subplot 224;
stem(2-k,f);
axis([-12 12 -1 6]);
grid on;
xlabel('n');
ylabel('h(n)');
text(5.5,3,'f[2-k]')
```

运行程序结果如图 10-11 所示：

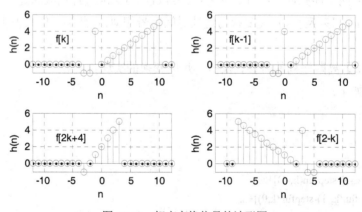

图 10-11　　相应变换信号的波形图

2. 信号相加

对于离散序列来说，序列相加是将信号对应时间序号的值逐项相加，在这里不能像连续时间信号那样用符号运算来实现，而必须用向量表示的方法，即在 MATLAB 中离散序列的相加需表示成两个向量的相加，因而参加运算的两序列向量必须具有相同的维数。

实现离散序列相加的 MATLAB 实用子程序如下：

```
function [f,k]=lsxj(f1,f2,k1,k2)
```
　　%实现 f(k)=f1(k)+f2(k),f1,f2,k1,k2 是参加运算的二离散序列及其对应的时间序列向量，f 和 k 为返回的和序列及其对应的时间序列向量
```
k=min(min(k1),min(k2)):max(max(k1),max(k2));
```
　　%构造和序列长度
```
s1=zeros(1,length(k));s2=s1;
```
　　%初始化新向量
```
s1(find((k>=min(k1))&(k<=max(k1))==1))=f1;
```
　　%将 f1 中在和序列范围内但又无定义的点赋值为零
```
s2(find((k>=min(k2))&(k<=max(k2))==1))=f2;
```
　　%将 f2 中在和序列范围内但又无定义的点赋值为零
```
f=s1+s2;
```
　　%两长度相等序列求和
```
stem(k,f,'filled')
axis([(min(min(k1),min(k2))-1),(max(max(k1),max(k2))+1),(min(f)-0.5),(max(f)+0.5)])
```
　　%坐标轴显示范围

【例 10-13】已知两离散序列分别为：

$$f_1[k]=\{-2,-1,0,1,2\} \qquad f_2[k]=\{1,1,1\}$$

试用 MATLAB 绘出它们的波形及 $f_1[k]+f_2[k]$ 的波形。

运行程序如下：

```
clear
f1=-2:2;k1=-2:2;
f2=[1 1 1];k2=-1:1;
subplot 221;
stem(k1,f1);
grid on;
xlabel('n');
ylabel('h(n)');
axis([-3 3 -2.5 2.5]);
title('f1[k]');
subplot 222;
stem(k2,f2)
grid on;
xlabel('n');
ylabel('h(n)');
axis([-3 3 -2.5 2.5]);
title('f2[k]');
subplot 223;
[f,k]=lsxj(f1,f2,k1,k2);
grid on;
xlabel('n');
```

```
ylabel('h(n)');
title('f[k]=f1[k]+f2(k)');
```

运行结果如图 10-12 所示：

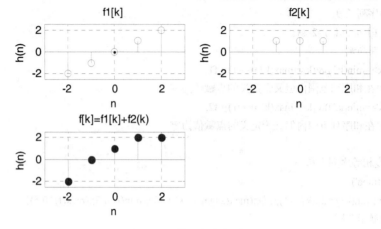

图 10-12 信号相加的结果

3. 信号相乘

与离散序列加法相似，这里参加运算的两序列向量必须具有相同的维数。实现离散时间信号相乘的 MATLAB 实用子程序如下：

```
function [f,k]=lsxc(f1,f2,k1,k2)
%实现 f(k)=f1(k)+f2(k),f1,f2,k1,k2 是参加运算的二离散序列及其对应的时间序列向量，f 和 k 为返回
的和序列及其对应的时间序列向量
k=min(min(k1),min(k2)):max(max(k1),max(k2));
%构造和序列长度
s1=zeros(1,length(k));s2=s1;
%初始化新向量
s1(find((k>=min(k1))&(k<=max(k1))==1))=f1;
%将 f1 中在和序列范围内但又无定义的点赋值为零
s2(find((k>=min(k2))&(k<=max(k2))==1))=f2;
%将 f2 中在和序列范围内但又无定义的点赋值为零
f=s1.*s2;
%两长度相等序列求和
stem(k,f,'filled')
axis([(min(min(k1),min(k2))-1),(max(max(k1),max(k2))+1),(min(f)-0.5),(max(f)+0.5)])
%坐标轴显示范围
```

【例 10-14】试用 MATLAB 绘出上例中两离散序列乘法 $f_1[k] \times f_2[k]$ 的波形。

运行程序如下：

```
f1=-2:2;k1=-2:2;
f2=[1 1 1];k2=-1:1;
```

```
subplot 221;
stem(k1,f1);
grid on;
xlabel('n');
ylabel('h(n)');
axis([-3 3 -2.5 2.5]);
title('f1[k]');
subplot 222;
stem(k2,f2);
grid on;
xlabel('n');
ylabel('h(n)');
axis([-3 3 -2.5 2.5]);
title('f2[k]');
subplot 223;
[f,k]=lsxc(f1,f2,k1,k2);
grid on;
xlabel('n');
ylabel('h(n)');
title('f[k]=f1[k]*f2(k)');
```

运行结果如图 10-13 所示：

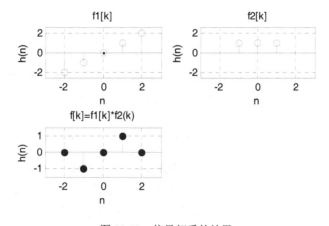

图 10-13　信号相乘的结果

4. 序列累加

序列累加是指求序列 $x(n)$ 两点 n_1 和 n_2 之间所有序列值之和：

$$\sum_{n=n_1}^{n_2} x(n) = x(n_1) + \cdots + x(n_2)$$

在 MATLAB 中，可由 sum(n1)实现。例如

```
n1=[1 2 3 4];
sum(n1)
```

运行结果如下：

```
ans =
    10
```

5. 信号积

序列值乘积是求序列 $x(n)$ 两点 n_1 和 n_2 之间所有序列值的乘积：

$$\prod_{n_1}^{n_2} x(n) = x(n_1) \times \cdots \times x(n_2)$$

在 MATLAB 中，可由 prod(x(n1)) 实现。　例如

```
clear all;
x1=[2 0.5 0.9 2 2];
x=prod(x1)
```

运行结果如下：

```
x =
    3.6000
```

6. 信号卷积

信号的卷积运算有符号算法和数值算法，此处采用数值计算法，需调用 MATLAB conv( ) 函数近似计算信号的卷积积分。连续信号的卷积积分定义是：

$$f(t) = f_1(t) * f_2(t) = \int_{-\infty}^{\infty} f_1(\tau) f_2(t-\tau) \mathrm{d}\tau$$

如果对连续信号 $f_1(t)$ 和 $f_2(t)$ 进行等时间间隔 Δ 均匀抽样，则 $f_1(t)$ 和 $f_2(t)$ 分别变为离散时间信号 $f_1(m\Delta)$ 和 $f_2(m\Delta)$。其中，m 为整数。当 Δ 足够小时，$f_1(m\Delta)$ 和 $f_2(m\Delta)$ 为连续时间信号 $f_1(t)$ 和 $f_2(t)$。因此连续时间信号卷积积分可表示为：

$$f(t) = f_1(t) * f_2(t) = \int_{-\infty}^{\infty} f_1(\tau) f_2(t-\tau) \mathrm{d}\tau$$

$$= \lim_{\Delta \to 0} \sum_{m=-\infty}^{\infty} f_1(m\Delta) \cdot f_2(t-m\Delta) \cdot \Delta$$

采用数值计算时，只求当 $t = n\Delta$ 时卷积积分 $f(t)$ 的值 $f(n\Delta)$，其中，n 为整数，即：

$$f(n\Delta) = \sum_{m=-\infty}^{\infty} f_1(m\Delta) \cdot f_2(n\Delta - m\Delta) \cdot \Delta$$

$$= \Delta \sum_{m=-\infty}^{\infty} f_1(m\Delta) \cdot f_2[(n-m)\Delta]$$

其中，$\sum_{m=-\infty}^{\infty} f_1(m\Delta) \cdot f_2[(n-m)\Delta]$ 实际就是离散序列 $f_1(m\Delta)$ 和 $f_2(m\Delta)$ 的卷积和。当 Δ 足够小时，序列 $f(n\Delta)$ 就是连续信号 $f(t)$ 的数值近似，即：

$$f(t) \approx f(n\Delta) = \Delta[f_1(n) * f_2(n)]$$

上式表明，连续信号 $f_1(t)$ 和 $f_2(t)$ 的卷积，可用各自抽样后的离散时间序列的卷积再乘以抽样间隔 Δ 表示。抽样间隔 Δ 越小，误差越小。

【例 10-15】用数值计算法求 $f_1(t) = u(t) - u(t-2)$ 与 $f_2(t) = e^{-3t}u(t)$ 的卷积积分。

运行程序如下：

```
dt=0.01; t=-1:dt:2.5;
f1=heaviside(t)-heaviside(t-2);
f2=exp(-3*t).*heaviside(t);
f=conv(f1,f2)*dt; n=length(f); tt=(0:n-1)*dt-2;
subplot(221);
plot(t,f1);
grid on;
axis([-1,2.5,-0.2,1.2]);
title('f1(t)');
xlabel('t'); ylabel('f1(t)');
subplot(222);
plot(t,f2);
grid on;
axis([-1,2.5,-0.2,1.2]);
title('f2(t)');
xlabel('t'); ylabel('f2(t)');
subplot(212);
plot(tt,f);
grid on;
title('f(t)=f1(t)*f2(t)');
xlabel('t'); ylabel('f3(t)');
```

运行结果如图 10-14 所示：

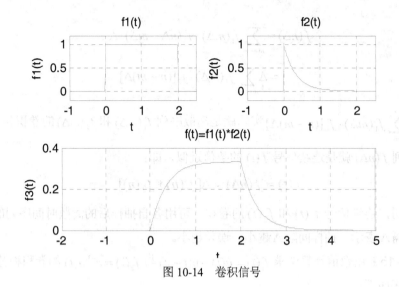

图 10-14　卷积信号

7. 信号的奇偶分解

可以利用 MATLAB 编写的函数 evenodd() 将序列分解成偶序列和奇序列两部分，源程序为：

```
function [xe,xo,m]=evenodd(x,n)
if (imag(x)~=0)
        error('x is not a real sequence');
    end
m=-fliplr(n);m1=min([m,n]);m2=max([m,n]);m=m1:m2;
nm=n(1)-m(1);n1=1:length(n);
x1=zeros(1,length(m));
x1(n1+nm)=x;x=x1;
xe=0.5*(x+fliplr(x)); xo=0.5*(x-fliplr(x));
```

【例 10-16】已知 $x(n)=u(n)-u(n-10)$，要求将序列分解为奇偶序列。

运行程序如下：

```
n=[0:10];
x=stepseq(0,0,10)- stepseq(10,0,10);
[xe,xo,m]=evenodd(x,n);
subplot(2,2,1);stem(n,x);
ylabel('x(n)'); xlabel('n');
grid on;
title('矩形序列');axis([-10,10,-1.2,1.2])
subplot(2,2,2);stem(m,xe);
ylabel('xe(n)'); xlabel('n');
grid on;
title('奇序列');axis([-10,10,-1.2,1.2])
subplot(2,2,3);stem(m,xo);
```

ylabel('xo(n)'); xlabel('n');

grid on;

title('偶序列');axis([-10,10,-1.2,1.2])

运行结果如图 10-15 所示：

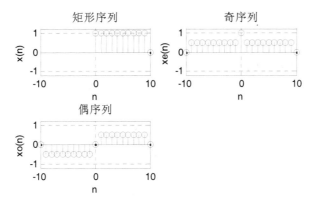

矩形序列　　　　　奇序列　　　　　偶序列

图 10-15　奇偶分解信号图

程序运行过程中用到的位阶跃序列的生成函数子程序为：

```
function [x,n]=stepseq(n0,ns,nf)
n=[ns:nf];x=[(n-n0)>=0];
```

8. 信号的积分与微分运算

信号的微分和积分：对于连续时间信号，其微分运算是用 diff 函数来完成的，其语句格式为

diff(function,'variable',n)

其中 function 表示需要进行求导运算的信号，或者被赋值的符号表达式；variable 为求导运算的独立变量；n 为求导的阶数，默认值为求一阶导数。

连续信号的积分运算用 int 函数来完成，语句格式为：

int(function,'variable',a,b)

其中 function 表示需要进行被积信号，或者被赋值的符号表达式；variable 为求导运算的独立变量；a,b 为积分上、下限，a 和 b 省略时为求不定积分。

【例 10-17】积分运算的实现。

运行程序如下：

```
syms t f2;
f2=t*(heaviside(t)-heaviside(t-1))+heaviside(t-1);
t=-1:0.01:2;
subplot(121);
ezplot(f2,t);
title('原函数')
grid on;
```

```
ylabel('x(t)');
f=diff(f2,'t',1);
subplot(122)
ezplot(f,t);
title('积分函数  ')
grid on;
ylabel('x(t)')
```

运行结果如图 10-16 所示：

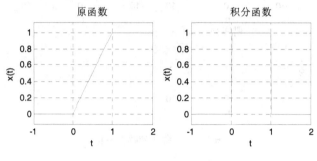

图 10-16　积分波形

【例 10-18】微分运算的实现。

运行程序如下：

```
syms t f1;
f1=heaviside(t)-heaviside(t-1);
t=-1:0.01:2;
subplot(121);
ezplot(f1,t);
title('原函数')
grid on;
f=int(f1,'t');
subplot(122);
ezplot(f,t)
grid on
title('微分函数')
ylabel('x(t)');
```

运行结果如图 10-17 所示：

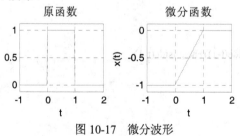

图 10-17　微分波形

10.2　MATLAB 信号积分变换

10.2.1　傅里叶变换及其反变换

傅里叶变换能将满足一定条件的某个函数表示成三角函数(正弦和/或余弦函数)或者它们的积分的线性组合。在不同的研究领域，傅里叶变换具有多种不同的变体形式，如连续傅里叶变换和离散傅里叶变换。最初傅里叶分析是作为热过程的解析分析的工具被提出的。随着傅里叶变换的丰富和发展，极大地促进了信息科学的丰富和发展。现代的信息科学和技术离不开傅里叶变换的理论和方法。

对于有限长序列，也可以用序列的傅里叶变换和 z 变换来分析和表示，但还有一种方法更能反映序列的有限长这个特点，即离散傅叶里变换。

离散傅里叶变换除了作为有限长序列的一种傅里叶表示法在理论上相当重要之外，而且由于存在着计算离散傅里叶变换的有效快速算法，因而离散傅里叶变换在各种数字信号处理的算法中起着核心的作用。

傅里叶变换就是建立以时间为自变量的“信号”与以频率为自变量的“频率函数”之间的某种变换关系，都是指在分析如何综合一个信号时，各种不同频率的信号在合成信号时所占的比重。

离散傅里叶变换不仅具有明确的物理意义，相对于 DTFT，它更便于用计算机处理。但是，直至上世纪六十年代，由于数字计算机的处理速度较低以及离散傅里叶变换的计算量较大，离散傅里叶变换长期得不到真正的应用，快速离散傅里叶变换算法的提出，才得以显现出离散傅里叶变换的强大功能，并被广泛应用于各种数字信号处理系统中。

近年来，计算机的处理速率有了惊人的发展，同时在数字信号处理领域出现了许多新的方法，但在许多应用中始终无法替代离散傅里叶变换及其快速算法。

如连续时间周期信号 $f(t) = f(t + mT)$，可以用指数形式的傅里叶级数来表示，可以分解成不同次谐波的叠加，每个谐波都有一个幅值，表示该谐波分量所占的比重。傅里叶表示形式为：

$$f(t) = \sum_{n=-\infty}^{\infty} F_n e^{jn\Omega t} \Leftrightarrow F_n = \frac{1}{T} \int_{-\frac{T}{2}}^{\frac{T}{2}} f(t) e^{-jn\Omega t} \mathrm{d}t$$

例如周期性矩形脉冲，其频谱为：

$$F_n = \frac{\tau}{T} \frac{\sin(n\pi\tau/T)}{n\pi\tau/T}, n = 0, \pm 1, \cdots$$

对于非周期信号，如门函数，存在这样的关系式：

$$f(t) = \frac{1}{2\pi} \int_{-\infty}^{\infty} F(jw) e^{jwt} \mathrm{d}w \Leftrightarrow F(jw) = \int_{-\infty}^{\infty} f(t) e^{-jwt} \mathrm{d}t$$

时域非周期连续，频率连续非周期。

例如序列的傅里叶变换，变换关系为：

$$X(e^{jw}) = \sum_{n=-\infty}^{\infty} x(n) e^{-jwn}, \quad x(n) = \frac{1}{2\pi} \int_{-\pi}^{\pi} X(e^{jw}) e^{jwn} \mathrm{d}w$$

时域为非周期离散序列，频域为周期为 2π 的连续周期函数。

以上三种傅里叶变换都是符合傅里叶变换所谓的建立以时间为自变量的"信号"与以频率为自变量的"频率函数"之间的某种变换关系。

不同形式是因为时间域的变量和频域的变量是连续的还是离散而出现的。这三种傅里叶变换因为总有一个域里是连续函数，而不适合利用计算机来计算。如果时间域里是离散的，而频域也是离散的，就会适合在计算机上应用了。

在 MATLAB 程序中，可以直接利用内部的函数 fft 进行运算，这个函数是机器语言，不是 MATLAB 指令写成的，因此它的执行速度非常快。快速傅里叶变换的调用格式为：

y=fft(x)

在此格式中，x 是取样的样本，可以是一个向量，也可以是一个矩阵，y 是 x 的快速傅里叶变换。在实际操作中，会对 x 进行补零操作，使 x 的长度等于 2 的整数次幂，这样能提高程序的计算速度。

快速傅里叶变换的另一调用格式为：

y=fft(x, n)

与上一调用不同的是，多了一项样本 x 的长度 n，这样能通过改变 n 值来直接对样本进行补零或者截断的操作。

ifft 函数用来计算序列的逆傅里叶变换，MATLAB 信号处理工具箱中提供的快速傅里叶反变换的调用格式为：

y=ifft(X), y=ifft(X, n)

在此格式中，X 为需要进行逆变换的信号，多数情况下是复数，y 为快速傅里叶反变换的输出。

【例 10-19】设 $x(n) = \cos(0.45\pi n) + \cos(0.55\pi n)$

(1) 取 8 个采样点，求 $X_1(k)$。

(2) 将(1)中的 $x(n)$ 补零加长到 100，求 $X_2(k)$。

(3) 增加取样值的个数，取 100，求 $X_3(k)$，分析其频谱状态。

运行程序如下：

```
N1=8;n1=0:N1-1;
```

```
x1=cos(0.45*pi*n1)+cos(0.55*pi*n1);
Xk1=fft(x1,8);
k1=0:N1-1;
w1=2*pi/10*k1;
subplot(3,2,1);
stem(n1,x1,'.');
axis([0,10,-2.5,2.5]);
title('信号 x(n),n=8')
subplot(3,2,2);
stem(w1/pi,abs(Xk1),'.');
axis([0,1,0,10]);
title('DFT[x(n)]')
N2=100;n2=0:N2-1;
x2=[x1(1:1:8) zeros(1,92)];
Xk2=fft(x2,N2)
k2=0:N2-1;w2=2*pi/100*k2;
subplot(3,2,3);
stem(n2,x2,'.');
axis([0,100,-2.5,2.5]);
title('信号 x(n)补零到 N=100')
subplot(3,2,4);
plot(w2/pi,abs(Xk2));
axis([0,1,0,10]);
title('DFT[x(n)]')
N3=100;n3=0:N3-1;
x3=cos(0.45*pi*n3)+cos(0.55*pi*n3);
Xk3=fft(x3,N3)
k3=0:N3-1;w3=2*pi/100*k3;
subplot(3,2,5);
stem(n3,x3,'.');
axis([0,100,-2.5,2.5]);
title('信号 x(n),n=100')
subplot(3,2,6);
plot(w3/pi,abs(Xk3),'.');
axis([0,1,0,60]);
title('DFT[x(n)]')
```

运行结果如图 10-18 所示：

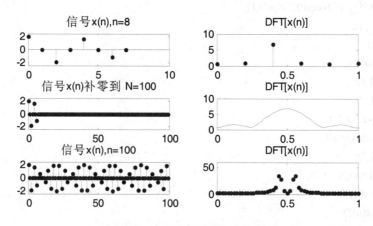

图 10-18　高密度频谱与高分辨频谱

可以看出，当取 $n=8$ 时，从相应的图中几乎无法看出有关信号频谱的信息；将 $x(n)$ 补 92 个零后作 N=100 点的 DFT，从相应的 $X(k)$ 图中可以看出，这时的谱线相当密，故称为高密度谱线图，但是从中很难看出信号的频谱部分；对 $x(n)$ 加长取样数据，得到长度为 N=100 的序列，此时在相应的 $X(k)$ 图中可以清晰地看到信号的频谱成分，这称为高分辨频谱。

傅里叶变换将原来难以处理的时域信号转换成了易于分析的频域信号(信号的频谱)，可以利用一些工具对这些频域信号进行处理、加工。最后还可以利用傅里叶反变换将这些频域信号转换成时域信号。

【例 10-20】MATLAB 编程实现 FFT 变换及频谱分析。

运行程序如下：

```
%正弦波
fs=100;                          %设定采样频率
N=128;
n=0:N-1;
t=n/fs;
f0=10;                           %设定正弦信号频率
%生成正弦信号
x=sin(2*pi*f0*t);
figure(1);
subplot(231);
plot(t,x);                       %作正弦信号的时域波形
xlabel('t');
ylabel('y');
title('正弦信号 y=2*pi*10t 时域波形');
grid;
%进行 FFT 变换并做频谱图
y=fft(x,N);                      %进行 fft 变换
mag=abs(y);%求幅值
f=(0:length(y)-1)'*fs/length(y); %进行对应的频率转换
```

```
figure(1);
subplot(232);
plot(f,mag);                              %做频谱图
axis([0,100,0,80]);
xlabel('频率(Hz)');
ylabel('幅值');
title('正弦信号 y=2*pi*10t 幅频谱图 N=128');
grid;
%求均方根谱
sq=abs(y);
figure(1);
subplot(233);
plot(f,sq);
xlabel('频率(Hz)');
ylabel('均方根谱');
title('正弦信号 y=2*pi*10t 均方根谱');
grid;
%求功率谱
power=sq.^2;
figure(1);
subplot(234);
plot(f,power);
xlabel('频率(Hz)');
ylabel('功率谱');
title('正弦信号 y=2*pi*10t 功率谱');
grid;
%求对数谱
ln=log(sq);
figure(1);
subplot(235);
plot(f,ln);
xlabel('频率(Hz)');
ylabel('对数谱');
title('正弦信号 y=2*pi*10t 对数谱');
grid;
%用 ifft 恢复原始信号
xifft=ifft(y);
magx=real(xifft);
ti=[0:length(xifft)-1]/fs;
figure(1);
subplot(236);
plot(ti,magx);
xlabel('t');
ylabel('y');
```

```
title('通过 IFFT 转换的正弦信号波形');
grid;
%矩形波
fs=10;                                 %设定采样频率
t=-5:0.1:5;
x=rectpuls(t,2);
x=x(1:99);
figure(2);
subplot(231);
plot(t(1:99),x);                       %作矩形波的时域波形
xlabel('t');
ylabel('y');
title('矩形波时域波形');
grid;
%进行 fft 变换并做频谱图
y=fft(x);                              %进行 fft 变换
mag=abs(y);                           %求幅值
f=(0:length(y)-1)'*fs/length(y);      %进行对应的频率转换
figure(2);
subplot(232);
plot(f,mag);                          %做频谱图
xlabel('频率(Hz)');
ylabel('幅值');
title('矩形波幅频谱图');
grid;
%求均方根谱
sq=abs(y);
figure(2);
subplot(233);
plot(f,sq);
xlabel('频率(Hz)');
ylabel('均方根谱');
title('矩形波均方根谱');
grid;
%求功率谱
power=sq.^2;
figure(2);
subplot(234);
plot(f,power);
xlabel('频率(Hz)');
ylabel('功率谱');
title('矩形波功率谱');
grid;
%求对数谱
```

```
ln=log(sq);
figure(2);
subplot(235);
plot(f,ln);
xlabel('频率(Hz)');
ylabel('对数谱');
title('矩形波对数谱');
grid;
%用 ifft 恢复原始信号
xifft=ifft(y);
magx=real(xifft);
ti=[0:length(xifft)-1]/fs;
figure(2);
subplot(236);
plot(ti,magx);
xlabel('t');
ylabel('y');
title('通过 IFFT 转换的矩形波波形');
grid;
%白噪声
fs=10;                              %设定采样频率
t=-5:0.1:5;
x=zeros(1,100);
x(50)=100000;
figure(3);
subplot(231);
plot(t(1:100),x);                   %作白噪声的时域波形
xlabel('t');
ylabel('y');
title('白噪声时域波形');
grid;
%进行 fft 变换并做频谱图
y=fft(x);%进行 fft 变换
mag=abs(y);%求幅值
f=(0:length(y)-1)'*fs/length(y);    %进行对应的频率转换
figure(3);
subplot(232);
plot(f,mag);%做频谱图
xlabel('频率(Hz)');
ylabel('幅值');
title('白噪声幅频谱图');
grid;
%求均方根谱
sq=abs(y);
```

```
figure(3);
subplot(233);
plot(f,sq);
xlabel('频率(Hz)');
ylabel('均方根谱');
title('白噪声均方根谱');
grid;
%求功率谱
power=sq.^2;
figure(3);
subplot(234);
plot(f,power);
xlabel('频率(Hz)');
ylabel('功率谱');
title('白噪声功率谱');
grid;
%求对数谱
ln=log(sq);
figure(3);
subplot(235);
plot(f,ln);
xlabel('频率(Hz)');
ylabel('对数谱');
title('白噪声对数谱');
grid;
%用 ifft 恢复原始信号
xifft=ifft(y);
magx=real(xifft);
ti=[0:length(xifft)-1]/fs;
figure(3);
subplot(236);
plot(ti,magx);
xlabel('t');
ylabel('y');
title('通过 ifft 转换的白噪声波形');
grid;
```

运行程序结果如图 10-19～图 10-21 所示：

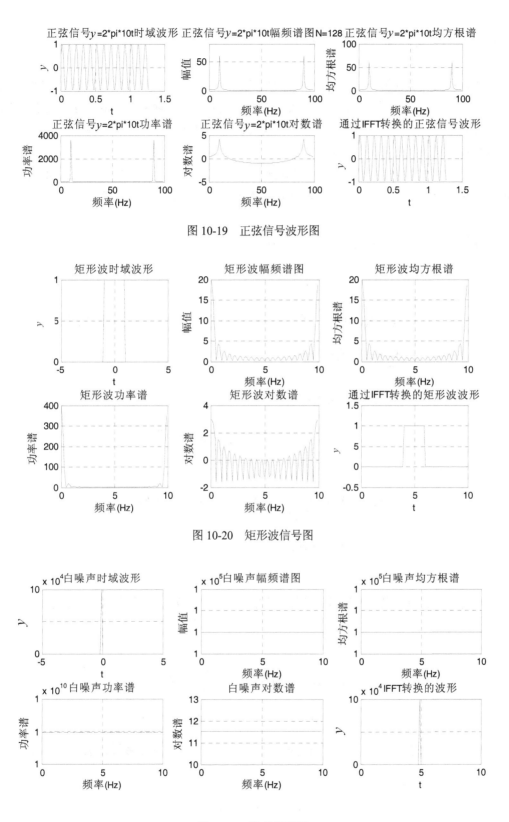

图 10-19　正弦信号波形图

图 10-20　矩形波信号图

图 10-21　噪声信号图

10.2.2　Z 变换定义与性质

连续系统一般使用微分方程、拉普拉斯变换的传递函数和频率特性等概念进行研究。一个连续信号 $f(x)$ 的拉普拉斯变换 $f(s)$ 是复变量 s 的有理分式函数；而微分方程通过拉普拉斯变换后也可以转换为 s 的代数方程，从而可以大大简化微分方程的求解；从传递函数可以很容易地得到系统的频率特征。

因此，拉普拉斯变换作为基本工具将连续系统研究中的各种方法联系在一起。计算机控制系统中的采样信号也可以进行拉普拉斯变换，从中找到了简化运算的方法，引入了 Z 变换。

理想单位脉冲的调制过程可以表示为：

$$x^*(t) = x(t) \sum_{k=0}^{+\infty} \delta(t-kT)$$
$$= x(0)\delta(t) + x(T)\delta(t-T) + x(2T)\delta(t-2T) + \cdots + x(kT)\delta(t-kT) + \cdots$$
$$= \sum_{k=0}^{\infty} x(kT)\delta(t-kT)$$

对上式进行拉普拉斯变换可以得到：

$$X^*(s) = L[x^*(t)] = \sum_{k=0}^{\infty} x(kT)e^{-kTs}$$

令 $z = e^{sT}$，则有：

$$X(z) = X^*(s)\Big|_{s=\frac{1}{T}\ln z} = X^*(\tfrac{1}{T}\ln z) = \sum_{k=0}^{\infty} x(kT)z^{-k}$$

在这里称 $X(z)$ 为 $x^*(t)$ 的 Z 变换。

因为在 z 变换中只考虑瞬时的信号，所以 $x(t)$ 的 z 变换与 $x^*(t)$ $x^*(t)$ 的 Z 变换结果相同，即：

$$Z[x(t)] = Z[x^*(t)] = X(z) = \sum_{k=0}^{\infty} x(kT)z^{-k}$$
$$= x(0)z^0 + x(T)z^{-1} + x(2T)z^{-2} + \ldots$$

所谓逆 Z 变换，是指从已知 $x(n)$ 的 Z 变换表示式 $x(z)$ 及其收敛域，求原序列 $x(n)$。表示为：

$$x(n) = Z^{-1}[X(z)]$$

在 MATLAB 中，提供了计算 Z 变换的函数 ztrans()和 Z 反变换的函数 iztrans()，这两个函数的调用方法为：

F=ztrans(f)

f=iztrans(F)

其中，右端的 f 和 F 分别为时域表示式和 z 域表示式的符号表示，可应用函数 sym 来实现，其调用格式为：

S=sym(A)

【例 10-21】求(1) $f(n) = \sin(ak)u(k)$ 的 Z 变换，(2) $F(z) = \dfrac{z}{(z-3)^2}$ 的 Z 反变换。

运行程序如下：

f=sym('sin(a*k)');

F=ztrans(f)

F=sym('z/(z-3)^2');

f=iztrans(F)

Z 变换运行结果如下：

F =

　(z*sin(a))/(z^2 - 2*cos(a)*z + 1)

Z 逆变换运行结果如下：

f =

3^n/3 + (3^n*(n - 1))/3

10.2.3　离散余弦变换

离散余弦变换(Discrete Cosine Transform，DCT)是一种与傅立叶变换紧密相关的数学运算。在傅立叶级数展开式中，如果被展开的函数是实偶函数，那么其傅立叶级数中只包含余弦项，再将其离散化可导出余弦变换，因此称之为离散余弦变换。在这里主要讲一维离散余弦变换。

$f(x)$ 为一维离散函数，$x = 0, 1, \cdots, N-1$，它的离散余弦变换为：

$$F(0) = \frac{1}{\sqrt{N}} \sum_{x=0}^{N-1} f(x)$$

$$F(u) = \sqrt{\frac{2}{N}} \sum_{x=0}^{N-1} f(x) \cos\left[\frac{\pi}{2N}(2x+1)u \right], \quad u = 1, 2, \cdots, N-1$$

反变换为：

$$f(x) = \frac{1}{\sqrt{N}} F(0) + \sqrt{\frac{2}{N}} \sum_{u=1}^{N-1} F(u) \cos\left[\frac{\pi}{2N}(2x+1)u\right], \quad x = 0,1,\cdots,N-1$$

令矩阵：

$$C = \sqrt{\frac{2}{N}} \begin{bmatrix} \sqrt{\frac{1}{2}} & \sqrt{\frac{1}{2}} & \cdots & \sqrt{\frac{1}{2}} \\ \cos\frac{\pi}{2N} & \cos\frac{3\pi}{2N} & \cdots & \cos\frac{(2N-1)\pi}{2N} \\ \vdots & \vdots & \vdots & \vdots \\ \cos\frac{(N-1)\pi}{2N} & \cos\frac{3(N-1)\pi}{2N} & \cdots & \cos\frac{(2N-1)(2N-1)\pi}{2N} \end{bmatrix}_{N\times N}$$

则有：

$$F = Cf$$

$$f = C^T F$$

【例 10-22】离散余弦变换的实现示例。

运行程序如下：

```
clear all;
clc;
close all;
n=1:100;
x=10*cos(2*pi*n/20)+20*cos(2*pi*n/30);
y=dct(x);
subplot(1,2,1),plot(x),title('原始信号');
subplot(1,2,2),plot(y),title('DCT 效果');
```

运行结果如图 10-22 所示：

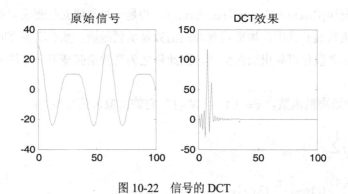

图 10-22　信号的 DCT

10.3　MATLAB 统计信号处理

10.3.1　相关性

相关的概念很重要，互相关运算广泛应用于信号分析与统计分析，如通过相关函数峰值的检测测量两个信号的时延差等。

两个长为 N 的实离散时间序列 $x(n)$ 与 $y(n)$ 的互相关函数定义为：

$$r_{xy}(m) = \sum_{n=0}^{N-1} x(n-m)y(n) = \sum_{n=0}^{N-1} x(n)y(n+m)$$

卷积公式为：

$$f(m) = \sum_{n=0}^{N-1} x(m-n)y(n) = x(m)*y(m)$$

那么有：

$$r_{xy}(m) = \sum_{n=0}^{N-1} x(n-m)y(n) = \sum_{n=0}^{N-1} x[-(m-n)]y(n)$$
$$= x(-m)*y(m)$$

因为有 $\mathrm{DFT}[x((-n))_N R_N(n)] = X^*(k)$，代入上式：

$$r_{xy}(m) = \sum_{n=0}^{N-1} x(n)y(n+\tau) = \frac{1}{N}\sum_{k=0}^{N-1} X^*(k)Y(k)e^{j\frac{2\pi}{N}k\tau}$$

可以推导出 $r_{xy}(m)$ 的傅里叶变换为：

$$R_{xy}(k) = X^*(k)Y(k)$$

其中 $X(k)$=DFT$[x(n)]$，　$Y(k)$=DFT$[x(n)]$，　$R_{xy}(k)$=DFT$[(r_{xy}(m)]$。

【例 10-23】利用 FFT 求两个有限长序列的线性相关。

运行程序如下：

```
x=[1 3 -1 1 2 2 3 1]
y=[2 2 -1 1 2 1 -1 3];
k=length(x);
xk=fft(x,2*k);
yk=fft(y,2*k);
rm=real(ifft(conj(xk).*yk));
rm=[rm(k+2:2*k) rm(1:k)];
m=(-k+1):(k-1);
stem(m,rm)
```

xlabel('m'); ylabel('相关系数');

运行结果如图 10-23 所示：

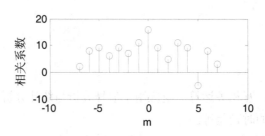

图 10-23   两个序列的相关系数

10.3.2   重新采样

所谓模拟信号的数字处理方法就是将待处理模拟信号经过采样、量化和编码形成数字信号，并利用数字信号处理技术对采样得到的数字信号进行处理。

采样定理：一个频带限制在 $(0, f_c)$ 赫兹内的模拟信号 $m(t)$，如果以 $f_s \geq 2f_c$ 的采样频率对模拟信号 $m(t)$ 进行等间隔采样，则 $m(t)$ 将被采样得到的采样值确定，也即可以利用采样值无混叠失真地恢复原始模拟信号 $m(t)$。

其中："利用采样值无失真恢复原始模拟信号"，这里的无失真恢复是指被恢复信号与原始模拟信号在频谱上无混叠失真；并不是说被恢复的信号就与模拟信号在时域完全一样。其实由于采样和恢复器件的精度限制，以及量化误差等的存在，被恢复信号与原始信号之间在实际中是存在一定误差或失真的。

关于采样定理的几点总结：

(1) 一个带限模拟信号 $x_a(t)$，其频谱的最高频率为 f_c，以间隔 T_s 对它进行等间隔采样得到采样信号 $\hat{x}_a(t)$，只有在采样频率 $f_s = (1/T_s) \geq 2f_c$ 时，$\hat{x}_a(t)$ 才可不失真地恢复 $x_a(t)$。

(2) 上述采样信号 $\hat{x}_a(t)$ 的频谱 $\hat{X}_a(j\Omega)$ 是原模拟信号 $x_a(t)$ 的频谱 $X_a(j\Omega)$ 以 $\Omega_s (= 2\pi f_s)$ 为周期进行周期延拓而成的。

(3) 一般称 $f_s/2$ 为折叠频率，只要信号的最高频率不超过该频率，就不会出现频谱混叠现象，否则超过 $f_s/2$ 的频谱会"折叠"回来形成混叠现象。

模拟信号数字处理方法框图中的"预滤波"就是预先滤出模拟信号中高于折叠频率 $f_s/2$ 的频率成分，从而减少或消除频谱混叠现象。

通常把最低允许的采样频率 $f_s (=1/T_s) = 2f_c$ 称为奈奎斯特（Nyquist）频率，最大允许的采样间隔 $T_s = 1/2f_c$ 称为奈奎斯特间隔。

在介绍采样定理时，已经讲到对模拟信号 $x_a(t)$ 采样时只要采样频率 $f_s(=1/T_s) \geq 2f_c$ 满足，采样信号的频谱 $\hat{X}_a(j\Omega)$ 就不会发生频谱混叠现象。在这种情况下，可以采用理想的低通滤波器 $G(j\Omega)$ 对采样信号 $\hat{x}_a(t)$ 进行滤波，得到不失真的原模拟信号 $x_a(t)$。

下面用数学表达式表示恢复过程。理想低通滤波器可表示为：

$$G(j\Omega) = \begin{cases} T, & |\Omega| < \Omega_s/2 \\ 0, & |\Omega| \ge \Omega_s/2 \end{cases}$$

理想低通的时域表示为：

$$g(t) = \frac{1}{2\pi}\int_{-\infty}^{\infty} G(j\Omega)e^{j\Omega t}\mathrm{d}\Omega = \frac{1}{2\pi}\int_{-\Omega_s/2}^{\Omega_s/2} Te^{j\Omega t}\mathrm{d}\Omega = \frac{\sin(\Omega_s t/2)}{\Omega_s t/2}$$

将 $\Omega_s = 2\pi f_s = 2\pi/T$ 代入得：

$$g(t) = \frac{\sin(\pi t/T)}{\pi t/T} \qquad -\infty < t < \infty$$

理想低通的输出：

$$x_a(t) = \hat{x}_a(t) * g(t) = \int_{-\infty}^{\infty}\hat{x}_a(\tau)g(t-\tau)\mathrm{d}\tau$$

于是有：

$$x_a(t) = \int_{-\infty}^{\infty}\sum_{n=-\infty}^{\infty} x_a(nT)\delta(\tau-nT)g(t-\tau)\mathrm{d}\tau$$

$$= \sum_{n=-\infty}^{\infty} x_a(nT)\int_{-\infty}^{\infty}\delta(\tau-nT)g(t-\tau)\mathrm{d}\tau$$

将 $g(t) = \dfrac{\sin(\pi t/T)}{\pi t/T}$ 代入上式，得：

$$x_a(t) = \sum_{n=-\infty}^{\infty} x_a(nT)\frac{\sin[\pi(t-nT)/T]}{\pi(t-nT)/T}$$

上式中 $x_a(t)$ 是原模拟信号，$x_a(nT)$ 是一组离散采样值，$g(t-nT)$ 是 $g(t)$ 的移位函数。

由上式可以看到，在各采样点 $(t=nT)$ 上，由于 $\dfrac{\sin[\pi(t-nT)/T]}{\pi(t-nT)/T}=1$，可以保证恢复的 $x_a(t)$ 等于原采样值；在采样点之间，$x_a(t)$ 由各采样值 $x_a(nT)$ 乘以 $g(t-nT)$ 函数后叠加而成。

这种用理想低通恢复的模拟信号完全等于原模拟信号 $x_a(t)$，是一种无失真的、理想的恢复。$g(t)$ 函数称为内插函数，上式称为内插公式。

【例 10-24】分析连续时间信号的时域波形及其幅频特性曲线，信号为：

$$f(x) = 0.5*\sin(2*\pi*65*t) + 0.8*\cos(2*\pi*40*t) + 0.7*\cos(2*\pi*30*t)$$

对信号进行采样，得到采样序列，对不同采样频率下的采样序列进行频谱分析，由采样序列恢复出连续时间信号，画出其时域波形，对比与原连续时间信号的时域波形。

实现程序如下：

```
clear
f1='0.5*sin(2*pi*65*t)+0.8*cos(2*pi*40*t)+0.7*cos(2*pi*30*t)';%输入一个信号
fs0=cy(f1,60);
```

```
%欠采样
fr0=hf(fs0,60);
fs1=cy (f1,130);
%临界采样
fr1=hf (fs1,130);
fs2=cy(f1,170);
%过采样
fr2=hf (fs2,170);
```

程序过程中用到了两个子程序，采样程序如下：

```
%实现采样频谱分析绘图函数
function fz=cy(fy,fs)
%第一个输入变量是原信号函数，信号函数 fy 以字符串的格式输入
%第二个输入变量是采样频率
fs0=10000;
tp=0.1;
t=[-tp:1/fs0:tp];
k1=0:999;   k2=-999:-1;
m1=length(k1);   m2=length(k2);
f=[fs0*k2/m2,fs0*k1/m1];               %设置原信号的频率数组
w=[-2*pi*k2/m2,2*pi*k1/m1];
fx1=eval(fy);
FX1=fx1*exp(-j*[1:length(fx1)]'*w);    %求原信号的离散时间傅里叶变换
figure                                 %画原信号波形
subplot(2,1,1),plot(t,fx1,'r')
title('原信号');
xlabel('时间 t(s)'); ylabel('y(t)')
axis([min(t),max(t),min(fx1),max(fx1)])
grid on
% 画原信号频谱
subplot(2,1,2)
plot(f,abs(FX1),'r')
title('原信号频谱') ,
xlabel('频率 f (Hz)'); ylabel('FX1')
axis([-100,100,0,max(abs(FX1))+5])
grid on
% 对信号进行采样
Ts=1/fs;                               %采样周期
t1=-tp:Ts:tp;                          %采样时间序列
f1=[fs*k2/m2,fs*k1/m1];                %设置采样信号的频率数组
t=t1;                                  %变量替换
fz=eval(fy);                           %获取采样序列
FZ=fz*exp(-j*[1:length(fz)]'*w);       %采样信号的离散时间傅里叶变换
figure
```

```
%画采样序列波形
subplot(2,1,1)
stem(t,fz,'.'),
title('取样信号') ,
xlabel('时间 t (s)'); ylabel('y(t)')
line([min(t),max(t)],[0,0])
grid on
%画采样信号频谱
subplot(2,1,2)
plot(f1,abs(FZ),'m')
title('取样信号频谱');
xlabel('频率 f (Hz)'); ylabel('FZ')
grid on
```

恢复子程序如下：

```
%信号的恢复及频谱函数
function fh=hf(fz,fs)
%第一个输入变量是采样序列
%第二个输入变量是得到采样序列所用的采样频率
T=1/fs; dt=T/10; tp=0.1;
t=-tp:dt:tp;n=-tp/T:tp/T;
TMN=ones(length(n),1)*t-n'*T*ones(1,length(t));
fh=fz*sinc(fs*TMN);
%由采样信号恢复原信号
k1=0:999; k2=-999:-1;
m1=length(k1); m2=length(k2);
w=[-2*pi*k2/m2,2*pi*k1/m1];
FH=fh*exp(-j*[1:length(fh)]'*w);                    %恢复后的信号的离散时间傅里叶变换
figure
%画恢复后的信号的波形
subplot(2,1,1)
plot(t,fh,'g');
st1=sprintf('由取样频率 fs=%d',fs);
st2='恢复后的信号';
st=[st1,st2];
title(st);
xlabel('时间 t (s)'); ylabel('y(t)')
axis([min(t),max(t),min(fh),max(fh)])
line([min(t),max(t)],[0,0])
grid on
%画重构信号的频谱
f=[10*fs*k2/m2,10*fs*k1/m1];                    %设置频率数组
subplot(2,1,2),plot(f,abs(FH),'g')
title('恢复后信号的频谱');
```

xlabel('频率 f (Hz)'); ylabel('FH')
axis([-100,100,0,max(abs(FH))+2]);
grid on

运行程序后，原信号的结果如图 10-24 所示：

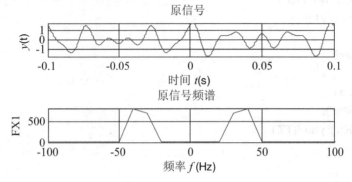

图 10-24   原信号频谱图

频率 $f_s < 2f_{max}$ 时，为原信号的欠采样信号和恢复，采样频率不满足时域采样定理，那么频移后的各相临频谱会发生相互重叠，这样就无法将它们分开。因而也不能再恢复原信号。

频谱重叠的现象被称为混叠现象。欠采样信号的离散波形及频谱，恢复后信号如图 10-25 和图 10-26 所示：

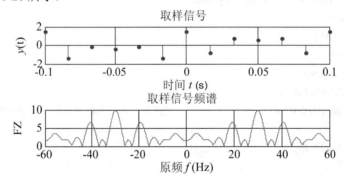

图 10-25   欠采样取样信号结果

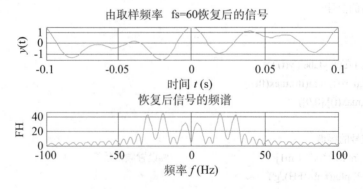

图 10-26   欠采样信号恢复图

频率 $f_s = 2f_{\max}$ 时，为原信号的临界采样信号和恢复，只恢复低频信号，高频信号未能恢复，如图 10-27 和图 10-28 所示：

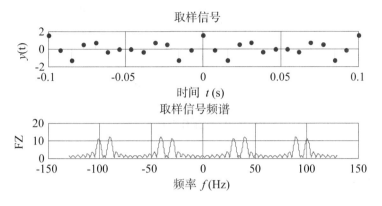

图 10-27　临界采样结果图

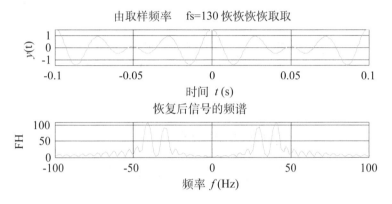

图 10-28　临界采样恢复图

频率 $f_s > 2f_{\max}$ 时，为原信号的过采样信号和恢复，如图 10-29 和图 10-30 所示，可以看出采样信号的频谱是原信号频谱进行周期延拓形成的，并且原信号误差很小了，说明恢复信号的精度已经很高。

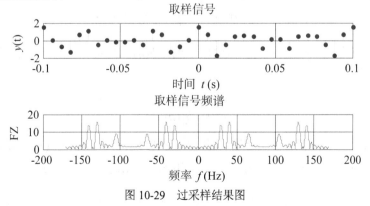

图 10-29　过采样结果图

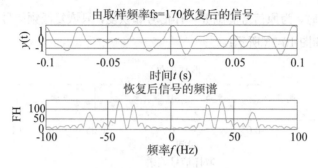

图 10-30　过采样恢复图

10.3.3　窗函数

通常希望所设计的滤波器具有理想的幅频和相频特性，一个理想的低通频率特性滤波器频率特性可表示如下：

$$H_d(\mathrm{e}^{j\omega}) = \sum_{n=-\infty}^{+\infty} h_d(n)\mathrm{e}^{-j\omega n} = \begin{cases} \mathrm{e}^{-j\alpha\omega} & |\omega| \leqslant \omega_c \\ 0 & \omega_c < |\omega| \leqslant \pi \end{cases}$$

对应的单位脉冲响应为：

$$h_d(n) = \frac{1}{2\pi}\int_{-\pi}^{\pi} H(\mathrm{e}^{j\omega})\mathrm{e}^{j\omega n}\mathrm{d}\omega$$

$$= \frac{1}{2\pi}\int_{-\omega_c}^{\omega_c} \mathrm{e}^{-j\omega\alpha}\mathrm{e}^{j\omega n}\mathrm{d}\omega = \frac{\sin\left[\omega_c(n-\alpha)\right]}{\pi(n-\alpha)}$$

式中：$\alpha = \dfrac{1}{2}(N-1)$。

由于理想滤波器在边界频率处不连续，故其时域信号 $h_d(n)$ 一定是无限时宽的，也是非因果的序列，见图 10-31。所以理想低通滤波器是无法实现的。

如果要实现一个具有理想线性相位特性的滤波器，其幅频特性只能采用逼近理想幅频特性的方法实现。如果把 $h_d(n)$ 进行截取，并保证截取过程中序列保持对称，而且截取长度为 N，则对称点为 $\alpha = \dfrac{1}{2}(N-1)$。若截取后序列为 $h(n)$，则 $h(n)$ 可用下式表示并如图 10-20 所示：

$$h(n) = h_d(n)w(n)$$

式中，$w(n)$ 为截取函数，又称窗函数。从截取的原理看出序列 $h(n)$ 可以认为是从一个矩形窗口看到的一部分 $h_d(n)$。如果窗函数为矩形序列 $R_N(n)$，则称为矩形窗。窗函数有多种形式，为保证加窗后系统的线性相位特性，必须保证加窗后的序列关于 $\alpha = \dfrac{1}{2}(N-1)$ 点对称。

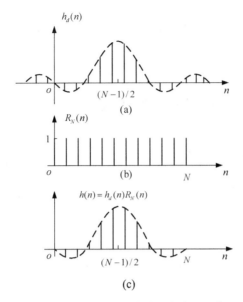

图 10-31　理想低通滤波器的单位脉冲响应序列和截取后的序列

理想滤波器单位脉冲响应 $h_d(n)$ 经过矩形窗函数截取后变为 $h(n)$，所以，

$$h(n) = \begin{cases} h_d(n) & 0 \leqslant n \leqslant N-1 \\ 0 & \text{其他} \end{cases}$$

截取后的结果见图 10-20(c)。

窗函数设计法的基本思路是用一个长度为 N 的序列 $h(n)$ 替代 $h_d(n)$ 作为实际设计的滤波器的单位脉冲响应，其系统函数为：

$$H(z) = \sum_{n=0}^{N-1} h(n)z^{-n}$$

这种设计思想称为窗函数设计法。显然在保证 $h(n)$ 对称性的前提下，窗函数长度 N 越长，则 $h(n)$ 越接近 $h_d(n)$。但误差是肯定存在的，这种误差称为截断误差。

通常 $H_d(\mathrm{e}^{\mathrm{j}\omega})$ 为周期为 2π 的函数，所以它的傅里叶级数形式为

$$H_d(\mathrm{e}^{\mathrm{j}\omega}) = \sum_{n=-\infty}^{\infty} h_d(n)\mathrm{e}^{-\mathrm{j}\omega n}$$

由于加窗后无限长的 $h_d(n)$ 变为有限长的 $h(n)$，所以 $H(\mathrm{e}^{\mathrm{j}\omega})$ 仅仅是 $H_d(\mathrm{e}^{\mathrm{j}\omega})$ 的有限项傅里叶级数，两者必然产生误差，误差的最大点一定发生在不连续的边界频率点上。显然，傅里叶级数项越多，$H(\mathrm{e}^{\mathrm{j}\omega})$ 和 $H_d(\mathrm{e}^{\mathrm{j}\omega})$ 的误差就越小。但是长度越长，滤波器就越复杂，实现成本也就越大。所以应尽可能用最小的 $h(n)$ 长度设计满足技术指标要求的 FIR 滤波器。

要确定如何设计一个 FIR 滤波器，首先得对加窗后的理想滤波器的特性变化进行分析，并研究减少由截断引起的误差的途径，从而提出 FIR 滤波器的设计步骤。

以矩形窗函数为例，加窗后滤波器频率特性分析如下：

由于 $h(n)=h_d(n)R_N(n)$ ，若用 $H_d(\mathrm{e}^{\mathrm{j}\omega})$ 和 $R_N(\mathrm{e}^{\mathrm{j}\omega})$ 分别表示 $h_d(n)$ 和 $R_N(n)$ 的傅里叶变换，则有：

$$H(\mathrm{e}^{\mathrm{j}\omega})=\frac{1}{2\pi}H_d(\mathrm{e}^{\mathrm{j}\omega})*R_N(\mathrm{e}^{\mathrm{j}\omega})=\frac{1}{2\pi}\int_{-\pi}^{\pi}H_d(\mathrm{e}^{\mathrm{j}\theta})R_N(\mathrm{e}^{\mathrm{j}(\omega-\theta)})\mathrm{d}\theta$$

$$R_N(\mathrm{e}^{\mathrm{j}\omega})=\sum_{n=0}^{N-1}R_N(n)\mathrm{e}^{-\mathrm{j}\omega n}=\sum_{n=0}^{N-1}\mathrm{e}^{-\mathrm{j}\omega n}=\mathrm{e}^{-\mathrm{j}\frac{(N-1)}{2}\omega}\frac{\sin(\omega N/2)}{\sin(\omega/2)}=R_N(\omega)\mathrm{e}^{-\mathrm{j}\alpha\omega}$$

式中 $R_N(\omega)=\dfrac{\sin(\omega N/2)}{\sin(\omega/2)}$ 称为矩形窗的幅度函数， $\alpha=\dfrac{N-1}{2}$ 。

若用 $H_d(\omega)$ 表示理想低通滤波器的幅度函数，则有：

$$H_d(\mathrm{e}^{\mathrm{j}\omega})=H_d(\omega)\mathrm{e}^{-\mathrm{j}\alpha\omega}$$

$$H_d(\omega)=\begin{cases}1 & |\omega|\leqslant\omega_c \\ 0 & \omega_c<|\omega|\leqslant\pi\end{cases}$$

综合上式有：

$$H(\mathrm{e}^{\mathrm{j}\omega})=\frac{1}{2\pi}\int_{-\pi}^{\pi}H_d(\theta)\mathrm{e}^{-\mathrm{j}\alpha\theta}R_N(\omega-\theta)\mathrm{e}^{-\mathrm{j}(\omega-\theta)\alpha}\mathrm{d}\theta$$

$$=\mathrm{e}^{-\mathrm{j}\alpha\omega}\frac{1}{2\pi}\int_{-\pi}^{\pi}H_d(\theta)R_N(\omega-\theta)\mathrm{d}\theta$$

将 $H(\mathrm{e}^{\mathrm{j}\omega})=H(\omega)\mathrm{e}^{-\mathrm{j}\alpha\omega}$ 代入上式后，有：

$$H(\omega)=\frac{1}{2\pi}H_d(\omega)*R_N(\omega)=\frac{1}{2\pi}\int_{-\pi}^{\pi}H_d(\theta)R_N(\omega-\theta)\mathrm{d}\theta$$

从式中可看出，截取后的滤波器幅度特性是理想滤波器幅度特性和矩形窗的幅度特性的卷积结果。

$H(\omega)$ 的最大正峰与最大负峰对应的频率之间相距 $4\pi/N$ 。通过对理想滤波器 $h_d(n)$ 加矩形窗处理后，频率特性从 $H_d(\omega)$ 变化为 $H(\omega)$ ，表现在以下两点：

(1) 在理想特性的不连续点 $\omega=\omega_c$ 附近形成过渡带。过渡带的宽度近似等于 $R_N(\omega)$ 的主瓣宽度 $4\pi/N$ 。

(2) 带内产生了波动，最大峰值出现在 $\omega=\omega_c-2\pi/N$ 处，阻带内产生了余振，最大负峰出现在 $\omega=\omega_c+2\pi/N$ 处。通带与阻带中波动的情况与窗函数的幅度特性有关。 N 越大， $R_N(\omega)$ 的波动越快，通带、阻带内的波动也就越快。 $H(\omega)$ 波动的大小取决于 $R_N(\omega)$ 旁瓣的大小。

把 $h_d(n)$ 用矩形窗截取后在频域产生的结果称为吉布斯效应。吉布斯效应直接影响滤波的性能，导致通带内的平稳性变差和阻带衰减不能满足技术指标。通常滤波器设计都要求过渡带越窄越好，阻带衰减越大越好。所以设计滤波器时要使吉布斯效应的影响降低到最小。

从用矩形窗对理想滤波器的影响看出，如果增大窗的长度 N，可以减小窗的主瓣宽度 $4\pi/N$，从而减小 $H(\omega)$ 过渡带的宽度，这是显而易见的。

但是，增加 N 能否减小 $H(\omega)$ 的波动，分析一下，$H(\omega)$ 的波动由 $R_N(\omega)$ 的旁瓣及余振引起，主要影响是第一旁瓣。在主瓣附近由于 ω 很小，故：

$$R_N(\omega) = \frac{\sin(\omega N/2)}{\sin(\omega/2)} \approx \frac{\sin(\omega N/2)}{\omega/2} = N\frac{\sin x}{x}$$

从上式看出 N 加大时，主瓣幅度增大，$R(0)=N$，同时旁瓣幅度也会增加。第一旁瓣发生在 $\omega = 3\pi/N$ 处，则：

$$R_N(3\pi/N) = \frac{\sin(3\pi/2)}{\sin(3\pi/2N)} \approx -\frac{2N}{3\pi}$$

旁瓣与主瓣幅度相比：

$$20\log\left|\frac{R(3\pi/2)}{R(0)}\right| = 20\log\left|\frac{1}{N}\cdot\frac{2N}{3\pi}\right| = -13.5\text{dB}$$

也就是说，随着 N 的增加，主、旁瓣将同步增加，并且旁瓣比主瓣低 13.5dB。当 N 增加时，波动加快，$N \to \infty$ 时，$R_N(\omega) \to N\delta(\omega)$。由此分析，$N$ 的增加并不能减小 $H(\omega)$ 的波动情况。

所以，要想减小吉布斯效应的影响，增加 N 是无法实现的。如果改变窗函数的形状，使其幅度函数具有较低的旁瓣幅度，就可减小通带、阻带的波动，并加大阻带衰减。

但是这时主瓣将会加宽以包含更多的能量，故而将会增加过渡带宽度。所以当 N 一定时，减小波动和减小过渡带是一对矛盾，必须根据实际要求，选择合适的窗函数以满足波动要求，然后选择 N 满足过渡带指标。

10.3.4　功率谱估计

功率谱估计可以分为经典功率谱估计(非参数估计和现代功率谱估计(参数估计))。功率谱估计在实际工程中有重要的应用价值，如在语音信号识别、雷达杂波分析、波达方向估计、地震勘探信号处理、水声信号处理、系统辨识中非线性系统识别、物理光学中透镜干涉、流体力学的内波分析、太阳黑子活动周期研究等许多领域发挥了重要作用。

谱估计分为两大类：非参数化方法和参数化方法。非参数化谱估计又叫做经典谱估计，其主要缺陷是频率分辨率低；而参数化谱估计又叫做现代谱估计，它具有频率分辨率高的优点。

1. Periodogram(周期图法)

一个估计功率谱的简单方法是直接求随机过程抽样的 DFT，然后取结果的幅度的平方，这样的方法叫做周期图法。一个长 L 的信号 $x_L[n]$ 的 PSD 的周期图估计是：

$$\hat{P}_{xx}(f) = \frac{\left|X_L(f)\right|^2}{f_s L}$$

这里 $X_L(f)$ 运用的是 MATLAB 里面的 fft 的定义不带归一化系数，所以要除以 L，其中：

$$X_L(f) = \sum_{n=0}^{L-1} x_L[n] e^{-2\pi i f n / f_s}$$

实际对 $X_L(f)$ 的计算可以只在有限的频率点上执行并且使用 FFT。实践中大多数周期图法的应用都计算 N 点 PSD 估计：

$$\hat{P}_{xx}(f_k) = \frac{\left|X_L(f_k)\right|^2}{f_s L}, \quad f_k = \frac{k f_s}{N}, k = 0, 1, \ldots, N-1$$

其中 $X_L(f_k) = \sum_{n=0}^{L-1} x_L[n] e^{-2\pi i j k n / N}$，选择 N 是大于 L 的下一个 2 的幂次是明智的，要计算 $X_L[f_k]$，我们直接对 $x_L[n]$ 补零到长度为 N。假如 L>N，在计算 $X_L[f_k]$ 前，必须绕回 $x_L[n]$ 模 N。

考虑有限长信号 $x_L[n]$，把它表示成无限长序列 $x[n]$ 乘以一个有限长矩形窗 $w_R[n]$ 的乘积的形式经常很有用：

$$x_L[n] = x[n] \cdot w_R[n]$$

因为时域的乘积等效于频域的卷积，所以上式的傅立叶变换是：

$$X_L(f) = \frac{1}{f_s} \int_{-f_s/2}^{f_s/2} X(\rho) W_R(f - \rho) \mathrm{d}\rho$$

前文中导出的表达式 $\hat{P}_{xx}(f) = \frac{\left|X_L(f)\right|^2}{f_s L}$，说明卷积对周期图有影响。

分辨率指的是区分频谱特征的能力，是分析谱估计性能的关键概念。

要区分在频率上离得很近的两个正弦，要求两个频率差大于任何一个信号泄漏频谱的主瓣宽度。主瓣宽度定义为主瓣上峰值功率一半的点间的距离(3dB 带宽)。该宽度近似等于 f_s/L。两个频率为 $f_1 f_2$ 的正弦信号，可分辨条件是：$\Delta f = (f_1 - f_2) > \dfrac{f_s}{L}$。

周期图是对 PSD 的有偏估计，期望值是：

$$E\left\{\frac{\left|X_L(f)\right|^2}{f_s L}\right\} = \frac{1}{f_s L} \int_{-f_s/2}^{f_s/2} P_{xx}(\rho) \left|W_R(f - \rho)\right|^2 d\rho$$

　　该式和频谱泄漏中的 $X_L(f)$ 式相似，除了这里的表达式用的是平均功率而不是幅度。这暗示了周期图产生的估计对应于一个有泄漏的 PSD 而非真正的 PSD。$\left|W_R(f-\rho)\right|^2$ 本质上是一个三角 Bartlett 窗，这导致了最大旁瓣峰值比主瓣峰值低 27dB，大致是非平方矩形窗的 2 倍。周期图估计是渐进无偏的。随着记录数据趋于无穷大，矩形窗对频谱对 Dirac 函数的近似也就越来越好。然而在某些情况下，周期图法估计很不好，这是因为周期图法的方差。

　　周期图法估计的方差为：

$$\mathrm{var}\left\{\frac{\left|X_L(f)\right|^2}{f_s L}\right\} \approx P_{xx}^2(f)\left[1+\left(\frac{\sin(2\pi L f/f_s)}{L\sin(2\pi f/f_s)}\right)^2\right]$$

　　L 趋于无穷大，方差也不趋于 0。用统计学术语讲，该估计不是无偏估计。然而周期图在信噪比大的时候仍然是有用的谱估计器，特别是数据够长时。

　　【例 10-25】用 Fourier(傅立叶)变换求取信号的功率谱——周期图法。

　　运行程序如下：

```
clf;
Fs=1000;
N=256;Nfft=256;
%数据的长度和 fft 所用的数据长度
n=0:N-1;t=n/Fs;
%采用的时间序列
xn=sin(2*pi*50*t)+2*sin(2*pi*120*t)+randn(1,N);
Pxx=10*log10(abs(fft(xn,Nfft).^2)/N);
%Fourier 振幅谱平方的平均值，并转化为 dB
f=(0:length(Pxx)-1)*Fs/length(Pxx);
%给出频率序列
subplot(2,1,1),plot(f,Pxx);
%绘制功率谱曲线
xlabel('频率/Hz');ylabel('功率谱/dB');
title('周期图  N=256');
grid on;
Fs=1000;
N=1024;Nfft=1024;
%数据的长度和 FFT 所用的数据长度
n=0:N-1;t=n/Fs;
%采用的时间序列
xn=sin(2*pi*50*t)+2*sin(2*pi*120*t)+randn(1,N);
Pxx=10*log10(abs(fft(xn,Nfft).^2)/N);
%Fourier 振幅谱平方的平均值，并转化为 dB
f=(0:length(Pxx)-1)*Fs/length(Pxx);
```

```
%给出频率序列
subplot(2,1,2),plot(f,Pxx);
%绘制功率谱曲线
xlabel('频率/Hz');ylabel('功率谱/dB');
title('周期图 N=1024');
grid on;
```

运行结果如图 10-32 所示：

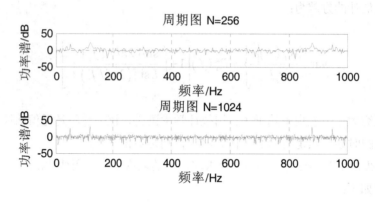

图 10-32　周期图法

2. Modified Periodogram(修正周期图法)

在 fft 前先加窗，平滑数据的边缘，可以降低旁瓣的高度。旁瓣是使用矩形窗产生的陡峭的剪切引入的寄生频率，对于非矩形窗，为结束点衰减的平滑，所以引入较小的寄生频率。但是，非矩形窗增宽了主瓣，因此降低了频谱分辨率。

函数 periodogram 允许指定对数据加的窗，事实上加 Hamming 窗后信号的主瓣大约是矩形窗主瓣的 2 倍。对固定长度信号，Hamming 窗能达到的谱估计分辨率大约是矩形窗分辨率的一半。

这种冲突可以在某种程度上被变化窗所解决，例如 Kaiser 窗。非矩形窗会影响信号的功率，因为一些采样被削弱了。为了解决这个问题，函数 periodogram 将窗归一化，有平均单位功率。这样的窗不影响信号的平均功率。

修正周期图法估计的功率谱是：

$$\hat{P}_{xx}(f) = \frac{\left|X_L(f)\right|^2}{f_s LU}$$

其中 u 是窗归一化常数，$U = \frac{1}{L}\sum_{n=0}^{L-1}\left|w(n)\right|^2$。

【例 10-26】用 Fourier 变换求取信号的功率谱——分段周期图法。

```
clf;
Fs=1000;
```

```
N=1024;Nsec=256;
%数据的长度和 FFT 所用的数据长度
n=0:N-1;t=n/Fs;
%采用的时间序列
randn('state',0);
xn=sin(2*pi*50*t)+2*sin(2*pi*120*t)+randn(1,N);
Pxx1=abs(fft(xn(1:256),Nsec).^2)/Nsec;
%第一段功率谱
Pxx2=abs(fft(xn(257:512),Nsec).^2)/Nsec;
%第二段功率谱
Pxx3=abs(fft(xn(513:768),Nsec).^2)/Nsec;
%第三段功率谱
Pxx4=abs(fft(xn(769:1024),Nsec).^2)/Nsec;
%第四段功率谱
Pxx=10*log10(Pxx1+Pxx2+Pxx3+Pxx4/4);
%Fourier 振幅谱平方的平均值，并转化为 dB
f=(0:length(Pxx)-1)*Fs/length(Pxx);
%给出频率序列
subplot(1,2,1),plot(f(1:Nsec/2),Pxx(1:Nsec/2));
%绘制功率谱曲线
xlabel('频率/Hz');ylabel('功率谱/dB');
title('平均周期图(无重叠) N=4*256');grid on;
%运用信号重叠分段估计功率谱
Pxx1=abs(fft(xn(1:256),Nsec).^2)/Nsec;
%第一段功率谱
Pxx2=abs(fft(xn(129:384),Nsec).^2)/Nsec;
%第二段功率谱
Pxx3=abs(fft(xn(257:512),Nsec).^2)/Nsec;
%第三段功率谱
Pxx4=abs(fft(xn(385:640),Nsec).^2)/Nsec;
%第四段功率谱
Pxx5=abs(fft(xn(513:768),Nsec).^2)/Nsec;
%第四段功率谱
Pxx6=abs(fft(xn(641:896),Nsec).^2)/Nsec;
%第四段功率谱
Pxx7=abs(fft(xn(769:1024),Nsec).^2)/Nsec;
%第五段功率谱
Pxx=10*log10(Pxx1+Pxx2+Pxx3+Pxx4+Pxx5+Pxx6+Pxx7/7);
%Fourier 振幅谱平方的平均值，并转化为 dB
f=(0:length(Pxx)-1)*Fs/length(Pxx);
%给出频率序列
subplot(1,2,2),plot(f(1:Nsec/2),Pxx(1:Nsec/2));
%绘制功率谱曲线
xlabel('频率/Hz');ylabel('功率谱/dB');
```

```
title('平均周期图(重叠 1/2) N=1024');
grid on;
```

运行结果如图 10-33 所示：

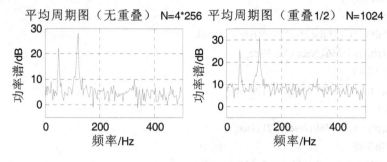

图 10-33　平均周期图法

3. welch 法

将数据序列划分为不同的段(可以有重叠)，对每段进行改进周期图法估计，再平均，用 spectrum.welch 函数或 pwelch 函数。默认情况下数据划分为 4 段，50%重叠，应用 Hamming 窗。取平均的目的是减小方差，重叠会引入冗余但是加 Hamming 窗可以部分消除这些冗余，因为窗给边缘数据的权重比较小。数据段的缩短和非矩形窗的使用使得频谱分辨率下降。

welch 法的偏差：

$$E\left\{\hat{P}_{\text{welch}}\right\} = \frac{1}{f_s L_s U} \int_{-f_s/2}^{f_s/2} P_{xx}(\rho) \left|W_R(f-\rho)\right|^2 \mathrm{d}\rho$$

其中 L_s 是分段数据的长度，$U = \frac{1}{L}\sum_{n=0}^{L-1}\left|w(n)\right|^2$ 是窗归一化常数。对一定长度的数据，welch 法估计的偏差会大于周期图法，因为 $L > L_s$。方差比较难以量化，因为它和分段长以及实用的窗都有关系，但是总的说方差反比于使用的段数。

【例 10-27】用 Fourier 变换求取信号的功率谱——welch 方法。

运行程序如下：

```
clf;
Fs=1000;
N=1024;Nfft=256;
n=0:N-1;t=n/Fs;
window=hanning(256);
noverlap=128;
dflag='none';
randn('state',0);
xn=sin(2*pi*50*t)+2*sin(2*pi*120*t)+randn(1,N);
```

```
Pxx=psd(xn,Nfft,Fs,window,noverlap,dflag);
f=(0:Nfft/2)*Fs/Nfft;
plot(f,10*log10(Pxx));
xlabel('频率/Hz');ylabel('功率谱/dB');
title('PSD--Welch 方法');
grid on;
```

运行结果如图 10-34 所示：

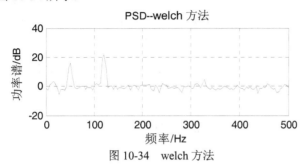

图 10-34　welch 方法

4. Multitaper Method(MTM，多椎体法)

图法估计可以用滤波器组来表示。L 个带通滤波器对信号 $x_L[n]$ 进行滤波，每个滤波器的 3dB 带宽是 f_s / L。所有滤波器的幅度响应相似于矩形窗的幅度响应。周期图估计就是对每个滤波器输出信号功率的计算，仅仅使用输出信号的一个采样点计算输出信号功率，而且假设 $x_L[n]$ 的 PSD 在每个滤波器的频带上是常数。

信号长度增加，带通滤波器的带宽就减少，近似度就更好。但是有两个原因对精确度有影响：

(1) 矩形窗对应的带通滤波器性能很差。

(2) 每个带通滤波器输出信号功率的计算仅仅使用一个采样点，这使得估计很粗糙。

welch 法也可以用滤波器组给出相似的解释。在 welch 法中使用了多个点来计算输出功率，降低了估计的方差。另一方面每个带通滤波器的带宽增大了，分辨率下降了。

Thompson 的多椎体法(MTM)构建在上述结论之上，提供更优的 PSD 估计。MTM 方法没有使用带通滤波器(它们本质上是矩形窗，如同周期图法中一样)，而是使用一组最优滤波器计算估计值。这些最优 FIR 滤波器是由一组被叫做离散扁平类球体序列(DPSS，也叫做 Slepian 序列)得到的。

除此之外，MTM 方法提供了一个时间-带宽参数，有了它能在估计方差和分辨率之间进行平衡。该参数由时间与带宽乘积得到(NW)，同时它直接与谱估计的多椎体数有关。总有 2*NW-1 个多椎体被用来形成估计。这就意味着，随着 NW 的提高，会有越来越多的功率谱估计值，估计方差会越来越小。然而，每个多椎体的带宽仍然正比于 NW，因而 NE 提高，每个估计会存在更大的泄露，从而整体估计会更加呈现有偏。对每一组数据，总有一个 NW 值能在估计偏差和方差间获得最好的折中。

信号处理工具箱中实现 MTM 方法的函数是 pmtm，而实现该方法的对象是 spectrum.mtm。PSD 是互谱密度(CPSD)函数的一个特例，CPSD 由两个信号 xn、yn 定义：

$$P_{xy}(\omega) = \frac{1}{2\pi}\sum_{m=-\infty}^{\infty}R_{xy}(\omega)\mathrm{e}^{-j\omega m}$$

如同互相关与协方差的例子，工具箱估计 PSD 和 CPSD 是因为信号长度有限。为了使用 welch 方法估计相隔等长信号 x 和 y 的互功率谱密度，cpsd 函数通过将 x 的 FFT 和 y 的 FFT 再共轭之后相乘的方式得到周期图。与实值 PSD 不同，CPSD 是个复数函数。CPSD 如同 pwelch 函数一样处理信号的分段和加窗问题。

welch 方法的一个应用是非参数系统的识别。假设 H 是一个线性时不变系统，x(n)和 y(n)是 H 的输入和输出，则 x(n)的功率谱就与 x(n)和 y(n)的 CPSD 通过如下方式相关联：

$$P_{yx}(\omega) = H(\omega)P_{xx}(\omega)$$

x(n)和 y(n)的一个传输函数是：

$$\hat{H}(\omega) = \frac{P_{yx}(\omega)}{P_{xx}(\omega)}$$

传递函数法同时估计出幅度和相位信息。tfestimate 函数使用 welch 方法计算 CPSD 和功率谱，然后得到它们的商作为传输函数的估计值。tfestimate 函数使用方法和 cpsd 相同。

两个信号幅度平方相干性如下所示：

$$C_{xy}(\omega) = \frac{\left|P_{xy}(\omega)\right|^2}{P_{xx}(\omega)P_{yy}(\omega)}$$

该商是一个 0 到 1 之间的实数，表征了 x(n)和 y(n)之间的相干性。mscohere 函数输入两个序列 x 和 y，计算其功率谱和 CPSD，返回 CPSD 幅度平方与两个功率谱乘积的商。函数的选项和操作与 cpsd 和 tfestimate 相类似。

【例 10-28】功率谱估计—— Multitaper Method，(MTM)的实现。

运行程序如下：

```
clf;
Fs=1000;
N=1024;Nfft=256;n=0:N-1;t=n/Fs;
randn('state',0);
xn=sin(2*pi*50*t)+2*sin(2*pi*120*t)+randn(1,N);
[Pxx1,f]=pmtm(xn,4,Nfft,Fs);
%此处有问题
subplot(2,1,1),plot(f,10*log10(Pxx1));
xlabel('频率/Hz');ylabel('功率谱/dB');
```

```
title('多窗口法(MTM)NW=4');
grid on;
[Pxx,f]=pmtm(xn,2,Nfft,Fs);
subplot(2,1,2),plot(f,10*log10(Pxx));
xlabel('频率/Hz');ylabel('功率谱/dB');
title('多窗口法(MTM)NW=2');
grid on;
```

运行结果如图 10-35 所示:

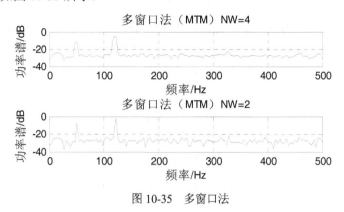

图 10-35 多窗口法

10.3.5 现代谱分析

参数谱估计方法即是现代谱估计方法,在信号长度较短时能够获得比非参数法更高的分辨率。这类方法使用不同的方式来估计频谱:不是试图直接从数据中估计 PSD,而是将数据建模成一个由白噪声驱动的线性系统的输出,并试图估计出该系统的参数。

最常用的线性系统模型是全极点模型,也就是一个滤波器,它的所有零点都在 z 平面的原点。这样一个滤波器输入白噪声后的输出是一个自回归(AR)过程。正是由于这个原因,这一类方法被称作 AR 方法。

AR 方法便于描述谱呈现尖峰的数据,即 PSD 在某些频点特别大。在很多实际应用中(如语音信号)数据都具有带尖峰的谱,所以 AR 模型通常会很有用。另外,AR 模型具有相对易于求解的系统线性方程。

1. Yule-Walker 法

Yule-Walker AR 法通过计算信号自相关函数的有偏估计、求解前向预测误差的最小二乘最小化来获得 AR 参数,这就得出了 Yule-Walker 等式。

$$r_x(t) = \begin{cases} -\sum_{k=1}^{P} a_k r_x(l-k) + \sigma_w^2 & l=0 \\ -\sum_{k=1}^{P} a_k r_x(l-k) & l>0 \end{cases}$$

Yule-Walker AR 法结果与最大熵估计器结果一致。由于自相关函数的有偏估计的使用，确保了上述自相关矩阵正定。因此，矩阵可逆且方程一定有解。另外，这样计算的 AR 参数总会产生一个稳定的全极点模型。Yule-Walker 方程通过 Levinson 算法可以高效地求解。工具箱中的函数 spectrum.yulear 和函数 pyulear 实现了 Yule-Walker 方法。Yule-Walker AR 法的谱比周期图法更加平滑。这是因为其内在的简单全极点模型的缘故。

2. Burg 法

Burg AR 法谱估计是基于最小化前向后向预测误差的同时满足 Levinson-Durbin 递归。与其它的 AR 估计方法对比，Burg 法避免了对自相关函数的计算，改而直接估计反射系数。

Burg 法最首要的优势在于解决含有低噪声的间隔紧密的正弦信号，并且对短数据的估计，在这种情况下 AR 功率谱密度估计非常逼近于真值。另外，Burg 法确保产生一个稳定 AR 模型，并且能高效计算。

Burg 法的精度在阶数高、数据记录长、信噪比高(这会导致线分裂或者在谱估计中产生无关峰)的情况下较低。Burg 法计算的谱密度估计也易受噪声正弦信号初始相位导致的频率偏移(相对于真实频率)影响。这一效应在分析短数据序列时会被放大。

工具箱中的 spectrum.burg 对象和 pburg 函数实现了 Burg 法。

【例 10-29】用 Burg 法进行功率谱估计。

运行程序如下：

```
clear;
clc;
N=1024;
Nfft=128;
n=[0:N-1];
randn('state',0);
wn=randn(1,N);
xn=sqrt(20)*sin(2*pi*0.6*n)+sqrt(20)*sin(2*pi*0.5*n)+wn;
[Pxx1,f]=pburg(xn,15,Nfft,1);
%用 Burg 法进行功率谱估计，阶数为 15，点数为 1024
Pxx1=10*log10(Pxx1);
hold on;
subplot(2,2,1);plot(f,Pxx1);
xlabel('频率');
ylabel('功率谱(dB)');
title('Burg 法　阶数=15,N=1024');
grid on;
[Pxx2,f]=pburg(xn,20,Nfft,1);
%用 Burg 法进行功率谱估计，阶数为 20，点数为 1024
Pxx2=10*log10(Pxx2);
hold on
```

```
subplot(2,2,2);plot(f,Pxx2);
xlabel('频率');
ylabel('功率谱(dB)');
title('Burg 法　阶数=20,N=1024');
grid on;
N=512;
Nfft=128;
n=[0:N-1];
randn('state',0);
wn=randn(1,N);
xn=sqrt(20)*sin(2*pi*0.2*n)+sqrt(20)*sin(2*pi*0.3*n)+wn;
[Pxx3,f]=pburg(xn,15,Nfft,1);
%用 Burg 法进行功率谱估计，阶数为 15，点数为 512
Pxx3=10*log10(Pxx3);
hold on
subplot(2,2,3);plot(f,Pxx3);
xlabel('频率');
ylabel('功率谱　(dB)');
title('Burg 法　阶数=15,N=512');
grid on;
[Pxx4,f]=pburg(xn,10,Nfft,1);
%用 Burg 法进行功率谱估计，阶数为 10，点数为 256
Pxx4=10*log10(Pxx4);
hold on
subplot(2,2,4);plot(f,Pxx4);
xlabel('频率');
ylabel('功率谱(dB)');
title('Burg 法　阶数=10,N=256');
grid on;
```

运行结果如图 10-36 所示：

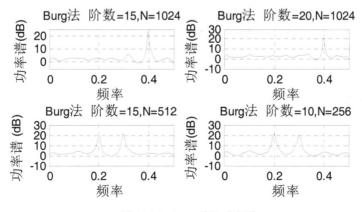

图 10-36　Burg 估计功率谱

3. 协方差和修正协方差法

AR 谱估计的协方差算法基于最小化前向预测误差而产生，而修正协方差算法是基于最小化前向和后向预测误差而产生。工具箱中的 spectrum.cov 对象和 pcov 函数，以及 spectrum.mcov 对象和 pmcov 函数实现了各自算法。

10.3.6　时频分析

从不同的角度认识、分析信号有助于了解信号的本质特征。信号最初是以时间(空间)的形式来表达的。除了时间以外，频率是一种表示信号特征最重要的方式。频率的表示方法是建立在傅里叶分析(Fourier Analysis)基础之上的。

时频分析(JTFA)即时频联合域分析(Joint Time-Frequency Analysis)的简称。时频分析方法提供了时间域与频率域的联合分布信息，清楚地描述了信号频率随时间变化的关系。

时频分析的基本思想是：设计时间和频率的联合函数，用它同时描述信号在不同时间和频率的能量密度或强度。时间和频率的这种联合函数简称为时频分布。利用时频分布来分析信号，能给出各个时刻的瞬时频率及其幅值，并且能够进行时频滤波和时变信号研究。

由于傅里叶分析是一种全局的变换，要么完全在时间域，要么完全在频率域，因此无法表述信号的时频局部性质，而时频局部性质恰好是非平稳信号最基本和最关键的性质。为了分析和处理非平稳信号，在傅里叶分析理论基础上，提出并发展了一系列新的信号分析理论：短时傅里叶变换(Short Time Fourier Transform)、连续小波变换、Wigner-Ville 分布等。

随着现代测量技术的发展，对数字信号进行硬件采集、软件分析的现代测量仪器也飞速革新，将时频分析算法应用于频谱分析仪就可以实现信号的时频联合分析。

【例 10-30】跳频信号的短时傅里叶变换实现。

运行程序如下：

```
clf
clear
clc
sig1=amrect(300,50,100).*fmconst(300,0.1,50);
sig2=amrect(300,150,100).*fmconst(300,0.2,150);
sig3=amrect(300,250,100).*fmconst(300,0.3,250);
sig=sig1+sig2+sig3;
tfrstft(sig);
```

运行结果如图 10-37 所示：

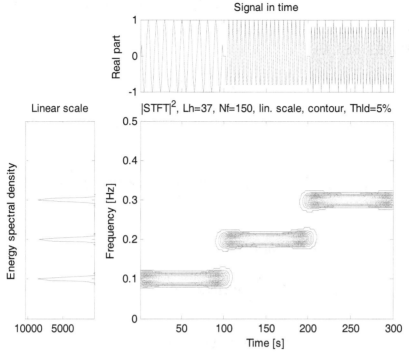

图 10-37　信号原始图、功率谱密度和短时傅里叶时频图

10.3.7　特殊变换方法

1. Chirp Z 变换

采用 FFT 可以算出全部 N 点 DFT 值，但有的时候不需要计算整个单位圆上 Z 变换的取样，如对于窄带信号，只需要对信号所在的一段频带进行分析，这时，希望频谱的采样集中在这一频带内，以获得较高的分辨率，而频带以外的部分可不考虑。

还有的时候对其他围线上的 Z 变换取样感兴趣，例如语音信号处理中，需要知道 Z 变换的极点所在频率，如极点位置离单位圆较远，则其单位圆上的频谱就很平滑。如果采样不是沿单位圆而是沿一条接近这些极点的弧线进行，则在极点所在频率上将出现明显的尖峰，由此可较准确地测定极点频率。

螺旋线采样是一种适合于这种需要的变换，且可以采用 FFT 来快速计算，这种变换也称作 Chirp Z 变换。令 $z_k = AW^{-k}$，则对称采样点 M 有：

$$\begin{cases} A = A_o e^{j\theta_0} \\ W = W_o e^{-j\varphi_0} \end{cases}$$

其中 A_o 表示起始取样点的半径长度，通常小于 1，W_o 螺旋线的伸展率，小于 1 时则线外伸，大于 1 时则线内缩(反时针)，等于 1 时则表示半径为 A_o 的一段圆弧。θ_0 表示起始取样点 z_0 的相角，φ_0 表示两相邻点之间的等分角。

序列的 Z 变换公式为：

$$X(z_k) = \sum_{n=0}^{N-1} x(n) z_k^{-n}$$

将 $z_k = AW^{-k}$ 代入可以得到：

$$X(z_k) = \sum_{n=0}^{N-1} x(n) A^{-n} W^{nk} = W^{\frac{k^2}{2}} \sum_{n=0}^{N-1} x(n) A^{-n} W^{\frac{n^2}{2}} W^{-\frac{(k-n)^2}{2}}$$

定义 $g(n) = x(n) A^{-n} W^{\frac{n^2}{2}}$，$h(n) = W^{-\frac{n^2}{2}}$，那么有：

$$X(z_k) = W^{\frac{k^2}{2}} \sum_{n=0}^{N-1} g(n) h(k-n)$$

$$= W^{\frac{k^2}{2}} g(k) * h(k) \qquad k = 0, 1, \cdots, M-1$$

以上运算转换为卷积形式，从而可采用 FFT 进行，这样可大大提高计算速度。系统的单位脉冲响应 $h(n) = W^{-\frac{n^2}{2}}$ 与频率随时间成线性增加的线性调频信号相似，因此称为 Chirp Z 变换。

【例 10-31】利用 Chirp Z 变换计算滤波器 h 在 120Hz~220Hz 的频率特性，并比较 CZT 和 FFT 函数。

运行程序如下：

```
h=fir1(30,125/500,boxcar(31));
Fs=1000;
f1=120;
f2=220;
m=1024;
w=exp(-j*2*pi*(f2-1)/(m*Fs));
a=exp(j*2*pi*f1/Fs);
y=fft(h,m);
z=czt(h,m,w,a);
fy=(0:length(y)-1)'*Fs/length(y);
fz=(0:length(z)-1)'*(f2-f1)/length(z)+f1;
subplot(2,1,1)
plot(fy(1:500),abs(y(1:500)));
title('fft');
```

```
subplot(2,1,2)
plot(fz,abs(z));
title('czt');
```

运行结果如图 10-38 所示：

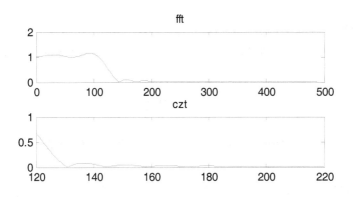

图 10-38　利用 Chirp Z 变换计算滤波器频率响应特性

2. 希尔伯特-黄变换

1998 年，美国华裔科学家 Huang 提出了一种新型的非线性非稳态信号处理方法：希尔伯特-黄变换(HHT)。HHT 方法从信号自身特征出发，用经验模态分解(EMD)方法把信号分解成一系列的本征模态函数(IMF)，然后对这些 IMF 分量进行 Hilbert 变换，从而得到时频平面上能量分布的 Hilbert 谱图，打破了测不准原理的限制，可以准确地表达信号在时频面上的各类信息。

传统的信号分析与处理都是建立在傅立叶分析的基础上的，它有三个基本的假设：线性、高斯性和平稳性，建立的是一种理想的模型。傅立叶分析在科学与技术的所有领域中发挥着十分重要的作用，但是它使用的是一种全局的变换，因此无法表述信号的时频局部性能，而这种性质恰恰是非平稳(时变)信号最根本和最关键的性质，因此就不适合用于分析非平稳信号。

现实生活中存在的自然或是人工的信号大多是非平稳信号，如语音信号、机械振动信号、心电信号、雷达信号及地震信号等。因此为了分析和处理非平稳(时变)信号，人们对傅立叶分析进行了推广乃至根本性的革命，提出并发展了一系列新的信号分析与处理理论，即非平稳(时变)信号分析与处理。

对任意的时间序列 $X(t)$，Hilbert 变换 $Y(t)$ 定义为：

$$Y(t) = \frac{1}{\pi} P \int_{-\infty}^{\infty} \frac{X(\tau)}{t-\tau} \mathrm{d}\tau$$

这里 P 表示柯西主值，变换对所有 L^p 类成立。根据这一定义，当 $X(t)$ 与 $Y(t)$ 形成一个复共轭时，就可得到一个解析信号：

$$Z(t) = X(t) + iY(t) = a(t)e^{i\theta(t)}$$

其中 $a(t) = \sqrt{X^2(t) + Y^2(t)}, \theta(t) = \arctan\left(\dfrac{Y(t)}{X(t)}\right)$。

　　这样，Hilbert 变换提供了一个独特的定义幅度与相位的函数。$X(t)$ 的局部特性为：它是一个幅度与相位变化的三角函数 $X(t)$ 的最好局部近似。在 Hilbert 变换中，用下式定义瞬时频率：

$$\omega = \frac{\mathrm{d}\theta(t)}{\mathrm{d}t}$$

　　希尔伯特变换能够方便地形成解析信号，在 MATLAB 中，Hilbert 函数进行希尔伯特变换。

　　【例 10-32】下面对余弦信号进行希尔伯特变换，并绘制实部与虚部随时间变换的曲线。

　　运行程序如下：

```
t = (0:1/1023:1);
x = cos(2*pi*60*t);
y = hilbert(x);
plot(t(1:50),real(y(1:50))), hold on
plot(t(1:50),imag(y(1:50)),':');
axis([0 0.05 -1.1 2]);
legend('Real Part','Imaginary Part','location','northeast')
```

　　运行结果如图 10-39 所示：

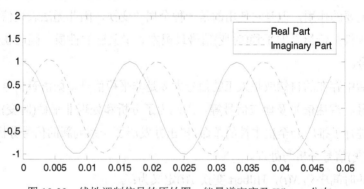

图 10-39　线性调制信号的原始图、能量谱密度及 Wigner 分布

10.4　本　章　小　结

　　本章介绍了 MATLAB 信号处理方面的基础知识，主要有离散时间系统及其实现，离散信号的基本运算，信号的积分变换，统计信号系统处理等内容。通过对本章的学习，读者可以对信号系统有一个初步的了解，接下来的两章将具体讲解 MATLAB 在数字信号处理中的应用以及参数建模。

第11章　数字信号处理

在科学技术迅速发展的今天，几乎所有的工程技术领域中都存在数字信号。对这些信号进行有效处理，以获取我们需要的信息，正有力地推动数字信号处理学科的发展。在分析过程中应用 MATLAB 软件获得直观的分析结果，将会使数字信号处理技术实用化，使原本复杂的数学运算简单化。

学习目标：
- 学会应用 IIR 滤波器设计。
- 学会应用 FIR 滤波器设计。

11.1　IIR 滤波器的设计

数字滤波器根据其冲击响应函数的时域特性分为两种，即无限长冲击响应(IIR)数字滤波器和有限长冲击响应(FIR)数字滤波器。实现 IIR 滤波器的阶次较低，可以用较少的阶数获得很高的选择特性，所用的存储单元较少，效率高，精度高，而且能够保留一些模拟滤波器的优良性能，因此应用很广。

11.1.1　IIR 滤波器优势

数字滤波技术是数字信号处理中的一个重要环节，滤波器的设计则是信号处理的核心问题之一。而数字滤波器是通过数字运算实现滤波具有处理精度高、稳定、灵活、不存在阻抗匹配问题，可以实现模拟滤波器无法实现的特殊滤波功能。

11.1.2　IIR 滤波器设计过程

IIR 滤波器的特征是，具有无限持续时间冲激响应。这种滤波器一般需要用递归模型来实现，因而有时也称之为递归滤波器。

FIR 滤波器的冲激响应只能延续一定时间，在工程实际中可以采用递归的方式实现，也可以采用非递归的方式实现。

数字滤波器的设计方法有多种，如双线性变换法、窗函数设计法、插值逼近法和Chebyshev 逼近法等。随着 MATLAB 软件尤其是 MATLAB 的信号处理工作箱的不断完善，不仅数字滤波器的计算机辅助设计有了可能，而且还可以使设计达到最优化。

数字滤波器设计的基本步骤如下：

1. 确定指标

在设计一个滤波器之前，必须首先根据工程实际的需要确定滤波器的技术指标。在很多实际应用中，数字滤波器常常被用来实现选频操作。因此，指标的形式一般在频域中给出幅度和相位响应。幅度指标主要以两种方式给出。

第一种是绝对指标。它提供对幅度响应函数的要求，一般应用于 FIR 滤波器的设计。第二种指标是相对指标。它以分贝值的形式给出要求。

在工程实际中，这种指标最受欢迎。对于相位响应指标形式，通常希望系统在通频带中具有线性相位。运用线性相位响应指标进行滤波器设计具有如下优点：

(1) 只包含实数算法，不涉及复数运算。

(2) 不存在延迟失真，只有固定数量的延迟。

(3) 长度为 N 的滤波器(阶数为 N-1)，计算量为 $N/2$ 数量级。因此，本文中滤波器的设计就以线性相位 FIR 滤波器的设计为例。

2. 逼近

确定了技术指标后，就可以建立一个目标的数字滤波器模型。通常采用理想的数字滤波器模型。之后，利用数字滤波器的设计方法，设计出一个实际滤波器模型来逼近给定的目标。

3. 性能分析和计算机仿真

上两步的结果是得到以差分或系统函数或冲激响应描述的滤波器。根据这个描述就可以分析其频率特性和相位特性，以验证设计结果是否满足指标要求；或者利用计算机仿真实现设计的滤波器，再分析滤波结果来判断。

11.1.3　经典法 IIR 滤波器设计

IIR 数字滤波器在设计上可以借助成熟的模拟滤波器的成果，如巴特沃思、切比雪夫和椭圆滤波器等，有现成的设计数据或图表可查，其设计工作量比较小，对计算工具的要求不高。在设计一个 IIR 数字滤波器时，我们根据指标先写出模拟滤波器的公式，然后通过一定的变换，将模拟滤波器的公式转换成数字滤波器的公式。下面介绍几个模拟滤波器模型。

1. 巴特沃斯(Butterworth)滤波器设计

巴特沃斯滤波器振幅平方函数为：

$$A(\Omega^2) = |H_a(j\Omega)|^2 = \frac{1}{1 + \left(\dfrac{j\Omega}{j\Omega_c}\right)^{2N}} = \frac{1}{1 + (\Omega/\Omega_c)^{2N}}$$

式中，N 为整数，称为滤波器的阶数，N 越大，通带和阻带的近似性越好，过渡带也越陡。

MATLAB 中提供的 buttap 函数用于计算 N 阶巴特沃斯归一化(3dB 截止频率 $\Omega_c=1$)模拟低通原型滤波器系统函数的零、极点和增益因子。其调用格式是：

[z,p,k]=buttap(N)

其中：N 是欲设计的低通原型滤波器的阶次，z、p 和 k 分别是设计出的 $G(p)$ 的极点、零点及增益。

在已知设计参数 W_p、W_s、R_p、R_s 之后，可利用 "buttord" 命令求出所需要的滤波器的阶数和 3dB 截止频率，其格式为：

[n，Wn]=buttord(Wp，Ws，Rp，Rs)

其中：(W_p，W_s，R_p，R_s)分别为通带截止频率、阻带起始频率、通带内波动、阻带内最小衰减。返回值 n 为滤波器的最低阶数，W_n 为 3dB 截止频率。

由巴特沃斯滤波器的阶数 n 以及 3dB 截止频率 W_n 可以计算出对应传递函数 H(z)的分子分母系数，MATLAB 提供的命令如下：

(1) 巴特沃斯低通滤波器系数计算：

[b，a]=butter(n,Wn)，其中 b 为 H(z)的分子多项式系数，a 为 H(z)的分母多项式系数。

(2) 巴特沃斯高通滤波器系数计算：

[b, a]=butter(n,Wn,'High')

(3) 巴特沃斯带通滤波器系数计算：

[b,a]=butter(n,[W1,W2])，其中[W1，W2]为截止频率，是二元向量，需要注意的是该函数返回的是 $2*n$ 阶滤波器系数。

(4) 巴特沃斯带阻滤波器系数计算：

[b，a]=butter(ceil(n/2)，[W1，W2]，'stop')，其中[W1，W2]为截止频率，是二元向量，需要注意的是该函数返回的也是 $2*n$ 阶滤波器系数。

【例 11-1】采样速率为 8000Hz，要求设计一个低通滤波器，$f_p=2100$Hz，$f_s=2500$Hz，$R_p=3$dB，$R_s=25$dB。

运行程序如下：

```
clear all
fn=8000;  fp=2100;  fs=2500;  Rp=3;  Rs=25;
Wp=fp/(fn/2);              %计算归一化角频率
Ws=fs/(fn/2);
[n,Wn]=buttord(Wp,Ws,Rp,Rs);
%计算阶数和截止频率
[b,a]=butter(n,Wn);
%计算 H(z)分子、分母多项式系数
```

```
[H,F]=freqz(b,a,1000,8000);
%计算 H(z)的幅频响应,freqz(b,a,计算点数,采样速率)
subplot(2,1,1)
plot(F,20*log10(abs(H)))
xlabel('频率 (Hz)'); ylabel('幅值(dB)')
title('低通滤波器')
axis([0 4000 -30 3]);
grid on
subplot(2,1,2)
pha=angle(H)*180/pi;
plot(F,pha);
xlabel('频率 (Hz)'); ylabel('相位')
grid on
```

运行结果如图 11-1 所示：

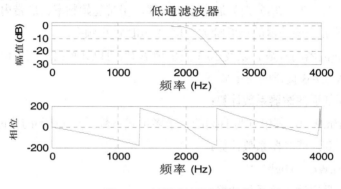

图 11-1   低通滤波器幅频特性

【例 11-2】采样速率为 8000Hz，要求设计一个高通滤波器，f_p =1000Hz，f_s =700Hz，R_p =3dB，R_s =20dB。

运行程序如下：

```
clear all
Wp=fp/(fn/2);                          %计算归一化角频率
Ws=fs/(fn/2);
[n,Wn]=buttord(Wp,Ws,Rp,Rs);
%计算阶数和截止频率
[b,a]=butter(n,Wn,'high');
%计算 H(z)分子、分母多项式系数
[H,F]=freqz(b,a,1000,8000);
%计算 H(z)的幅频响应,freqz(b,a,计算点数,采样速率)
subplot(2,1,1)
plot(F,20*log10(abs(H)))
axis([0 4000 -30 3])
xlabel('频率 (Hz)'); ylabel('幅值(dB)')
title('高通滤波器')
```

```
grid on
subplot(2,1,2)
pha=angle(H)*180/pi;
plot(F,pha)
xlabel('频率 (Hz)'); ylabel('相位')
grid on
```

运行结果如图 11-2 所示：

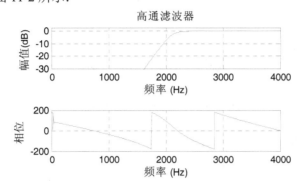

图 11-2　高通滤波器幅相频特性

【例 11-3】采样速率为 10000Hz，要求设计一个带通滤波器，f_p=[1000Hz，1500Hz]，f_s=[600Hz，1900Hz]，R_p=3dB，R_s=20dB。

运行程序如下：

```
fn=10000;   fp=[1000,1500];   fs=[600,1900];   Rp=3;   Rs=20;
Wp=fp/(fn/2);
%计算归一化角频率
Ws=fs/(fn/2);
[n,Wn]=buttord(Wp,Ws,Rp,Rs);
%计算阶数和截止频率
[b,a]=butter(n,Wn);
%计算 H(z)分子、分母多项式系数
[H,F]=freqz(b,a,1000,10000);
%计算 H(z)的幅频响应,freqz(b,a,计算点数,采样速率)
subplot(2,1,1)
plot(F,20*log10(abs(H)))
axis([0 5000 -30 3])
xlabel('频率 (Hz)'); ylabel('幅值(dB)')
title('带通滤波器')
grid on
subplot(2,1,2)
pha=angle(H)*180/pi;
plot(F,pha)
xlabel('频率 (Hz)'); ylabel('相位')
```

grid on

运行结果如图 11-3 所示：

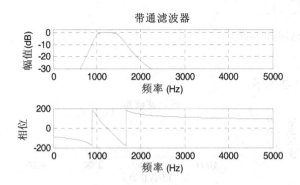

图 11-3　带通滤波器幅相频特性

【**例 11-4**】采样速率为 10000Hz，要求设计一个带阻滤波器，f_p =[1000Hz，1500Hz]，f_s =[1200Hz，1300Hz]，R_p =3dB，R_s =30dB。

运行程序如下：

```
fn=10000;  fp=[1000,1500];  fs=[1200,1300];  Rp=3;  Rs=30;
Wp=fp/(fn/2);
%计算归一化角频率
Ws=fs/(fn/2);
[n,Wn]=buttord(Wp,Ws,Rp,Rs);
%计算阶数和截止频率
[b,a]=butter(n,Wn,'stop');
%计算 H(z)分子、分母多项式系数
[H,F]=freqz(b,a,1000,10000);
%计算 H(z)的幅频响应,freqz(b,a,计算点数,采样速率)
subplot(2,1,1)
plot(F,20*log10(abs(H)))
axis([0 5000 -35 3])
xlabel('频率 (Hz)'); ylabel('幅值(dB)')
title('带阻滤波器')
grid on
subplot(2,1,2)
pha=angle(H)*180/pi;
plot(F,pha)
xlabel('频率 (Hz)'); ylabel('相位')
grid on
```

运行结果如图 11-4 所示：

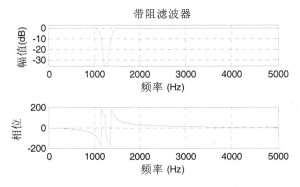

图 11-4　带阻滤波器幅相频特性

使用 MATLAB 中的函数"iircomb"可以设计出峰值或谷值滤波器 H(z)的分子分母多项式系数，其格式为：

[num,den]=iircomb(n,bw,ab,'type')

其中：num、den 分别为 H(z)的分子、分母系数；*n* 为梳状滤波器阶数，在数字归一化频率 0~2pi 区间梳状滤波器开槽数等于 *n*+1；bw 为滤波器开槽的 *ab* dB 带宽，默认 ab=-3dB；type 可以是"notch"或"peak"，notch 为开槽性梳状滤波器，peak 为峰值性梳状滤波器。

【例 11-5】在采样频率为 8000Hz 的条件下设计一个在 500Hz、1000Hz、2000Hz、……、*n*×500Hz 的地方开槽的陷波，陷波带宽(-3dB 处)为 60Hz。

运行程序如下：

```
Fs=8000;                    %采样速率
Ts=1/Fs;
f0=500;                     %开槽基频率
bw=60/(Fs/2);               %归一化开槽带宽
ab=-3;                      %开槽带宽位置处的衰减
n=Fs/f0;                    %计算滤波器阶数
[num,den]=iircomb(n,bw,ab,'notch');
%计算 H(z)分子分母多项式系数
[H,F]=freqz(num,den,2000,8000);
%计算滤波器的幅频响应
subplot(2,1,1)
plot(F,20*log10(abs(H)))
axis([0 5000 -35 3])
xlabel('频率 (Hz)');
ylabel('幅值(dB)')
title('梳状滤波器')
grid on
subplot(2,1,2)
pha=angle(H)*180/pi;
plot(F,pha)
```

xlabel('频率 (Hz)'); ylabel('相位')

grid on

运行结果如图 11-5 所示：

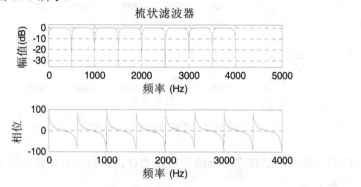

图 11-5　梳状滤波器幅相频特性

【例 11-6】设计一个模拟巴特沃斯低通滤波器，它在 30rad/s 处具有 1dB 或更好的波动，在 50rad/s 处具有至少 30dB 的衰减。求出级联形式的系统函数，画出滤波器的幅度响应、对数幅度响应、相位响应和脉冲响应图。

运行程序如下：

```
Wp=30;Ws=50;Rp=1;As=30;
%技术指标
Ripple=10^(-Rp/20);
Attn=10^(-As/20);
[b,a]=afd_butt(Wp,Ws,Rp,As)
%巴特沃斯低通滤波器
[C,B,A]=sdir2cas(b,a)
%计算二阶节系数，级联型实现
[db,mag,pha,w]=freqs_m(b,a,50);
%计算幅频响应
[ha,x,t]=impulse(b,a);
%计算模拟滤波器的单位脉冲响应
figure(1);clf;
subplot(1,2,1);plot(w,mag);title('幅值响应');
xlabel('模拟频率(rad/s)');
ylabel('幅度');
axis([0,50,0,1.1])
set(gca,'XTickMode','manual','XTick',[0,30,40,50]);
set(gca,'YTickMode','manual','YTick',[0,Attn,Ripple,1]);
grid
subplot(1,2,2);plot(w,db);title('幅度(dB)');
xlabel('模拟频率(rad/s)');
ylabel('分贝数');
axis([0,50,-40,5])
```

```
set(gca,'XTickMode','manual','XTick',[0,30,40,50]);
set(gca,'YTickMode','manual','YTick',[-40,-As,-Rp,0]);
grid
figure
subplot(1,2,1);plot(w,pha/pi);
title('相位响应');
xlabel('模拟频率(rad/s)');
ylabel('弧度');
axis([0,50,-1.1,1.1])
set(gca,'XTickMode','manual','XTick',[0,30,40,50]);
set(gca,'YTickMode','manual','YTick',[-1,-0.5,0,0.5,1]);
grid
subplot(1,2,2);plot(t,ha);
title('脉冲响应');
xlabel('时间(s)');
ylabel('ha(t)');
axis([0,max(t)+0.05,min(ha),max(ha)+0.025]);
set(gca,'XTickMode','manual','XTick',[0,0.1,max(t)]);
set(gca,'YTickMode','manual','YTick',[0,0.1,max(ha)]);
grid
%巴特沃斯模拟滤波器的设计子程序
function[b,a]=afd_butt(Wp,Ws,Rp,As);
if Wp<=0
    error('Passband edge must be larger than 0')
end
if Ws<=Wp
    error('Stopband edge must be larger than Passed edge')
end
if (Rp<=0)|(As<0)
    error('PB ripple and /0r SB attenuation must be larger than 0')
end
N=ceil((log10((10^(Rp/10)-1)/(10^(As/10)-1)))/(2*log10(Wp/Ws)));
OmegaC=Wp/((10^(Rp/10)-1)^(1/(2*N)));
[b,a]=u_buttap(N,OmegaC);
%设计非归一化巴特沃斯模拟低通滤波器原型子程序
function [b,a]=u_buttap(N,OmegaC);
[z,p,k]=buttap(N);
p=p*OmegaC;
k=k*OmegaC^N;
B=real(poly(z));
b0=k;
b=k*B;
a=real(poly(p));
%计算系统函数的幅度响应和相位响应子程序
```

```matlab
function [db,mag,pha,w]=freqs_m(b,a,wmax);
w=[0:1:500]*wmax/500;
H=freqs(b,a,w);
mag=abs(H);
db=20*log10((mag+eps)/max(mag));
pha=angle(H);
%直接形式转换成级联形式子程序
function [C,B,A]=sdir2cas(b,a);
Na=length(a)-1;Nb=length(b)-1;
b0=b(1);b=b/b0;
a0=a(1);a=a/a0;
C=b0/a0;
p=cplxpair(roots(a));K=floor(Na/2);
if K*2==Na
    A=zeros(K,3);
    for n=1:2:Na
        Arow=p(n:1:n+1,:);Arow=poly(Arow);
        A(fix((n+1)/2),:)=real(Arow);
    end
elseif Na==1
    A=[0 real(poly(p))];
else
    A=zeros(K+1,3);
    for n=1:2:2*K
        Arow=p(n:1:n+1,:);Arow=poly(Arow);
        A(fix((n+1)/2),:)=real(Arow);
    end
    A(K+1,:)=[0 real(poly(p(Na)))];
end
z=cplxpair(roots(b));K=floor(Nb/2);
if Nb==0
    B=[0 0 poly(z)];
elseif K*2==Nb
    B=zeros(K,3);
    for n=1:2:Nb
        Brow=z(n:1:n+1,:);Brow=poly(Brow);
        B(fix((n+1)/2),:)=real(Brow);
    end
elseif Nb==1
    B=[0 real(poly(z))];
else
    B=zeros(K+1,3);
    for n=1:2:2*K
        Brow=z(n:1:n+1,:);Brow=poly(Brow);
```

```
            B(fix((n+1)/2),:)=real(Brow);
        end
        B(K+1,:)=[0 real(poly(z(Nb)))];
    end
end
```

运行结果如图 11-6 和图 11-7 所示：

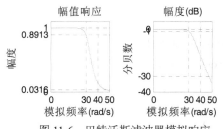

图 11-6　巴特沃斯滤波器模拟响应

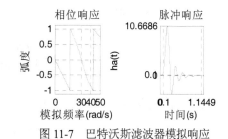

图 11-7　巴特沃斯滤波器模拟响应

输出结果如下：

b =

　3.8682e+13

a =

　1.0e+13 *

　0.0000　　0.0000　　0.0000　　0.0000　　0.0000　　0.0001　　0.0036　　0.0613　　0.6888

　3.8682

C =

　3.8682e+13

B =

　0　　　0　　　1

A =

　1.0e+03 *

　0.0010　　0.0608　　1.0458

　0.0010　　0.0495　　1.0458

　0.0010　　0.0323　　1.0458

　0.0010　　0.0112　　1.0458

　0　　　0.0010　　0.0323

2. 切比雪夫(Chebyshev)滤波器设计

巴特沃斯滤波器在通带内幅度特性是单调下降的，如果阶次一定，则在靠近截止 Ω_c 处，幅度下降很多，或者说，为了使通带内的衰减足够小，需要的阶次 N 很高，为了克服这一缺点，常采用切比雪夫多项式来逼近所希望的 $|H(j\Omega)|^2$。切比雪夫滤波器的 $|H(j\Omega)|^2$ 在通带范围内是等幅起伏的，所以在同样的通常内衰减要求下，其阶数较巴特沃斯滤波器要小。

切比雪夫滤波器的振幅平方函数为：

$$A(\Omega^2) = |H_a(j\Omega)|^2 = \frac{1}{1 + \varepsilon^2 V_N\left(\dfrac{\Omega}{\Omega_c}\right)}$$

式中 Ω_c 为有效通带截止频率，ε 是与通带波纹有关的参量，ε 大，波纹大，$0 < \varepsilon < 1$；V_N 为 N 阶切比雪夫多项式。

$$V_N(x) = \begin{cases} \cos(N\arccos x)\,, & |x| \leqslant 1 \\ \cosh(N\arcosh x)\,, & |x| > 1 \end{cases}$$

切比雪夫滤波器 II 的振幅平方函数为：

$$|H(j\Omega)|^2 = \frac{1}{1 + \varepsilon^2 T_N^2\left(\dfrac{\Omega}{\Omega_c}\right)^{-1}}$$

MATLAB 提供了 cheblap 函数设计切比雪夫 I 型低通滤波器。cheblap 的语法为：

[z,p,k]=cheblap(n,rp)

其中 n 为滤波器的阶数，rp 为通带的幅度误差。返回值分别为滤波器的零点、极点和增益。

【例 11-7】设计一个低通切比雪夫 I 型模拟滤波器，满足：通带截止频率 $\Omega_p = 0.2\pi\,\mathrm{rad/s}$，通带波动 $\delta = 1\mathrm{dB}$，阻带截止频率 $\Omega_r = 0.3\pi\,\mathrm{rad/s}$，阻带衰减 $A_r = 16\mathrm{dB}$。

程序代码如下：

```
Omegap=0.2*pi;Omegar=0.3*pi;Dt=1;Ar=16;
%技术指标
[b,a]=afd_chb1(Omegap,Omegar,Dt,Ar);
%切比雪夫 I 型模拟低通滤波器
[C,B,A]=sdir2cas(b,a)
%级联形式
[db,mag,pha,w]=freqs_m(b,a,pi);
%计算幅频响应
[ha,x,t]=impulse(b,a);
%计算模拟滤波器的单位脉冲响应
subplot(221);plot(w/pi,mag);
title('幅度响应|Ha(j\Omega)|');
grid on
subplot(222);plot(w/pi,db);
title('幅度响应(dB)');
grid on
subplot(223);plot(w/pi,pha/pi);
title('相位响应');
```

```
axis([0,1,-1,1]);
grid on
subplot(224);plot(t,ha);
title('单位脉冲响应 ha(t)');
axis([0,max(t),min(ha),max(ha)]);
grid on
%切比雪夫Ⅰ型模拟滤波器的设计子程序
function [b,a]=afd_chb1(Omegap,Omegar,Dt,Ar);
if Omegap<=0
    error('通带边缘必须大于 0')
end
if Omegar<=Omegap
    error('阻带边缘必须大于通带边缘')
end
if (Dt<=0)|(Ar<0)
    error('通带波动或阻带衰减必须大于 0')
end
ep=sqrt(10^(Dt/10)-1);
A=10^(Ar/20);
OmegaC=Omegap;
OmegaR=Omegar/Omegap;
g=sqrt(A*A-1)/ep;
N=ceil(log10(g+sqrt(g*g-1))/log10(OmegaR+sqrt(OmegaR*OmegaR-1)));
fprintf('\n***切比雪夫Ⅰ型模拟低通滤波器阶次=%2.0f\n',N);
[b,a]=u_chblap(N,Dt,OmegaC);
%设计非归一化切比雪夫Ⅰ型模拟低通滤波器原型子程序
function [b,a]=u_chblap(N,Dt,OmegaC);
[z,p,k]=cheb1ap(N,Dt);
a=real(poly(p));
aNn=a(N+1);
p=p*OmegaC;
a=real(poly(p));
aNu=a(N+1);
k=k*aNu/aNn;
b0=k;
B=real(poly(z));
b=k*B;
```

运行结果如下:

```
***切比雪夫Ⅰ型模拟低通滤波器阶次= 4
C =
    0.0383
B =
    0    0    1
```

A =
　　1.0000　　0.4233　　0.1103
　　1.0000　　0.1753　　0.3895

运行结果效果图如图 11-8 所示：

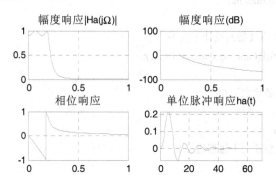

图 11-8　低通切比雪夫 I 型模拟滤波器

MATLAB 提供了 cheb2ap 函数设计切比雪夫 II 型低通滤波器。cheb2ap 的语法为：

[z,p,k]=cheb2ap(n,rp)

其中 n 为滤波器的阶数，Rp 为通带的波动。返回值 z、p、k 分别为滤波器的零点、极点和增益。

【例 11-8】设计一个低通切比雪夫 II 型模拟滤波器，满足：通带截止频率 $\Omega_p = 0.2\pi \text{rad}/\text{s}$，通带波动 $\delta = 1\text{dB}$，阻带截止频率 $\Omega_r = 0.3\pi \text{rad}/\text{s}$，阻带衰减 $A_r = 16\text{dB}$。

程序代码如下：

```
Omegap=0.2*pi;Omegar=0.3*pi;Dt=1;Ar=16;
%技术指标
[b,a]=afd_chb2(Omegap,Omegar,Dt,Ar);
%切比雪夫 II 型模拟低通滤波器
[C,B,A]=sdir2cas(b,a)
%级联形式
[db,mag,pha,w]=freqs_m(b,a,pi);
%计算幅频响应
[ha,x,t]=impulse(b,a);
%计算模拟滤波器的单位脉冲响应
subplot(221);plot(w/pi,mag);title('幅度响应|Ha(j\Omega)|');
grid on
subplot(222);plot(w/pi,db);title('幅度响应(dB)');
grid on
subplot(223);plot(w/pi,pha/pi);title('相位响应');
axis([0,1,-1,1]);
grid on
subplot(224);plot(t,ha);title('单位脉冲响应 ha(t)');
```

```
axis([0,max(t),min(ha),max(ha)]);
grid on
%切比雪夫Ⅱ型模拟滤波器的设计子程序
function [b,a]=afd_chb2(Omegap,Omegar,Dt,Ar);
if Omegap<=0
    error('通带边缘必须大于 0')
end
if Omegar<=Omegap
    error('阻带边缘必须大于通带边缘')
end
if (Dt<=0)|(Ar<0)
    error('通带波动或阻带衰减必须大于 0')
end
ep=sqrt(10^(Dt/10)-1);
A=10^(Ar/20);
OmegaC=Omegap;
OmegaR=Omegar/Omegap;
g=sqrt(A*A-1)/ep;
N=ceil(log10(g+sqrt(g*g-1))/log10(OmegaR+sqrt(OmegaR*OmegaR-1)));
fprintf('\n***切比雪夫Ⅱ型模拟低通滤波器阶次=%2.0f\n',N);
[b,a]=u_chb2ap(N,Ar,OmegaC);
%设计非归一化切比雪夫Ⅱ型模拟低通滤波器原型子程序
function [b,a]=u_chb2ap(N,Ar,OmegaC);
[z,p,k]=cheb2ap(N,Ar);
a=real(poly(p));
aNn=a(N+1);
p=p*OmegaC;
a=real(poly(p));
aNu=a(N+1);
k=k*aNu/aNn;
b0=k;
B=real(poly(z));
b=k*B;
```

运行结果如下：

　　***切比雪夫Ⅱ型模拟低通滤波器阶次= 4

```
C =
    0.0247
B =
    1.0000         0    6.8284
    1.0000         0    1.1716
A =
    1.0000    1.3014    0.6554
    1.0000    0.2480    0.3015
```

运行结果效果图如图 11-9 所示：

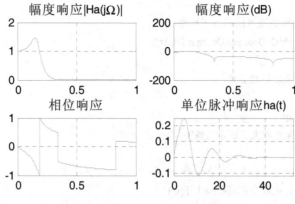

图 11-9　低通切比雪夫 II 型模拟滤波器

3. 椭圆滤波器(考尔滤波器)设计

椭圆滤波器(Elliptic Filter)又称考尔滤波器(Cauer Filter)，是在通带和阻带等波纹的一种滤波器。椭圆滤波器相比其他类型的滤波器，在阶数相同的条件下有着最小的通带和阻带波动。它在通带和阻带的波动相同，这一点区别于在通带和阻带都平坦的巴特沃斯滤波器，以及通带平坦、阻带等波纹或是阻带平坦、通带等波纹的切比雪夫滤波器。

椭圆滤波器振幅平方函数为：

$$A(\Omega^2) = \left| H_a(j\Omega) \right|^2 = \frac{1}{1 + \varepsilon^2 R_N^2(\Omega, L)}$$

其中：$R_N(\Omega, L)$ 为雅可比椭圆函数，L 为一个表示波纹性质的参量。

特点：

(1) 椭圆低通滤波器是一种零、极点型滤波器，它在有限频率范围内存在传输零点和极点。

(2) 椭圆低通滤波器的通带和阻带都具有等波纹特性，因此通带、阻带逼近特性良好。

(3) 对于同样的性能要求，它比前两种滤波器所需用的阶数都低，而且它的过渡带比较窄。

MATLAB 实现：

```
    function [b,a]=afd_elip(Wp,Ws,Rp,As)
%椭圆模拟低通滤波器设计
% [b,a]=afd_elip(Wp,Ws,Rp,As);
% b = Ha(s)
% a = Ha(s)
% Wp = 通带频率  rad/sec; Wp > 0
% Ws = 阻带频率  rad/sec; Ws > Wp > 0
% Rp = 通带中的振幅波动  +dB; (Rp > 0)
% As = 阻带衰减  +dB; (As > 0)
if Wp<=0
```

```
        error('Passband edge must be larger than 0')
end
if Ws<=Wp
        error('Stopband edge must be larger than Passband edge')
end
if (Rp<=0)|(As<0)
        error('PB ripple and /or SB attenuation must be larger than 0')
end
ep=sqrt(10^(Rp/10)-1);
A=10^(As/20);
OmegaC=Wp;
k=Wp/Ws;
k1=ep/sqrt(A*A-1);
capk=ellipke([k.^2 1-k.^2]);
capk1=ellipke([(k1.^2) 1-(k1.^2)]);
N=ceil(capk(1)*capk1(2)/(capk(2)*capk1(1)));
fprintf('\n*** Elliptic Filter Order = %2.0f \n',N)
[b,a]=u_elipap(N,Rp,As,OmegaC);
```

另外，MATLAB 的信号处理工具箱提供了设计椭圆滤波器的函数：ellipord 函数和 ellip 函数。

ellipord 函数的功能是求滤波器的最小阶数，其调用格式为：

[n,Wp]=ellipord(Wp,Ws,Rp,Rs)

其中，n——椭圆滤波器最小阶数；

Wp——椭圆滤波器通带截止角频率；

Ws——椭圆滤波器阻带起始角频率；

Rp——通带波纹(dB)；

Rs——阻带最小衰减(dB)。

ellip 函数的功能是用来设计椭圆滤波器，其调用格式：

[b,a]=ellip(n,Rp,Rs,Wp)

[b,a]=ellip(n,Rp,Rs,Wp,'ftype')

返回长度为 n+1 的滤波器系数行向量 b 和 a。

【例 11-9】调用信号产生函数 mstg 产生由三路抑制载波调幅信号相加构成的复合信号 st，该函数还会自动绘图显示 st 的时域波形和幅频特性曲线，三路信号时域混叠无法在时域分离。但频域是分离的，所以可以通过滤波的方法在频域分离。

要求将 st 中三路调幅信号分离，通过观察 st 的幅频特性曲线，分别确定可以分离 st 中三路抑制载波单频调幅信号的三个滤波器(低通滤波器、带通滤波器、高通滤波器)的通带截止频率和阻带截止频率。要求滤波器的通带最大衰减为 0.1dB，阻带最小衰减为 60dB。

程序代码如下：

```
function myplot(B,A)
```

```
%计算时域离散系统损耗函数并绘图
[H,W]=freqz(B,A,1000);
m=abs(H);
plot(W/pi,20*log10(m/max(m)));grid on;
xlabel('\omega/\pi');ylabel('幅度(db)');
axis([0,1,-80,5]);title('损耗函数曲线');
function tplot(xn,T,yn)
%时域序列连续曲线绘图
%xn:信号数据序列；yn:绘图信号的纵坐标名称
n=0:length(xn)-1;t=n*T;
plot(t,xn);
xlabel('t/s');ylabel(yn);
axis([0,t(end),min(xn),1.2*max(xn)]);
function st=mstg
%产生信号序列向量 st，并显示 st 的时域波形和频谱
%st=mstg 返回三路调幅信号相加形成的混合信号，长度 N=1600
N=1600
%N 为信号 st 的长度。
Fs=10000;T=1/Fs;Tp=N*T;
%采样频率 Fs=10kHz，Tp 为采样时间
t=0:T:(N-1)*T;k=0:N-1;f=k/Tp;
fc1=Fs/10;                          %第 1 路调幅信号的载波频率 fc1=1000Hz
fm1=fc1/10;                         %第 1 路调幅信号的调制信号频率 fm1=100Hz
fc2=Fs/20;                          %第 2 路调幅信号的载波频率 fc2=500Hz
fm2=fc2/10;                         %第 2 路调幅信号的调制信号频率 fm2=50Hz
fc3=Fs/40;                          %第 3 路调幅信号的载波频率 fc3=250Hz
fm3=fc3/10;                         %第 3 路调幅信号的调制信号频率 fm3=25Hz
xt1=cos(2*pi*fm1*t).*cos(2*pi*fc1*t);   %产生第 1 路调幅信号
xt2=cos(2*pi*fm2*t).*cos(2*pi*fc2*t);   %产生第 2 路调幅信号
xt3=cos(2*pi*fm3*t).*cos(2*pi*fc3*t);   %产生第 3 路调幅信号
st=xt1+xt2+xt3;                     %三路调幅信号相加
fxt=fft(st,N);                      %计算信号 st 的频谱
%以下为绘图部分，绘制 st 的时域波形和幅频特性曲线
subplot(2,1,1)
plot(t,st);grid;xlabel('t/s');ylabel('s(t)');
axis([0,Tp/8,min(st),max(st)]);title('(a) s(t)的波形')
subplot(2,1,2)
stem(f,abs(fxt)/max(abs(fxt)),'.');grid;title('(b) s(t)的频谱')
axis([0,Fs/5,0,1.2]);
xlabel('f/Hz');ylabel('幅度')
% IIR 数字滤波器设计及软件实现
clear all;
close all
Fs=10000;T=1/Fs;
```

```
%采样频率
%调用信号产生函数 mstg 产生由三路抑制载波调幅信号相加构成的复合信号 st
st=mstg;
%低通滤波器设计与实现
fp=280;fs=450;
wp=2*fp/Fs;ws=2*fs/Fs;rp=0.1;rs=60;
%DF 指标(低通滤波器的通、阻带边界频)
[N,wp]=ellipord(wp,ws,rp,rs);
%调用 ellipord 计算椭圆 DF 阶数 N 和通带截止频率 wp
[B,A]=ellip(N,rp,rs,wp);
%调用 ellip 计算椭圆带通 DF 系统函数系数向量 B 和 A
y1t=filter(B,A,st);
%滤波器软件实现
%  低通滤波器设计与实现绘图部分
figure(2);subplot(2,1,1);
myplot(B,A);
%调用绘图函数 myplot 绘制损耗函数曲线
yt='y_1(t)';
subplot(2,1,2);tplot(y1t,T,yt);
%调用绘图函数 tplot 绘制滤波器输出波形
%带通滤波器设计与实现
fpl=440;fpu=560;fsl=275;fsu=900;
wp=[2*fpl/Fs,2*fpu/Fs];ws=[2*fsl/Fs,2*fsu/Fs];rp=0.1;rs=60;
[N,wp]=ellipord(wp,ws,rp,rs);
%调用 ellipord 计算椭圆 DF 阶数 N 和通带截止频率 wp
[B,A]=ellip(N,rp,rs,wp);
%调用 ellip 计算椭圆带通 DF 系统函数系数向量 B 和 A
y2t=filter(B,A,st);
%滤波器软件实现
figure(3);
subplot(2,1,1);myplot(B,A);
subplot(2,1,2);yt='y_2(t)';tplot(y2t,T,yt);
%高通滤波器设计与实现
fp=890;fs=600;
wp=2*fp/Fs;ws=2*fs/Fs;rp=0.1;rs=60;
%DF 指标(低通滤波器的通、阻带边界频)
[N,wp]=ellipord(wp,ws,rp,rs);
%调用 ellipord 计算椭圆 DF 阶数 N 和通带截止频率 wp
[B,A]=ellip(N,rp,rs,wp,'high');
%调用 ellip 计算椭圆带通 DF 系统函数系数向量 B 和 A
y3t=filter(B,A,st);
%滤波器软件实现
figure(4);
subplot(2,1,1);myplot(B,A);
```

subplot(2,1,2);yt='y_3(t)';tplot(y3t,T,yt);

实验结果如图 11-10～图 11-13 所示：

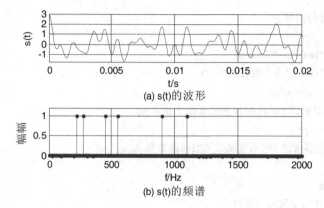

(a) s(t)的波形

(b) s(t)的频谱

图 11-10　三路调幅信号的载波频率和调制信号频率

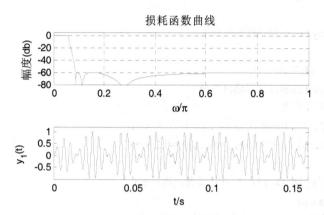

图 11-11　低通滤波器损耗函数及其分离出的调幅信号 y1(t)

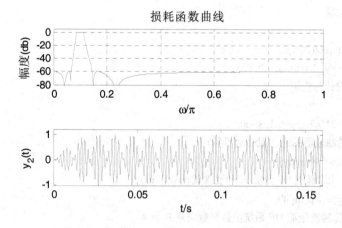

图 11-12　带通滤波器损耗函数及其分离出的调幅信号 y2(t)

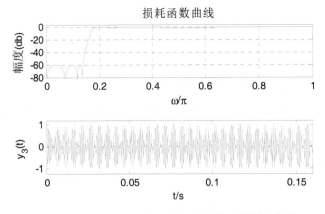

图 11-13 高通滤波器损耗函数及其分离出的调幅信号 y3(t)

11.1.4 双线性变换法 IIR 滤波器设计

脉冲响应不变法的主要缺点是频谱交叠产生的混淆，这是从 S 平面到 Z 平面的标准变换 $Z = e^{sT}$ 的多值对应关系导致的，为了克服这一缺点，设想变换分为两步：

第一步：将整个 S 平面压缩到 $S1$ 平面的一条横带里；

第二步：通过标准变换关系将此横带变换到整个 Z 平面上去。

由此建立 S 平面与 Z 平面一一对应的单值关系，消除多值性，也就消除了混淆现象。

基本思想：将非带限的模拟滤波器映射为最高频率为 π/T 的带限模拟滤波器。

为了将 S 平面的 $j\Omega$ 轴压缩到 S_1 平面 $j\Omega$ 轴上的 $-\dfrac{\pi}{T} \sim \dfrac{\pi}{T}$ 段上，可通过以下的正切变换

实现：

$$\omega = \frac{2}{T}\tan(\frac{\Omega}{2})$$

S 平面到 Z 平面的映射关系为：

$$j\omega = j\frac{2}{T}\tan(\frac{\Omega}{2}) = j\frac{2}{T}\frac{\sin(\frac{\Omega}{2})}{\cos(\frac{\Omega}{2})} = \frac{2}{T}\frac{e^{j\frac{\Omega}{2}} - e^{-j\frac{\Omega}{2}}}{e^{j\frac{\Omega}{2}} + e^{-j\frac{\Omega}{2}}} = \frac{2}{T}\frac{1 - e^{-j\Omega}}{1 + e^{-j\Omega}}$$

将 $s = j\Omega, z = e^{j\omega}$ 代入上式，得到单值映射关系为：

$$s = \frac{2}{T}\frac{1 - z^{-1}}{1 + z^{-1}}, z = \frac{2/T + s}{2/T - s}$$

双线性变换法的主要优点是不存在频谱混迭。由于 S 平面与 Z 平面一一单值对应，S 平面的虚轴(整个 $j\Omega$)对应于 Z 平面单位圆的一周，S 平面的 $\Omega = 0$ 对应于 Z 平面的 $\omega = 0$，$\Omega = \infty$ 对应 $\omega \to \pi$，即数字滤波器的频率响应终止于折迭频率处，所以双线性变换不存在频谱混迭效应。

双线性变换法设计 DF 的步骤如下：

(1) 将数字滤波器的频率指标{Wk}转换为模拟滤波器的频率指标{wk}。

(2) 由模拟滤波器的指标设计模拟滤波器的 $H(s)$。

(3) 利用双线性变换法，将 $H(s)$ 转换 $H(z)$。

【例 11-10】利用巴特沃思模拟滤波器，通过双线性变换法设计数字带阻滤波器，数字滤波器的技术指标为：

$$0.90 \leqslant \left| H(e^{j\omega}) \right| \leqslant 1.0, 0 \leqslant |\omega| \leqslant 0.25\pi$$

$$\left| H(e^{j\omega}) \right| \leqslant 0.18, 0.35\pi \leqslant |\omega| \leqslant 0.75\pi$$

$$0.90 \leqslant \left| H(e^{j\omega}) \right| \leqslant 1.0, 0.75 \leqslant |\omega| \leqslant \pi$$

采样周期为 T=1。

运行程序如下：

```
T=1;                                    %设置采样周期为 1
fs=1/T;                                 %采样频率为周期倒数
wp=[0.25*pi,0.75*pi];
ws=[0.35*pi,0.65*pi];
 Wp=(2/T)*tan(wp/2);
Ws=(2/T)*tan(ws/2);                     %设置归一化通带和阻带截止频率
Ap=20*log10(1/0.9);
As=20*log10(1/0.18);
%设置通带最大和最小衰减
[N,Wc]=buttord(Wp,Ws,Ap,As,'s');
%调用 butter 函数确定巴特沃斯滤波器阶数
[B,A]=butter(N,Wc, 'stop','s');
%调用 butter 函数设计巴特沃斯滤波器
W=linspace(0,2*pi,400*pi);
%指定一段频率值
hf=freqs(B,A,W);
%计算模拟滤波器的幅频响应
subplot(2,1,1);
plot(W/pi,abs(hf));
%绘出巴特沃斯模拟滤波器的幅频特性曲线
grid on;
title('巴特沃斯模拟滤波器');
xlabel('Frequency/Hz');
ylabel('Magnitude');
[D,C]=bilinear(B,A,fs);
%调用双线性变换法
Hz=freqz(D,C,W);
```

```
%返回频率响应
subplot(2,1,2);
plot(W/pi,abs(Hz));
%绘出巴特沃斯数字带阻滤波器的幅频特性曲线
grid on;
title('巴特沃斯数字滤波器');
xlabel('Frequency/Hz');
ylabel('Magnitude');
```

运行结果如图 11-14 所示：

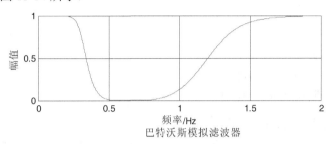

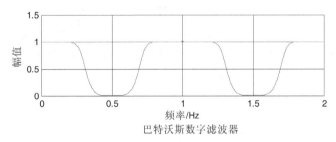

图 11-14　双线性变换法设计数字带阻滤波器

【例 11-11】设计低通数字滤波器，要求在通带内频带低于 0.3πrad 时，允许幅度误差在 1dB 以内，在频率 0.4πrad ~ πrad 之间的阻带衰减大于 18dB。用双线性变换法设计数字滤波器，T=1，模拟滤波器采用巴特沃兹滤波器原型。

实验运行程序如下：

```
Wp=0.3*pi;Wr=0.4*pi;Ap=1;Ar=18;T=1;
Omegap=(2/T)*tan(Wp/2);Omegar=(2/T)*tan(Wr/2);
[cs,ds]=afd_butt(Omegap,Omegar,Ap,Ar)
[C,B,A]=sdir2cas(cs,ds);
[db,mag,pha,Omega]=freqs_m(cs,ds,pi);
subplot(234);plot(Omega/pi,mag);
title('模拟滤波器幅度响应|Ha(j\Omega)|');
grid on
[b,a]=bilinear(cs,ds,T);
% 双线性变换法设计
[h,n]=impz(b,a);
[C,B,A]=dir2cas(b,a)
```

```
[db,mag,pha,grd,w]=freqz_m(b,a);
subplot(231);plot(w/pi,mag);
title('数字滤波器幅度响应|Ha(j\Omega)|');
grid on
subplot(232);plot(w/pi,db);
title('数字滤波器幅度响应(dB)');
grid on
subplot(233);plot(w/pi,pha/pi);
title('数字滤波器相位响应');
subplot(235);plot(n,h);
title('脉冲响应');
grid on
delta_w=2*pi/1000;
Ap=-(min(db(1:1:Wp/delta_w+1)))
Ar=-round(max(db(Wr/delta_w+1:1:501)))
```

程序运行结果如图 11-15 所示：

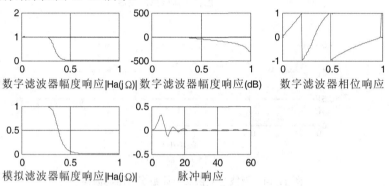

数字滤波器幅度响应|Ha(jΩ)| 数字滤波器幅度响应(dB) 数字滤波器相位响应

模拟滤波器幅度响应|Ha(jΩ)| 脉冲响应

图 11-15 双线性变换法设计巴特沃兹滤波器

程序输出如下：

```
b =
    2.2855
a =
    1.0000    5.6838   16.1526   29.7846   38.8353   36.6216   24.4193   10.5650    2.2855
cs =
    2.2855
ds =
    1.0000    5.6838   16.1526   29.7846   38.8353   36.6216   24.4193   10.5650    2.2855
C =
    5.7054e-04
B =
    1.0000    2.0674    1.0697
    1.0000    1.9990    1.0013
    1.0000    1.9326    0.9348
```

```
        1.0000      2.0010      0.9987
A =
        1.0000     -0.5784      0.0918
        1.0000     -0.6214      0.1729
        1.0000     -0.7202      0.3594
        1.0000     -0.9091      0.7161
Ap =
        1.0000
Ar =
19
```

11.2　FIR 滤波器设计

尽管 IIR 数字滤波器的设计理论已经非常成熟、经典，但是 IIR 滤波器有一个自身的重要缺陷：相位特性通常是非线性。

(1) IIR 滤波器非线性原理：在 IIR 滤波器的设计过程中，只是对滤波器的幅频特性进行了研究，并获得了良好的幅度频率特性。而对相频特性却没有考虑，所以 IIR 数字滤波器的相位特性通常是非线性的。

(2) IIR 滤波器的应用场合：由于 IIR 数字滤波器的相位特性通常是非线性的，所以 IIR 数字滤波器适合用于在对系统相位特性要求不严格的场合。

(3) IIR 滤波器的应用问题：由于一个具有线性相位特性的滤波器可以保证在滤波器通带内信号传输不失真，所以在许多领域需要滤波器具有严格的线性相位特性，比如图像处理及数据传输等。但是如果要用 IIR 滤波器实现线性的相位特性，则必须对其相位特性用全通滤波器进行校正，其结果使得滤波器设计变得复杂，实现困难，成本提高。

所以要实现具有线性相位的数字滤波器，必须另寻途径。

有限脉冲响应系统的单位脉冲响应 h (n) 为有限长序列，系统函数 H (z) 在有限 Z 平面上不存在极点，其运算结构中没有反馈支路，即没有环路。

所以，有限脉冲响应滤波器可以设计成在整个频率范围内均可提供精确的线性相位，而且总是可以独立于滤波器系数保持有限输入有限输出稳定，因此在很多领域，这样的滤波器是首选的。

FIR 滤波器有以下特点：

(1) 方法系统的单位冲激响应 $h(n)$ 在有限个 n 值处不为零。

(2) 系统函数 $H(z)$ 在 $|z| > 0$ 处收敛，并只有零点，即有限 Z 平面只有零点，而全部极点都在 $z = 0$ 处(因果系统)。

(3) 结构上主要采用非递归结构，没有输出到输入的反馈。

FIR 滤波器的基本结构有四种：直接型、级联型、频率抽样型、快速卷积型。

11.2.1 窗函数 FIR 滤波器设计

1. 矩形窗 FIR 滤波器设计

在 MATLAB 中，实现矩形窗的函数为 boxcar 和 rectwin，其调用格式如下：

```
w=boxcar(N);
w=rectwin(N)
```

其中 N 是窗函数的长度，返回值 w 是一个 N 阶的向量，它的元素由窗函数的值组成。其中 w=boxcar 等价于 w=ones(N,1)。

【例 11-12】运用矩形窗设计 FIR 带阻滤波器，基本参数如下：

$$\Omega_s = 2\pi \times 1.5 \times 10^4 \, \text{rad/sec}, \Omega_{p1} = 2\pi \times 0.75 \times 10^3 \, \text{rad/sec},$$

$$\Omega_{st1} = 2\pi \times 2.25 \times 10^3 \, \text{rad/sec}, \Omega_{st2} = 2\pi \times 1.5 \times 10^3 \, \text{rad/sec},$$

$$\Omega_{p2} = 2\pi \times 6 \times 10^3 \, \text{rad/sec}, \delta_2 \geqslant 18 \text{d}B$$

运行程序如下：

```
clear all;
Wph=2*pi*6.25/15;
Wpl=2*pi/15;
Wsl=2*pi*2.5/15;
Wsh=2*pi*4.75/15;
tr_width=min((Wsl-Wpl),(Wph-Wsh));
%过渡带宽度
N=ceil(4*pi/tr_width);                 %滤波器长度
n=0:1:N-1;
Wcl=(Wsl+Wpl)/2;                       %理想滤波器的截止频率
Wch=(Wsh+Wph)/2;
hd=ideal_bs(Wcl,Wch,N);               %理想滤波器的单位冲击响应
w_ham=(boxcar(N))';
string=['矩形窗','N=',num2str(N)];
h=hd.*w_ham;                          %截取取得实际的单位脉冲响应
[db,mag,pha,w]=freqz_m2(h,[1]);
%计算实际滤波器的幅度响应
delta_w=2*pi/1000;
subplot(3,2,1);
stem(n,hd);
title('理想脉冲响应 hd(n)')
axis([-1,N,-0.5,0.8]);
xlabel('n');ylabel('hd(n)');
grid on
subplot(3,2,2);
```

```
stem(n,w_ham);
axis([-1,N,0,1.1]);
xlabel('n');ylabel('w(n)');
text(1.5,1.3,string);
grid on
subplot(3,2,3);
stem(n,h);title('实际脉冲响应 h(n)');
axis([0,N,-1.4,1.4]);
xlabel('n');ylabel('h(n)');
grid on
subplot(3,2,4);
plot(w,pha);title('相频特性');
axis([0,3.15,-4,4]);
xlabel('频率(rad)');ylabel('相位(Φ)');
grid on
subplot(3,2,5);
plot(w/pi,db);title('幅度特性(dB)');
axis([0,1,-80,10]);
xlabel('频率(pi)');ylabel('分贝数');
grid on
subplot(3,2,6);
plot(w,mag);title('频率特性')
axis([0,3,0,2]);
xlabel('频率(rad)');ylabel('幅值');
grid on
fs=15000;
t=(0:100)/fs;
x=sin(2*pi*t*750)+sin(2*pi*t*3000)+sin(2*pi*t*6100);
q=filter(h,1,x);
[a,f1]=freqz(x);
f1=f1/pi*fs/2;
[b,f2]=freqz(q);
f2=f2/pi*fs/2;
figure(2);
subplot(2,1,1);
plot(f1,abs(a));
title('输入波形频谱图');
xlabel('频率');ylabel('幅度')
grid on
subplot(2,1,2);
plot(f2,abs(b));
title('输出波形频谱图');
xlabel('频率');ylabel('幅度')
grid on
```

运行过程中调用的两个子程序如下：

调用子程序 1：

```
function hd=ideal_bs(Wcl,Wch,m);
alpha=(m-1)/2;
n=[0:1:(m-1)];
m=n-alpha+eps;
hd=[sin(m*pi)+sin(Wcl*m)-sin(Wch*m)]./(pi*m)
```

调用子程序 2：

```
function[db,mag,pha,w]=freqz_m2(b,a)
[H,w]=freqz(b,a,1000,'whole');
H=(H(1:1:501))'; w=(w(1:1:501))';
mag=abs(H);
db=20*log10((mag+eps)/max(mag));
pha=angle(H);
```

运行结果如下所示：

```
hd =
  Columns 1 through 10
   -0.0159    0.0104   -0.0300   -0.0327   -0.1089    0.1169   -0.1304    0.3140    0.0424
    0.2832
  Columns 11 through 20
    0.2832    0.0424    0.3140   -0.1304    0.1169   -0.1089   -0.0327   -0.0300    0.0104
   -0.0159
```

运行结果如图 11-16 和图 11-17 所示：

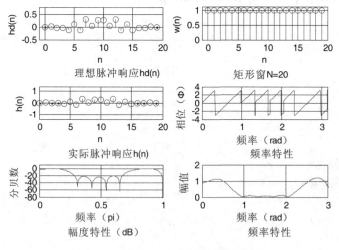

图 11-16   FIR 带阻滤波器

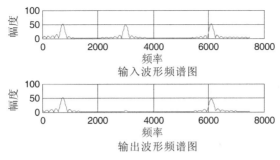

图 11-17　输入输出结果

2. 汉宁窗 FIR 滤波器设计

在 MATLAB 中，实现汉宁窗的函数为 hanning 和 barthannwin，其调用格式如下：

w=hanning(N);
w=barthannwin (N)

【例 11-13】绘制 50 点的汉宁窗。

运行程序如下：

```
N=49;n=1:N;
wdhn=hanning(N);
figure(3);
stem(n,wdhn,'.');
grid on
axis([0,N,0,1.1]);
title('50 点汉宁窗');
ylabel('W(n)');
xlabel('n');
title('50 点汉宁窗');
```

运行结果如图 11-18 所示：

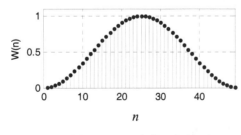

图 11-18　50 点的汉宁窗

【例 11-14】已知连续信号为 $x(t) = \cos(2\pi f_1 t) + 0.15\cos(2\pi f_2 t)$，其中 f1=100Hz，f2= 150Hz，若以抽样频率 f_{sam}=600Hz 对该信号进行抽样，利用不同宽度 N 的矩形窗截短该序列，N 取 40，观察不同的窗对谱分析结果的影响。

运行程序如下：

```
N=40;
L=512;
f1=100;f2=150;fs=600;
ws=2*pi*fs;
t=(0:N-1)*(1/fs);
x=cos(2*pi*f1*t)+0.15*cos(2*pi*f2*t);
wh=boxcar(N)';
x=x.*wh;
subplot(211);stem(t,x);
title('加矩形窗时域图');
xlabel('n');ylabel('h(n)')
grid on
W=fft(x,L);
f=((-L/2:L/2-1)*(2*pi/L)*fs)/(2*pi);
subplot(212);
plot(f,abs(fftshift(W)))
title('加矩形窗频域图');
xlabel('频率');ylabel('幅度')
grid on
figure
x=cos(2*pi*f1*t)+0.15*cos(2*pi*f2*t);
wh=hanning(N)';
x=x.*wh;
subplot(211);stem(t,x);
title('加汉宁窗时域图');
xlabel('n');ylabel('h(n)')
grid on
W=fft(x,L);
f=((-L/2:L/2-1)*(2*pi/L)*fs)/(2*pi);
subplot(212);
plot(f,abs(fftshift(W)))
title('加汉宁窗频域图');
xlabel('频率');ylabel('幅度')
grid on
```

运行结果如图 11-19 和图 11-20 所示：

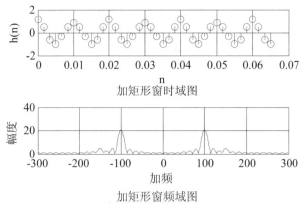

图 11-19　加矩形窗实验效果图

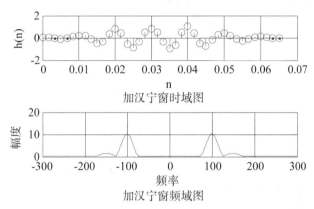

图 11-20　加汉宁窗实验效果图

【例 11-15】用汉宁窗对谐波信号进行分析。

运行程序如下：

```
clear;
% 原始数据：直流:0V；基波：49.5Hz,100V,10deg; HR2:0.5V,40deg;
hr0=0;f1=50.1;
hr(1)=25*sqrt(2);deg(1)=10;
hr(2)=0;deg(2)=0;
hr(3)=1.755*sqrt(2);deg(3)=40;
hr(4)=0;deg(4)=0;
hr(5)=0.885*sqrt(2);deg(5)=70;
hr(6)=0;deg(6)=0;
hr(7)=1.125;deg(7)=110;
M=7;f=[1:M]*f1;                              %设定频率
% 采样
fs=10000;
N=2048;                                      %约 10 个周期
T=1/fs;
n=[0:N-1];t=n*T;
```

```
x=zeros(size(t));
for k=1:M
    x=x+hr(k)*cos(2*pi*f(k)*t+deg(k)*pi/180);
end
%分析：
w=0.5-0.5*cos(2*pi*n/N);
Xk=fft(x.*w);
amp=abs(Xk(1:N/2))/N*2;                          %幅频
pha=angle(Xk(1:N/2))/pi*180;                      %相频
for k=1:N/2
    if(amp(k)<0.01) pha(k)=0;                     %当谐波<10mV 时，其相位=0
    end
    if(pha(k)<0) pha(k)=pha(k)+360;%调整到 0-360 度
    end
end
fmin=fs/N;
xaxis=fmin*n(1:N/2);
%横坐标为 Hz
kx=round([1:M]*50/fmin);
%各次谐波对应的下标(从 0 开始)
for m=1:M
    km(m)=searchpeaks(amp,kx(m)+1);              %km 为谱峰(从 1 开始)
    if(amp(km(m)+1)<amp(km(m)-1))
        km(m)=km(m)-1;
    end
    beta(m)=amp(km(m)+1)./amp(km(m));
    delta(m)=(2*beta(m)-1)./(1+beta(m));
end
fx=(km-1+delta)*fmin;                            %估计频率
hrx=amp(km)*2.*pi.*delta.*(1-delta.*delta)./sin(pi*delta);
degx=pha(km)-delta.*180/N*(N-1);                 %估计相位
degx=mod(degx,360);                             %调整到 0～360 度
efx=(fx-f)./f*100;                              %频率误差
ehr=(hrx-hr)./hr*100;                           %幅度误差
edeg=(degx-deg);                               %相位误差
% 结果输出：
subplot(2,2,1);
%画出采样序列
plot(t,x);
hold on;
plot(t,x.*w,'r');
%加窗波形
hold off;
xlabel('x(k)');
```

```
title('原信号和加窗信号  ');
subplot(2,2,2);
%画出 FFT 分析结果
stem(xaxis,amp,'.r');
xlabel('频率');
title('幅频结果');
subplot(2,2,4);
stem(xaxis,pha,'.r');
xlabel('角频率');
title('相频结果');
subplot(2,2,3);
stem(ehr);
title('幅度误差(%)');
%文本输出
fid=fopen('result.txt','w');
fprintf(fid,'原始数据：f1=%6.1fHz, N=%.f,   fs=%.f \r\n\r\n',f1,N,fs);
fprintf(fid,'谐波次数      1       2       3       4       5       6       7\r\n');
fprintf(fid,'设定频率 %6.3f%6.3f%6.3f%6.3f%6.3f%6.3f%6.3f\r\n',f);
fprintf(fid,'估计频率 %6.3f%6.3f%6.3f%6.3f%6.3f%6.3f%6.3f\r\n',fx);
fprintf(fid,'误差(%%) %6.3f%6.3f%6.3f%6.3f%6.3f%6.3f%6.3f\r\n\r\n',efx);
fprintf(fid,'设定幅值 %6.3f%6.3f%6.3f%6.3f%6.3f%6.3f%6.3f\r\n',hr);
fprintf(fid,'估计幅值 %6.3f%6.3f%6.3f%6.3f%6.3f%6.3f%6.3f\r\n',hrx);
fprintf(fid,'误差(%%) %6.3f%6.3f%6.3f%6.3f%6.3f%6.3f%6.3f\r\n\r\n',ehr);
fprintf(fid,'设定相位 %6.2f%6.2f%6.2f%6.2f%6.2f%6.2f%6.2f\r\n',deg);
fprintf(fid,'估计相位 %6.2f%6.2f%6.2f%6.2f%6.2f%6.2f%6.2f\r\n',degx);
fprintf(fid,'误差(度) %6.2f%6.2f%6.2f%6.2f%6.2f%6.2f%6.2f\r\n\r\n',edeg);
%其他数据
fprintf(fid,'谱峰位置理论值：\r\n %6.4f %6.4f %6.4f %6.4f %6.4f %6.4f %6.4f\r\n',[1:M]*f1/fmin);
fprintf(fid,'谱峰位置估计值：\r\n %6.4f %6.4f %6.4f %6.4f %6.4f %6.4f %6.4f\r\n',km-1+delta);
fprintf(fid,'误差(%%)
\r\n %6.4f %6.4f %6.4f %6.4f %6.4f %6.4f %
6.4f\r\n',((km-1+delta)-[1:M]*f1/fmin)./([1:M]*f1/fmin)*100);
fprintf(fid,'delta     ：\r\n %6.4f %6.4f %6.4f %6.4f %6.4f %6.4f %6.4f\r\n',delta);
fclose(fid);
```

运行结果如下：

原始数据：f1=50.1Hz, N=2048,　　fs=10000

谐波次数	1	2	3	4	5	6	7
设定频率	50.1	100.2	150.3	200.4	250.5	300.6	350.7
估计频率	50.1	76.819	150.302	181.252	250.499	279.138	350.701
误差(%)	-0.000	-21.338	0.001	-9.555	-0.000	-7.140	0.000
设定幅值	35.355	0.000	2.482	0.000	1.252	0.000	1.125
估计幅值	35.356	0.046	2.482	0.002	1.252	0.002	1.125
误差(%)	0.001	Inf	0.009	Inf	0.004	Inf	0.003

设定相位	10.00	0.00	40.00	0.00	70.00	0.00	110.00
估计相位	10.03	31.67	39.97	338.35	70.06	329.86	110.05
误差(度)	0.03	31.67	-0.03	338.35	0.06	329.86	0.05

谱峰位置理论值:

 10.2605 20.5210 30.7814 41.0419 51.3024 61.5629 71.8234

谱峰位置估计值:

 10.2605 16.1421 30.7818 37.1203 51.3022 57.1675 71.8235

运行结果如图 11-21 所示:

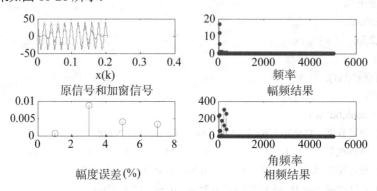

图 11-21　汉宁窗插值法分析谐波函数

运行过程中用到的子程序为:

```
function index1=searchpeaks(x,index)
%在数组中寻找最大值对应的下标
%x 为数组，index 为给定的下标(index 不能取最前或最后两个下标)，在前后两个数中(共 5 个数)查
找最大值和紧邻的次最大值
% indexmax 返回两个谱峰位置中的前一个谱峰对应的下标
index1=index-2;
for k=-1:2
    if(x(index+k)>x(index1))
        index1=index+k;
    end
end
if x(index1-1)>x(index1+1)
    index1=index1-1;
end
```

3. 海明窗 FIR 滤波器设计

在 MATLAB 中，实现海明窗的函数为 hamming，其调用格式如下:

```
w=hamming(N);
```

【例 11-16】设计一个海明窗低通滤波器。

运行程序如下:

```
%语音信号
[x,FS,bits]=wavread('C:\Windows\Media\Windows Ringout');
x=x(:,1);
figure(1);
subplot(211);plot(x);
title('语音信号时域波形图')
xlabel('n');ylabel('h(n)')
grid on
y=fft(x,1000);
f=(FS/1000)*[1:1000];
subplot(212);
plot(f(1:300),abs(y(1:300)));
title('语音信号频谱图');
xlabel('频率');ylabel('幅度')
grid on
%产生噪声信号并加到语音信号
t=0:length(x)-1;
zs0=0.05*cos(2*pi*10000*t/1024);
zs=[zeros(0,20000),zs0];
figure(2);
subplot(211)
plot(zs)
title('噪声信号波形');
xlabel('n');ylabel('h(n)')
grid on
zs1=fft(zs,1200);
subplot(212)
plot(f(1:600),abs(zs1(1:600)));
title('噪声信号频谱');
xlabel('频率');ylabel('幅度')
grid on
x1=x+zs';
%sound(x1,FS,bits);
y1=fft(x1,1200);
figure(3);
subplot(211);plot(x1);
title('加入噪声后的信号波形');
xlabel('n');ylabel('h(n)')
grid on
subplot(212);
plot(f(1:600),abs(y1(1:600)));
title('加入噪声后的信号频谱');
```

```
xlabel('频率');ylabel('幅度')
grid on
%滤波
fp=7500;
fc=8500;
wp=2*pi*fp/FS;
ws=2*pi*fc/FS;
Bt=ws-wp;
N0=ceil(6.2*pi/Bt);
N=N0+mod(N0+1,2);
wc=(wp+ws)/2/pi;
hn=fir1(N-1,wc,hamming(N));
X=conv(hn,x);
X1=fft(X,1200);
figure(4);
subplot(211);
plot(X);
title('滤波后的信号波形');
xlabel('n');ylabel('h(n)')
grid on
subplot(212);
plot(f(1:600),abs(X1(1:600)));
title('滤波后的信号频谱')
xlabel('频率');ylabel('幅度')
grid on
```

运行结果如图 11-22～图 11-25 所示：

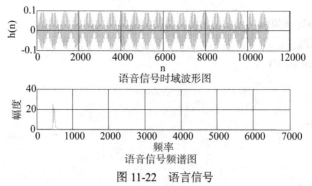

图 11-22　语言信号

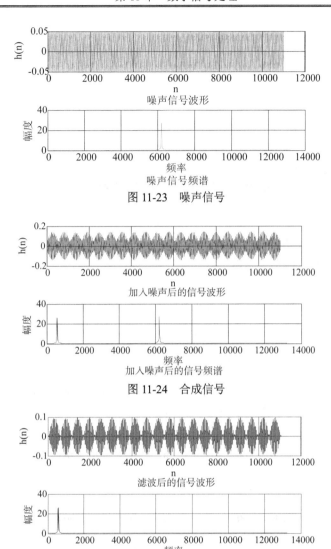

图 11-23　噪声信号

图 11-24　合成信号

图 11-25　滤波后信号

【例 11-17】设 $x_a(t) = \cos(100\pi t) + \sin(200\pi t) + \cos(50\pi t)$，用 DFT 分析 $x_a(t)$ 的频谱结构，选择不同的截取长度 TP，观察存在的截断效应，试用加窗的方法减少谱间干扰。

运行程序如下：

```
clear;close all
fs=400;T=1/fs;                          %采样频率和采样间隔
Tp=0.04;N=Tp*fs;                        %采样点数 N
N1=[N,4*N,8*N];                         %设定三种截取长度
for m=1:3
    n=1:N1(m);
    xn=cos(100*pi*n*T)+ sin(200*pi*n*T)+ cos(50*pi*n*T);
    Xk=fft(xn,4096);
fk=[0:4095]/4096/T;
```

```
    subplot(3,2,2*m-1);plot(fk,abs(Xk)/max(abs(Xk)));
    if m==1 title('矩形窗截取');
    end
end
%hamming 窗截断
for m=1:3
    n=1:N1(m);
    wn=hamming(N1(m));
    xn=cos(200*pi*n*T)+ sin(100*pi*n*T)+ cos(50*pi*n*T).*wn';
    Xk=fft(xn,4096);
fk=[0:4095]/4096/T;
    subplot(3,2,2*m);plot(fk,abs(Xk)/max(abs(Xk)));
    if m==1 title('hamming 窗截取');
    end
end
```

运行结果如图 11-26 所示：

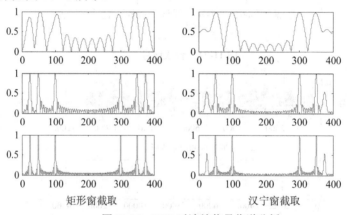

矩形窗截取   汉宁窗截取

图 11-26   DFT 对连续信号作谱分析

比较矩形窗和海明窗的谱分析结果可见，用矩形窗比用海明窗的频率分辨率高(泄露小)，但是谱间干扰大，因此海明窗是以牺牲分辨率来换取谱间干扰的降低。

4. 布莱克曼窗 FIR 滤波器设计

在 MATLAB 中，实现海明窗的函数为 blackman，其调用格式如下：

w= blackman(N);

【例 11-18】用窗函数法设计数字带通滤波器：下阻带边缘：Ws1=0.3pi，As=65dB，下通带边缘：Wp1=0.4pi，Rp=1dB，上通带边缘：Wp2=0.6pi，Rp=1dB，上阻带边缘：Ws2=0.7pi, As=65dB, 根据窗函数最小阻带衰减的特性以及有关参照窗函数的基本参数表，选择布莱克曼窗可达到 75dB 最小阻带衰减，其过渡带为 11pi/N。

运行程序如下：

```
clear all;
wp1=0.4*pi;
wp2=0.6*pi;
ws1=0.3*pi;
ws2=0.7*pi;
As=65;
tr_width=min((wp1-ws1),(ws2-wp2));                    %过渡带宽度
M=ceil(11*pi/tr_width)+1                              %滤波器长度
n=[0:1:M-1];
wc1=(ws1+wp1)/2;                                      %理想带通滤波器的下截止频率
wc2=(ws2+wp2)/2;                                      %理想带通滤波器的上截止频率
hd=ideal_lp(wc2,M)-ideal_lp(wc1,M);
w_bla=(blackman(M))';                                %布莱克曼窗
h=hd.*w_bla;
%截取得到实际的单位脉冲响应
[db,mag,pha,grd,w]=freqz_m(h,[1]);
%计算实际滤波器的幅度响应
delta_w=2*pi/1000;
Rp=-min(db(wp1/delta_w+1:1:wp2/delta_w))
%实际通带纹波
As=-round(max(db(ws2/delta_w+1:1:501)))
As=75
subplot(2,2,1);
stem(n,hd);
title('理想单位脉冲响应 hd(n)')
axis([0 M-1 -0.4 0.5]);
xlabel('n');
ylabel('hd(n)')
grid on;
subplot(2,2,2);
stem(n,w_bla);
title('布莱克曼窗 w(n)')
axis([0 M-1 0 1.1]);
xlabel('n');
ylabel('w(n)')
grid on;
subplot(2,2,3);
stem(n,h);
title('实际单位脉冲响应 hd(n)')
axis([0 M-1 -0.4 0.5]);
xlabel('n');
ylabel('h(n)')
grid on;
subplot(2,2,4);
plot(w/pi,db);
axis([0 1 -150 10]);
```

```
title('幅度响应(dB)');
grid on;
xlabel('频率单位:pi');
ylabel('分贝数')
```

运行过程中调用的子程序为：

```
function hd=ideal_lp(wc,M);
%计算理想低通滤波器的脉冲响应
%[hd]=ideal_lp(wc,M)
%hd=理想脉冲响应 0 到 M-1
%wc=截止频率
% M=理想滤波器的长度
alpha=(M-1)/2;
n=[0:1:(M-1)];
m=n-alpha+eps;
%加上一个很小的值 eps，避免除以 0 的错误情况出现
hd=sin(wc*m)./(pi*m);
```

运行结果如图 11-27 所示：

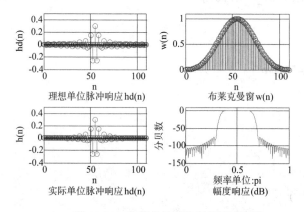

图 11-27   布莱克曼窗数字带通滤波器

5. 凯塞窗 FIR 滤波器设计

在 MATLAB 中，实现凯塞窗的函数为 Kaiser，其调用格式如下：

w=kaiser(N,beta);

在 MATLAB 下设计标准响应 FIR 滤波器可使用 fir1 函数。fir1 函数以经典方法实现加窗线性相位 FIR 滤波器设计，它可以设计出标准的低通、带通、高通和带阻滤波器。fir1 函数的用法为：

b=fir1(n,Wn,'ftype',Window)

各个参数的含义如下：

b——滤波器系数；

n——滤波器阶数；

Wn——截止频率，$0 \leqslant Wn \leqslant 1$，Wn=1 对应于采样频率的一半。当设计带通和带阻滤波器时，Wn=[W1 W2]，$W1 \leqslant \omega \leqslant W2$。

ftype——当指定 ftype 时，可设计高通和带阻滤波器。ftype=high 时，设计高通 FIR 滤波器；ftype=stop 时设计带阻 FIR 滤波器。低通和带通 FIR 滤波器无需输入 ftype 参数。

Window——窗函数。窗函数的长度应等于 FIR 滤波器系数个数，即阶数 n+1。

【例 11-19】利用凯塞窗函数设计一个带通滤波器，上截止频率 2500Hz，下截止频率 1000Hz，过渡带宽 200Hz，通带波纹允许差 0.1，阻带波纹不大于允差 0.02dB，通带幅值为 1。

运行程序如下：

```
Fs=8000;N=216;
fcuts=[1000 1200 2300 2500];
mags=[0 1 0];
devs=[0.02 0.1 0.02];
[n,Wn,beta,ftype]=kaiserord(fcuts,mags,devs,Fs);
n=n+rem(n,2);
hh=fir1(n,Wn,ftype,kaiser(n+1,beta),'noscale');
[H,f]=freqz(hh,1,N,Fs);
plot(f,abs(H));
xlabel('频率 (Hz)');
ylabel('幅值|H(f)|');
grid on;
```

运行结果如图 11-28 所示：

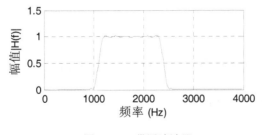

图 11-28　带通滤波器

11.2.2　最小二乘法 FIR 滤波器设计

MATLAB 信号处理箱提供了两个函数 fircls、fircls1 来进行最小二乘法 FIR 滤波器设计。下面对这两个函数进行简单的说明，其基本语法格式如下。

hd = design(d,'fircls')

这条命令用来设计约束最小二乘法 FIR 滤波器。

hd = design(d,'fircls','FilterStructure',value)

其中，value 值有以下几种滤波器的结构：
'dffir'，默认为直接离散 FIR 滤波器。
'dffirt'，直接离散转置 FIR 滤波器。
'dfsymfir'，直接离散对称 FIR 滤波器。
'fftfir'，直接离散重叠 FIR 滤波器。

hd = design(d,'fircls','PassbandOffset',value)

其中，value 值用来设计通带增益，它与 PassbandOffset 一同决定滤波器的通带界限。

Lower bound = (PassbandOffset-Ap/2)
Upper bound = (PassbandOffset+A/2)

对于带阻滤波器，PassbandOffset 是一个二维向量，用来指定第一和第二通带增益。
PassbandOffset 值的默认为 0，表示低通、高通和带通滤波器。PassbandOffset 值为[0 0]，
表示带阻滤波器。

hd = design(d,'fircls','zerophase',value)

其中，无论 value 的值是 0 还是 1，只要 zerophase 值为真，在带阻滤波器的设计中下
界强制为零增益，标志着滤波器具有零相位相应，zerophase 的默认值为 0。
为了设计可用的设计方案，通常用 designopts 函数中的规范对象和设计方法作为参数
输入。

designopts(d,'fircls')

【例 11-20】设计一个约束最小二乘法低通 FIR 滤波器。

h= fdesign.lowpass('n,fc,ap,ast', 50, 0.3, 2, 30);
Hd = design(h, 'fircls');
fvtool(Hd)

运行结果如图 11-29 所示：

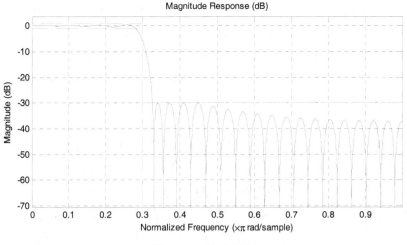

图 11-29　低通滤波器

【例 11-21】设计一个约束最小二乘法带通 FIR 滤波器。

d = fdesign.bandpass('N,Fc1,Fc2,Ast1,Ap,Ast2',30,0.4,0.6,60,1,60);
Hd = design(d, 'fircls');
fvtool(Hd)

运行结果如图 11-30 所示：

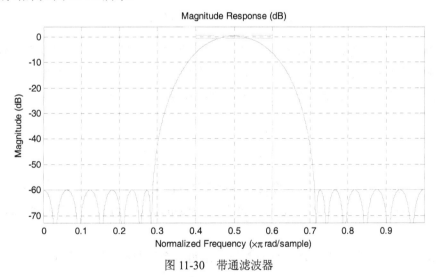

图 11-30　带通滤波器

11.2.3　其他设计方法

1. 逼近法 FIR 滤波器设计

　　FIR 滤波器的两种设计方法，即窗函数法和频率采样法，设计比较简单、直观，但是它们也存在着如下缺陷：

(1) 两种设计都无法精确给出边界频率 ω_p 和 ω_s 的位置，设计完成之后的结果必须接受。

(2) 滤波器的通带和阻带波动因子 δ_1 和 δ_2 不能同时确定。

如窗函数法设计认为 $\delta_1 = \delta_2$，频率采样法中也可对 δ_2 进行优化，但设计中都无法准确指定。实际频率响应与理想频率响应之间的误差在频带上分布不均匀，离频带边界越近误差越大；离频带边界越远误差越小。通常期望误差可均匀分布在频带上，以获得同样设计指标情况下的较低阶滤波器。

实际上两种设计方法都采用了与理想滤波器特性逼近的思想。例如，窗函数法设计就是一种时域逼近法，它采用理想滤波器的一段 $h_d(n)$ 作为滤波器的 $h(n)$。

可以证明采用矩形窗时得到的均方误差是最小的。e^2 是在全频带上积分最小，但却无法保证某点幅度误差最小。此误差是在全频带上分布的，在过渡带附近，由于吉布斯效应，会产生较大的峰值，误差也较大；在远离过渡带的地方频响比较平稳，误差越来越小。虽然改变窗函数可减小峰值，但却无法保证均方误差最小。设想如果将误差能均匀分布在整个频带，就可能在同等指标下获得一个更低阶的滤波器。切比雪夫逼近法的思想就是设计一个通带和阻带都具有等波纹特征的滤波器，这样整个频带内与理想滤波器之间的误差就可保证为均匀分布，可以证明在同样阶数情况下这种设计方法的最大误差最小。

设 $H_d(\omega)$ 表示理想滤波器幅度特性，$H_g(\omega)$ 表示实际滤波器幅度特性，$E(\omega)$ 表示加权误差函数，则有：

$$E(\omega) = W(\omega)[H_d(\omega) - H_g(\omega)]$$

式中，$W(\omega)$ 称为误差加权函数，它的取值根据通带或阻带的逼近精度要求不同而不同。通常，在要求逼近精度高的频带，$E(\omega)$ 取值大；要求逼近精度低的频带，$E(\omega)$ 取值小。设计过程中 $W(\omega)$ 由设计者取定，例如对低通滤波器可取为：

$$W(\omega) = \begin{cases} \delta_2/\delta_1 & 0 \leq \omega \leq \omega_p \\ 1 & \omega_p < \omega \leq \pi \end{cases}$$

δ_1 和 δ_2 分别为滤波器指标中的通带和阻带容许波动。如果 $\delta_2/\delta_1 < 1$，说明对通带的加权较小。如果用 $\delta_2/\delta_1 = 0.1$ 去设计滤波器，则通带最大波动 δ_1 将比阻带最大波动 δ_2 大 10 倍。

例如，希望在固定 M、ω_c、ω_r 的情况下逼近一个低通滤波器，这时有：

$$H_d(\omega) = \begin{cases} 1 & 0 \leq \omega \leq \omega_c \\ 0 & \omega_r \leq \omega \leq \pi \end{cases}$$

$$W(\omega) = \begin{cases} \dfrac{1}{k} & 0 \leq \omega \leq \omega_c \\ 1 & \omega_r \leq \omega \leq \pi \end{cases}$$

假设滤波器为：

$$H(\omega) = \sum_{n=0}^{M} a(n)\cos(\omega n) \qquad M = \frac{N-1}{2}$$

其中：$a(0) = h\left(\dfrac{N-1}{2}\right), a(n) = 2h\left(\dfrac{N-1}{2} - n\right), n = 1, 2, \cdots, \dfrac{N-1}{2}$

于是有：

$$E(\omega) = W(\omega)\left[H_d(\omega) - \sum_{n=0}^{M} a(n)\cos(\omega n)\right]$$

式中，$M = (N-1)/2$。最佳一致问题是确定 $M+1$ 个系数 $a(n)$，使 $E(\omega)$ 的最大值为最小，即 $\min[\max_{\omega \in A}|E(\omega)|]$。

式中，a 表示所研究的频带，即通带或阻带。上述问题也称为切比雪夫逼近问题，其解可以用切比雪夫交替定理描述。

满足 $E(\omega)$ 最大值最小化的多项式存在且唯一。换句话说，可以唯一确定一组 $a(n)$ 使 $H_g(\omega)$ 与 $H_d(\omega)$ 实现最佳一致逼近；最佳一致逼近时，$E(\omega)$ 在频带 A 上呈现等波动特性，而且至少存在 $M+2$ 个"交错点"，即波动次数至少为 $M+2$ 次，并满足：

$$E(\omega_i) = -E(\omega_{i-1}) = \max|E(\omega)|$$

式中：$\omega_0 \leqslant \omega_1 \leqslant \omega_2 \leqslant \cdots \leqslant \omega_{M+1}$，其中 ω_i 属于 F。

设 ρ 为等波动误差 $E(\omega)$ 的极值，所以有：

$$E(\omega_i) = (-1)^i \rho \qquad i = 1, 2, \cdots, M+2$$

运用交替定理，幅度特性 $H_g(\omega)$ 在通带和阻带内的应满足：

$$\left|H_g(\omega) - 1\right| \leqslant \left|\frac{\delta_1}{\delta_2}\rho\right| = \delta_1 \qquad 0 \leqslant \omega_1 \leqslant \omega_p$$

$$\left|H_g(\omega) \leqslant \rho = \delta_2\right| \qquad \omega_s \leqslant \omega \leqslant \pi$$

ω_p 为通带截止频率，ω_s 为阻带截止频率，δ_1 为通带波动峰值，δ_2 为阻带波动峰值，设单位脉冲响应的长度为 N，按照交替定理，如果 F 上的 $M+2$ 个极值点频率 $\{\omega_i\}$ $(i = 0, 1, \cdots, M+1)$，根据交替定理可写出：

$$\left.\begin{aligned}W(\omega_k)\left(H_d(\omega_k) - \sum_{n=0}^{M} a(n)\cos n\omega_k\right) &= (-1)^k \rho \\ \rho = \max_{\omega \in A}|E(\omega)|, \qquad k &= 1, 2, \cdots, M+2\end{aligned}\right\}$$

不过，上述提供的方法是在这些交错点频率给定下得到的。实际上 ω_1，ω_2，$\cdots$，ω_{M+2} 是不知道的，所以直接求解比较困难，只能用逐次迭代的方法来解决。迭代求解的数学依据是 Remez 交换算法。

【例 11-22】切比雪夫逼近设计法低通滤波器示例。

```
wp = 0.2*pi;
ws = 0.3*pi;
Rp = 0.25;
As = 50;
%给定指标
delta1 = (10^(Rp/20)-1)/(10^(Rp/20)+1);
delta2 = (1+delta1)*(10^(-As/20));
%求波动指标
weights = [delta2/delta1 1];
deltaf = (ws-wp)/(2*pi);
%给定权函数和 Δf=wp-ws
N= ceil((-20*log10(sqrt(delta1*delta2))-13)/(14.6*deltaf)+1);
N=N+mod (N-1,2);
%估算阶数 N
f =[0 wp/pi ws/pi 1]; A = [1 1 0 0];
%给定频率点和希望幅度值
h = remez(N-1,f,A,weights);
%求脉冲响应
[db,mag,pha,grd,W] = freqz_m(h,[1]);
%验证求取频率特性
delta_w = 2*pi/1000; wsi = ws/delta_w+1;
wpi=wp/delta_w+1;
Asd = -max(db(wsi:1:500));
%求阻带衰减
subplot(2,2,1); n=0:1:N-1;stem(n,h);
axis([0,52,-0.1,0.3]);title('脉冲响应');
xlabel('n');
ylabel('hd(n)')
grid on;
%画 h(n)
subplot(2,2,2);
plot(W,db);
title('对数幅频特性');
ylabel('分贝数');
xlabel('频率')
grid on;
%画对数幅频特性
subplot(2,2,3);
plot(W,mag);axis([0,4,-0.5,1.5]);
title('绝对幅频特性');
xlabel('Hr(w)');
ylabel('频率')
grid on;
```

%画绝对幅频特性

n=1:(N-1)/2+1;H0=2*h(n)*cos(((N+1)/2-n)'*W)-mod(N,2)*h((N-1)/2+1);

%求 Hg(w)

subplot(2,2,4);

plot(W(1:wpi),H0(1:wpi)-1,W(wsi+5:501),H0(wsi+5:501));

title('误差特性');

%求误差

ylabel('Hr(w)');

xlabel('频率')

grid on;

运行程序结果如图 11-31 所示：

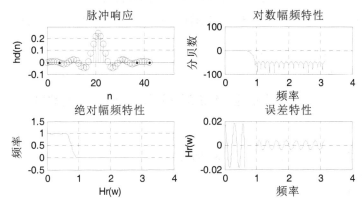

图 11-31　切比雪夫逼近设计法低通滤波器

在频率子集 F 上均匀等间隔地选取 $M+2$ 个极值点频率 $\omega_0, \omega_1, \cdots, \omega_{M+1}$ 作为初值，计算 ρ：

$$\rho = \frac{\displaystyle\sum_{k=0}^{M+1} \alpha_k H_d(\omega_k)}{\displaystyle\sum_{k=0}^{M+1} (-1)^k \alpha_k / W(\omega_k)}$$

式中：$\alpha_k = \displaystyle\prod_{i=0, i \neq k}^{M+1} \frac{1}{(\cos \omega_i - \cos \omega_k)}$。

由 $\{\omega_i\}(i = 0, 1, \cdots, M+1)$ 计算 $H(\omega)$ 和 $E(\omega)$，利用重心形式的拉格朗日插值公式：

$$H(\omega) = \frac{\displaystyle\sum_{k=0}^{M+1} [\frac{\alpha_k}{\cos \omega - \cos \omega_k}] H(\omega_k)}{\displaystyle\sum_{k=0}^{M+1} \frac{\alpha_k}{\cos \omega - \cos \omega_k}}$$

其中：

$$H(\omega_k) = H_d(\omega_k) - (-1)^k \frac{\rho}{W(\omega_k)} \quad k = 0,1,\cdots,M, \quad E(\omega) = W(\omega)\big[H_d(\omega) - H(\omega)\big]。$$

如在频带 F 上，对所有频率都有 $|E(\omega)| \leq \rho$，则 ρ 为所求，$\omega_0,\omega_1,\cdots,\omega_{M+1}$ 即为极值点频率。

对上次确定的极值点频率 $\omega_0,\omega_1,\cdots,\omega_{M+1}$ 中的每一点，在其附近检查是否存在某一频率处有 $|E(\omega)| > \rho$，如有，则以该频率点作为新的局部极值点。对 M+2 个极值点频率依次进行检查，得到一组新的极值点频率。重复上述步骤，求出 ρ、$H(\omega)$、$E(\omega)$，完成一次迭代。重复上述步骤，直到 ρ 的值改变很小，迭代结束，这个 ρ 即为所求的 δ_2 最小值。由最后一组极值点频率求出 $H(\omega)$，反变换得到 $h(n)$，完成设计。

在 MATLAB 中，实验雷米兹算法的函数为 remez，它的常用函数为：

```
[M,fo,ao,w] = remezord(f,a,dev,fs)
h = remez(M,fo,ao,w)
```

【例 11-23】利用切比雪夫最佳一致逼近法设计一个多阻带滤波器。

程序运行如下：

```
f=[0 .14 .18 .22 .26 .34 .38 .42 .46 .54 .58 .62 .66 1];
A=[1 1   0 0 1 1 0 0 1 1 0 0 1 1];
weigh=[8 1 8 1 8 1 8];
b=remez(64,f,A,weigh);
[h,w]=freqz(b,1,256,1);
hr=abs(h);
h=abs(h);
h=20*log10(h);
subplot(2,1,1);
stem(b,'.');
xlabel('n');
ylabel('hd(n)')
grid on;
title('脉冲响应');
subplot(2,1,2);
plot(w,h);
title('幅值');
ylabel('H(w)');
xlabel('频率')
grid on;
```

程序运行结果如图 11-32 所示：

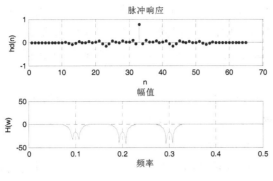

图 11-32　多阻带滤波器

2. 任意滤波器设计

在 MATLAB 中，还有很多种其他的 FIR 滤波器设计方法，下面介绍一种任意滤波器的方法。

【例 11-24】任意滤波器的方法示例。

```
b = cfirpm(38,[-1 -0.5 -0.4 0.3 0.4 0.8], [5 1 2 2 2 1], [1 10 6]);
fvtool(b)
```

运行结果如图 11-33 所示：

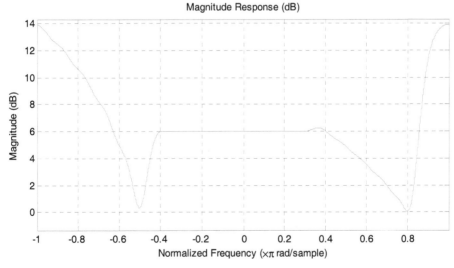

图 11-33　任意响应滤波器示例

11.3　本 章 小 结

本章主要介绍了数字滤波器包括 IIR(无限长冲激响应，Infinite Impulse Response Filter)

滤波器和 FIR(有限长冲激响应, Finite Impulse Response Filter)滤波器。DF(数字滤波器, Digital Filter)在数字信号处理中占有很重要的地位, 所谓数字滤波器, 是指输入输出均为数字信号, 并通过一定运算关系改变输入信号所含频率成分的相对比例, 或者滤除某些频率成分的器件。

在 IIR 系统中, 用有理分式表示的系统函数来逼近所需要的频率响应, 即其脉冲响应 h(n)无限长; 在 FIR 系统中, 用一个有理多项式表示的系统函数去逼近所需要的频率响应, 即其脉冲响应 h(n)在有限个 n 值处不为零。

FIR 滤波器相对 IIR 滤波器有很多独特的优越性, 在保证满足滤波器幅频响应的同时, 还可以获得严格的线性相位特性。

第12章 参 数 建 模

参数建模技术使用数字模型对信号进行描述，这种技术使用已知的信息对产生的信号的系统建立模型。目前，参数建模已广泛应用于通信信号处理、数字图像处理、语音信号处理、机械信息处理、生物医学信号处理、声纳信号处理、雷达信号处理、遥测遥感信号处理、地球物理信号处理、气象信号处理等领域。

学习目标：
- 熟练运用时域建模方法。
- 熟练掌握频率建模方法。
- 了解信号处理 GUI 工具。

12.1 时 域 建 模

通信系统中遇到的信号，通常总带有某种随机性，即通信信号的某个或几个参数不能预知或不能完全预知，我们把这种具有随机性的信号称为随机信号。

随机信号处理学科的目的总的来说是找出这些随机信号的统计规律，解决它们给工作带来的负面影响。而为随机信号建立参数模型是研究随机信号的一种基本方法，其含义是认为随机信号 x(n)是由白噪声 w(n)激励某一确定系统的响应。

只要白噪声的参数确定了，研究随机信号就可以转为研究产生随机信号的系统。信号的现代建模方法是建立在具有最大的不确定性基础上的预测。虽有众多的数据模型，但针对随机信号常用的线性模型则分别是 AR(自回归)模型、MA(滑动平均)模型、ARMA(自回归滑移平均)模型，以下简单介绍这 3 种模型。

AR 模型是一种全极模型，线性、性能好，用得较多。MA 模型是全零模型，结构简单但是非线性的。ARMA 模型是极-零模型，二者综合。模型的选择主要取决于要处理的信号特点和任务需求。

12.1.1 AR 模型

系统的差分方程为：

$$x(n) + a_1 x(n-1) + \cdots + a_p x(n-p) = w(n)$$

Yule-Walker 方程：

$$r_x(l) = \begin{cases} -\sum_{k=1}^{p} a_k r_x(l-k) + \sigma_w^2 & l = 0 \\ -\sum_{k=1}^{p} a_k r_x(l-k) & l > 0 \end{cases}$$

那么有：

$$\begin{bmatrix} r_x(0) & r_x(1) & \cdots & r_x(p) \\ r_x(1) & r_x(0) & & r_x(p-1) \\ \vdots & \vdots & & \vdots \\ r_x(p) & r_x(p-1) & \cdots & r_x(0) \end{bmatrix} \begin{bmatrix} 1 \\ a_1 \\ \vdots \\ a_p \end{bmatrix} = \begin{bmatrix} \sigma_w^2 \\ 0 \\ \vdots \\ 0 \end{bmatrix}$$

系统传递函数为：

$$H(z) = \frac{1}{1 + a_1 z^{-1} + \cdots + a_p z^{-p}}$$

功率谱密度为：

$$S_x(\omega) = \sigma_w^2 \left| \frac{1}{1 + a_1 z^{-1} + \cdots + a_p z^{-p}} \right|_{z=e^{j\omega}}^2 = \sigma_w^2 \left| \frac{1}{(1 - p_1 e^{-j\omega}) \cdots (1 - p_p e^{-j\omega})} \right|^2$$

p 是系统阶数，系统函数中只有极点，无零点，也称为全极点模型，系统由于极点的原因，要考虑到系统的稳定性，因而要注意极点的分布位置，用 AP(p) 来表示。

在 MATLAB 中可以使用 LPC 函数非常容易地建立 AR 模型，其语法模型如下。

[a,g]=lpc(x,p)

其中，x 为输入信号数据；p 为阶次，a 为模型参数；g 为模型误差相关参数。

【例 12-1】利用 LPC 函数建立 AR 模型。

运行程序如下：

```
noise = randn(50000,1);
x = filter(1,[1 1/2 1/3 1/4],noise);
x = x(45904:50000);
a = lpc(x,3);
est_x = filter([0 -a(2:end)],1,x);
e = x-est_x;
[acs,lags] = xcorr(e,'coeff');
subplot(121)
plot(1:97,x(4001:4097),1:97,est_x(4001:4097),'--'), grid
title 'Original Signal vs. LPC Estimate'
xlabel 'Sample number', ylabel 'Amplitude'
legend('Original signal','LPC estimate')
subplot(122)
plot(lags,acs), grid
title 'Autocorrelation of the Prediction Error'
```

xlabel 'Lags', ylabel 'Normalized value'

运行结果如图 12-1 所示：

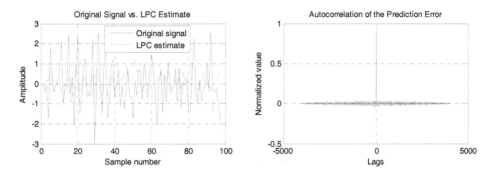

图 12-1　使用 AR 模型对信号预测及预测误差的自相关系数

【例 12-2】利用 MATLAB 对一个线性时不变系统建立 AR 模型，利用相应的仿真算法进行时域模型的参数估计。

运行程序如下：

```
%仿真信号功率谱估计和自相关函数
a=[1 0.3 0.2 0.5 0.2 0.4 0.6 0.2 0.1 0.5 0.3 0.1 0.6];
%仿真信号
t=0:0.001:0.4;
y=sin(2*pi*t*30)+randn(size(t));
%加入白噪声正弦信号
x=filter(1,a,y);
%周期图估计，512 点 FFT
subplot(2,1,1);
periodogram(x,[],512,1000);
axis([0 500 -50 0]);
xlabel('频率/HZ');
ylabel('功率谱/dB');
title('周期图功率谱估计');
grid on;
subplot(2,1,2);
R=xcorr(x);
plot(R);
axis([0 600 -500 500]);
xlabel('时间/t');
ylabel('R(t)/dB');
title('x 的自相关函数');
grid on;
```

运行结果如图 12-2 所示：

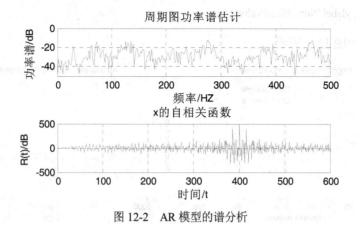

图 12-2　AR 模型的谱分析

【例 12-3】自相关法求 AR 模型谱估计。

运行程序如下：

```
clear all
N=256;
%信号长度
f1=0.05;
f2=0.4;
f3=0.42;
A1=-0.850848;
p=15;
%AR 模型阶次
V1=randn(1,N);
V2=randn(1,N);
U=0;
%噪声均值
Q=0.101043;
%噪声方差
b=sqrt(Q/2);
V1=U+b*V1;
%生成 1*N 阶均值为 U，方差为 Q/2 的高斯白噪声序列
V2=U+b*V2;
%生成 1*N 阶均值为 U，方差为 Q/2 的高斯白噪声序列
V=V1+j*V2;%生成 1*N 阶均值为 U，方差为 Q 的复高斯白噪声序列
z(1)=V(1,1);
for n=2:1:N
    z(n)=-A1*z(n-1)+V(1,n);
end
x(1)=6;
for n=2:1:N
    x(n)=2*cos(2*pi*f1*(n-1))+2*cos(2*pi*f2*(n-1))+2*cos(2*pi*f3*(n-1))+z(n-1);
end
```

```
for k=0:1:p
    t5=0;
    for n=0:1:N-k-1
        t5=t5+conj(x(n+1))*x(n+1+k);
    end
    Rxx(k+1)=t5/N;
end
a(1,1)=-Rxx(2)/Rxx(1);
p1(1)=(1-abs(a(1,1))^2)*Rxx(1);
for k=2:1:p
    t=0;
    for l=1:1:k-1
        t=a(k-1,l).*Rxx(k-l+1)+t;
    end
    a(k,k)=-(Rxx(k+1)+t)./p1(k-1);
    for i=1:1:k-1
        a(k,i)=a(k-1,i)+a(k,k)*conj(a(k-1,k-i));
    end
    p1(k)=(1-(abs(a(k,k)))^2).*p1(k-1);
end
for k=1:1:p
    a(k)=a(p,k);
end
f=-0.5:0.0001:0.5;
f0=length(f);
for t=1:f0
    s=0;
    for k=1:p
        s=s+a(k)*exp(-j*2*pi*f(t)*k);
    end
    X(t)=Q/(abs(1+s))^2;
end
 plot(f,10*log10(X))
xlabel('频率');
ylabel('PSD(dB)');
title('自相关法求 AR 模型谱估计')
```

运行结果如图 12-3 所示：

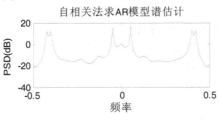

图 12-3　自相关法求 AR 模型谱估计

12.1.2　MA 模型

随机信号 $x(n)$ 由当前的激励值 $w(n)$ 和若干次过去的激励 $w(n-k)$ 线性组合产生，该过程的差分方程为：

$$x(n) = b_0 w(n) + b_1 w(n-1) + \cdots + b_q w(n-q) = \sum_{k=0}^{q} b_k w(n-k)$$

该系统的系统函数是：

$$H(z) = 1 + b_1 z^{-1} + \cdots + b_q z^{-q} = (1 - z_1 z^{-1})(1 - z_2 z^{-1}) \cdots (1 - z_q z^{-1})$$

q 表示系统阶数，系统函数只有零点，没有极点，所以该系统一定是稳定的系统，也称为全零点模型，用 MA(q) 来表示。

自相关系数为：

$$r_x(l) = \begin{cases} \sigma_w^2 \sum_{k=l}^{q} b_k b_{k-l} & 0 \leq l \leq q \\ 0 & |l| > q \end{cases}, \quad r_x(l) = r_x(-l) \quad -1 \geq l \geq -q$$

功率谱密度为：

$$S_x(\omega) = \sigma_w^2 \left| \prod_{k=1}^{q} (z - q_k) \right|_{z=e^{j\omega}}^2$$

【例 12-4】MA 模型功率谱估计 MATLAB 实现。

运行程序如下：

```
N=456;
B1=[1 0.3544 0.3508 0.1736 0.2401];
A1=[1];
w=linspace(0,pi,512);
H1=freqz(B1,A1,w);
%产生信号的频域响应
Ps1=abs(H1).^2;
SPy11=0;%20 次 AR(4)
SPy14=0;%20 次 MA(4)
VSPy11=0;%20 次 AR(4)
VSPy14=0;%20 次 MA(4)
for k=1:20
%采用自协方差法对 AR 模型参数进行估计
y1=filter(B1,A1,randn(1,N)).*[zeros(1,200),ones(1,256)];
[Py11,F]=pcov(y1,4,512,1);%AR(4)的估计
[Py13,F]=periodogram(y1,[],512,1);
SPy11=SPy11+Py11;
VSPy11=VSPy11+abs(Py11).^2;
```

```
%------------MA 模型---------------%
y=zeros(1,256);
for i=1:256
y(i)=y1(200+i);
end
ny=[0:255];
z=fliplr(y);nz=-fliplr(ny);
nb=ny(1)+nz(1);ne=ny(length(y))+nz(length(z));
n=[nb:ne];
Ry=conv(y,z);
R4=zeros(8,4);
r4=zeros(8,1);
for i=1:8
r4(i,1)=-Ry(260+i);
for j=1:4
R4(i,j)=Ry(260+i-j);
end
end
R4
r4
a4=inv(R4'*R4)*R4'*r4
%利用最小二乘法得到的估计参数
%对 MA 的参数 b(1)-b(4)进行估计
A1
A14=[1,a4']
%AR 的参数 a(1)-a(4)的估计值
B14=fliplr(conv(fliplr(B1),fliplr(A14)));
%MA 模型的分子
y24=filter(B14,A1,randn(1,N));%.*[zeros(1,200),ones(1,256)];
%由估计出的 MA 模型产生数据
[Ama4,Ema4]=arburg(y24,32),
B1
b4=arburg(Ama4,4)
%求出 MA 模型的参数
%---求功率谱---%
w=linspace(0,pi,512);
%H1=freqz(B1,A1,w)
H14=freqz(b4,A14,w);
%产生信号的频域响应
%Ps1=abs(H1).^2;          %真实谱
Py14=abs(H14).^2;          %估计谱
SPy14=SPy14+Py14;
VSPy14=VSPy14+abs(Py14).^2;
end
```

```
figure(1)
plot(w./(2*pi),Ps1,w./(2*pi),SPy14/20);
legend('真实功率谱','20 次 MA(4)估计的平均值');
grid on;
xlabel('频率');
ylabel('功率');
```

运行结果如图 12-4 所示：

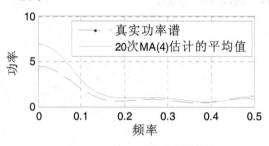

图 12-4　MA 模型功率谱估计

最后一次运行结果如下：

R4 =

62.9298	68.9000	134.3745	186.6099
-0.0353	62.9298	68.9000	134.3745
-6.3498	-0.0353	62.9298	68.9000
2.7240	-6.3498	-0.0353	62.9298
-14.2330	2.7240	-6.3498	-0.0353
-18.6827	-14.2330	2.7240	-6.3498
-2.5881	-18.6827	-14.2330	2.7240
-4.2390	-2.5881	-18.6827	-14.2330

r4 =

```
    0.0353
    6.3498
   -2.7240
   14.2330
   18.6827
    2.5881
    4.2390
  -13.3953
```

a4 =

```
   -0.1382
   -0.0403
   -0.2069
    0.1981
```

A1 =

```
     1
```

A14 =

| | 1.0000 | -0.1382 | -0.0403 | -0.2069 | 0.1981 |

Ama4 =

Columns 1 through 10

| 1.0000 | -0.2236 | -0.2891 | 0.2558 | -0.2179 | 0.0737 | 0.1434 | -0.1952 | 0.0174 |
| 0.0948 |

Columns 11 through 20

| -0.0760 | 0.0281 | -0.0241 | -0.0055 | 0.0009 | 0.1408 | -0.0332 | -0.0589 | 0.0532 |
| 0.0024 |

Columns 21 through 30

| -0.0171 | -0.0340 | 0.0349 | -0.0097 | 0.0717 | -0.0963 | -0.0585 | 0.0086 | 0.0694 |
| -0.0155 |

Columns 31 through 33

| -0.0315 | 0.0261 | 0.0193 |

Ema4 =

0.9884

B1 =

| 1.0000 | 0.3544 | 0.3508 | 0.1736 | 0.2401 |

b4 =

| 1.0000 | 0.6719 | 1.0112 | 0.3867 | 0.5439 |

12.1.3 ARMA 模型

ARMA 模型是 AR 模型和 MA 模型的结合，ARMA(p,q)过程的差分方程为：

$$\sum_{k=0}^{p} a_k x(n-k) = \sum_{k=0}^{q} b_k w(n-k)$$

系统传递函数为：

$$H(z) = \frac{1 + b_1 z^{-1} + b_2 z^{-2} + \cdots + b_q z^{-q}}{1 + a_1 z^{-1} + a_2 z^{-2} + \cdots + a_p z^{-p}} = \frac{(1 - z_1 z^{-1})(1 - z_2 z^{-1}) \cdots (1 - z_q z^{-1})}{(1 - p_1 z^{-1})(1 - p_2 z^{-1}) \cdots (1 - p_p z^{-1})}$$

它既有零点又有极点，所以也称为极点零点模型，要考虑极点零点的分布位置，保证系统的稳定，用 ARMA(p，q)表示。

自相关系数与模型的关系是：

$$r_x(l) = \begin{cases} -\sum\limits_{k=1}^{p} a_k r_x(l-k) + \sum\limits_{k=l}^{q} b_k r_{wx}(l-k) & 0 \le l \le q \\ -\sum\limits_{k=1}^{p} a_k r_x(l-k) & l > q \end{cases}$$

对上述系数进行修正有：

$$r_x(l) = \begin{cases} -\sum_{k=1}^{p} a_k r_x(l-k) + \sigma_w^2 \sum_{k=l}^{q} b_k h(k-l) & 0 \le l \le q \\ -\sum_{k=1}^{p} a_k r_x(l-k) & l > q \end{cases}$$

系统的功率谱密度为：

$$S_x(\omega) = \sigma_w^2 \left| \frac{1 + \sum_{k=1}^{q} b_k z^{-k}}{1 + \sum_{k=1}^{p} a_k z^{-k}} \right|_{z=e^{j\omega}}^2 = \sigma_w^2 \left| \frac{\prod_{k=1}^{q} (1 - z_k z^{-1})}{\prod_{k=1}^{p} (1 - p_k z^{-1})} \right|_{z=e^{j\omega}}^2$$

在 MATLAB 中可以使用 prony 函数非常容易地建立 ARMA 模型，其语法模型如下。

[Num,Den] = prony(impulse_resp,num_ord,denom_ord)

其中，impulse_resp 为输入信号数据；num_ord 为阶次，denom_ord 为模型参数，

【例 12-5】对于一个四阶的 IIR 低通滤波器，利用 prony 函数建立 ARMA 模型。

运行程序如下：

```
d=designfilt('lowpassiir','NumeratorOrder',4,'DenominatorOrder',4,
'HalfPowerFrequency',0.2,'DesignMethod','butter');
impulse_resp = filter(d,[1 zeros(1,31)]);
denom_order = 4; num_order = 4;
[Num,Den] = prony(impulse_resp,num_order,denom_order);
subplot(2,1,1)
stem(impz(Num,Den,length(impulse_resp)))
title 'Impulse Response with Prony Design'
subplot(2,1,2)
stem(impulse_resp)
title 'Input Impulse Response'
```

运行结果如图 12-5 所示：

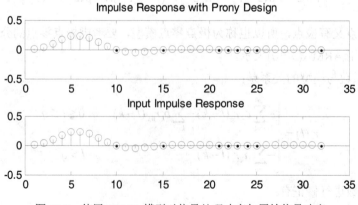

图 12-5　使用 ARMA 模型对信号处理响应与原始信号响应

【例 12-6】模拟一个 ARMA 模型，然后进行时频归并。考察归并前后模型的变化。
运行程序如下：

```
clear
tic
%s 设定 ARMA 模型的多项式系数，ARMA 模型中只有多项式 A(q)和 C(q)
a1 = -(0.6)^(1/3);
a2 = (0.6)^(2/3);
a3 = 0;
a4 = 0;
c1 = 0;
c2 = 0;
c3 = 0;
c4 = 0;
obv = 3000;
%obv 是模拟的观测数目
A = [1 a1 a2 a3 a4];
B = [];
%因为 ARMA 模型没有输入，因此多项式 B 是空的
C = [1 c1 c2 c3 c4];
D = [];
%把 D 也设为空的
F = [];
%ARMA 模型里的 F 多项式也是空的
m = idpoly(A,B,C,D,F,1,1)
%这样就生成了 ARMA 模型，把它存储在 m 中，抽样间隔 Ts 设为 1
error = randn(obv, 1);
%生成一个 obv*1 的正态随机序列，准备用作模型的误差项
e = iddata([],error,1);
%用 randn 函数生成一个噪声序列，存储在 e 中，抽样间隔是 1 秒
%u = [];
%因为是 ARMA 模型，没有输出，所以把 u 设为空的。
y = sim(m,e);
get(y)
%使用 get 函数来查看动态系统的所有性质
r=y.OutputData;
%把 y.OutputData 的全部值赋给变量 r，r 就是一个 obv*1 的向量
figure(1)
plot(r)
title('模拟信号');
ylabel('幅值');
xlabel('时间')
%绘出 y 随时间变化的曲线
```

```
figure(2)
subplot(2,1,1)
n=100;
[ACF,Lags,Bounds]=autocorr(r,n,2);
x=Lags(2:n);
y=ACF(2:n);
%注意这里的 y 和前面 y 的完全不同
h=stem(x,y,'fill','-');
set(h(1),'Marker','.')
hold on
ylim([-1 1]);
a=Bounds(1,1)*ones(1,n-1);
line('XData',x,'YData',a,'Color','red','linestyle','--')
line('XData',x,'YData',-a,'Color','red','linestyle','--')
ylabel('自相关系数')
title('模拟信号系数');
subplot(2,1,2)
[PACF,Lags,Bounds]=parcorr(r,n,2);
x=Lags(2:n);
y=PACF(2:n);
h=stem(x,y,'fill','-');
set(h(1),'Marker','.')
hold on
ylim([-1 1]);
b=Bounds(1,1)*ones(1,n-1);
line('XData',x,'YData',b,'Color','red','linestyle','--')
line('XData',x,'YData',-b,'Color','red','linestyle','--')
ylabel('偏自相关系数')
m = 3;
R = reshape(r,m,obv/m);
% 把向量 r 变形成 m*(obv/m)的矩阵 R.
aggregatedr = sum(R);
% sum(R)计算矩阵 R 每一列的和，得到的 1*(obv/m)行向量 aggregatedr 就是时频归并后得到的序列
dlmwrite('output.txt',aggregatedr','delimiter','\t','precision',6,'newline','pc');
% 至此完成了对 r 的时频归并
figure(3)
subplot(2,1,1)
n=100;
bound = 1;
[ACF,Lags,Bounds]=autocorr(aggregatedr,n,2);
x=Lags(2:n);
y=ACF(2:n);
h=stem(x,y,'fill','-');
```

```
set(h(1),'Marker','.')
hold on
ylim([-bound bound]);
a=Bounds(1,1)*ones(1,n-1);
line('XData',x,'YData',a,'Color','red','linestyle','--')
line('XData',x,'YData',-a,'Color','red','linestyle','--')
ylabel('自相关系数')
title('归并模拟信号系数');
subplot(2,1,2)
[PACF,Lags,Bounds]=parcorr(aggregatedr,n,2);
x=Lags(2:n);
y=PACF(2:n);
h=stem(x,y,'fill','-');
set(h(1),'Marker','.')
hold on
ylim([-bound bound]);
b=Bounds(1,1)*ones(1,n-1);
line('XData',x,'YData',b,'Color','red','linestyle','--')
line('XData',x,'YData',-b,'Color','red','linestyle','--')
ylabel('偏自相关系数')
t=toc;
```

运行结果如图 12-6～图 12-8 所示。

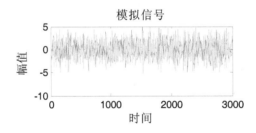

图 12-6   原信号图

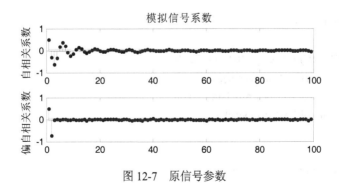

图 12-7   原信号参数

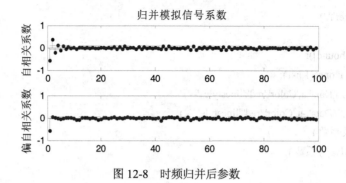

图 12-8　时频归并后参数

运行结果如下：

m =

Discrete-time ARMA model:　A(z)y(t) = C(z)e(t)

　　A(z) = 1 - 0.8434 z^-1 + 0.7114 z^-2

　　C(z) = 1

Sample time: 1 seconds

Parameterization:

　　Polynomial orders:　　na=4　　nc=4

　　Number of free coefficients: 8

　　Use "polydata", "getpvec", "getcov" for parameters and their uncertainties.

【例 12-7】 利用 prony 函数建立 ARMA 模型，将建模信号与原始信号进行对比，查看误差。

运行程序如下：

```
randn('state',0);
noise = randn(50000,1);
x = filter(1,[1 1/2 1/3 1/4],noise);
x = x(45904:50000);
[b,a] = prony (x,3,3);
est_x = filter(b,a,x);
e = x - est_x;
[acs,lags] = xcorr(e,'coeff');
subplot(121)
plot(1:97,x(4001:4097),1:97,est_x(4001:4097),'--');
title('Original Signal vs. ARMA model');
xlabel('Sample Number'); ylabel('Amplitude'); grid;
legend('Original Signal',' ARMA model ')
subplot(122)
plot(lags,acs);
title('Autocorrelation of the Prediction Error');
xlabel('Lags'); ylabel('Normalized Value'); grid;
```

运行结果如图 12-9 所示：

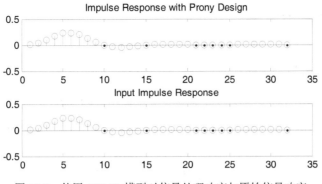

图 12-9 使用 ARMA 模型对信号处理响应与原始信号响应

12.2 频 域 建 模

谱估计分为两大类：非参数化方法和参数化方法。非参数化谱估计又叫做经典谱估计，其主要缺陷是频率分辨率低；而参数化谱估计又叫做现代谱估计，它具有频率分辨率高的优点。

经典功率谱估计是将数据工作区外的未知数据假设为零，相当于数据加窗。经典功率谱估计方法分为：相关函数法(BT 法)、周期图法以及两种改进的周期图估计法即平均周期图法和平滑平均周期图法，其中周期图法应用较多，具有代表性。

现代功率谱估计即参数谱估计方法，是通过观测数据估计参数模型再按照求参数模型输出功率的方法估计信号功率谱。主要是针对经典谱估计的分辨率低和方差性能不好等问题提出的。

MATLAB 信号处理工具箱提供了三种方法：

(1) Nonparametric methods(非参量类方法)

PSD 直接从信号本身估计出来。最简单的就是 periodogram(周期图法)，一种改进的周期图法是 Welch's method。更现代的一种方法是 multitaper method(多椎体法)。

(2) Parametric methods (参量类方法)

这类方法假设信号是一个由白噪声驱动的线性系统的输出。这类方法的例子是 Yule-Walker autoregressive (AR) method 和 Burg method。这些方法先估计假设的产生信号的线性系统的参数，并想要对可用数据相对较少的情况产生优于传统非参数方法的结果。

(3) Subspace methods (子空间类)

又称为 high-resolution methods(高分辨率法)或者 super-resolution methods(超分辨率方法)，基于对自相关矩阵的特征分析或者特征值分解产生信号的频率分量。代表方法有 multiple signal classification (MUSIC) method 或 eigenvector (EV) method。这类方法对线谱(正弦信号的谱)最合适，对检测噪声下的正弦信号很有效，特别是低信噪比的情况。

12.2.1　非参量类方法

1. Periodogram(周期图法)

一个估计功率谱的简单方法是直接求随机过程抽样的 DFT，然后取结果的幅度的平方。这样的方法叫做周期图法。一个长 L 的信号 $x_L[n]$ 的 PSD 的周期图估计是：

$$\hat{P}_{xx}(f) = \frac{\left|X_L(f)\right|^2}{f_s L}$$

这里 $x_L(f)$ 运用的是 MATLAB 里面的 fft 的定义：不带归一化系数，所以要除以 L，其中：

$$X_L(f) = \sum_{n=0}^{L-1} x_L[n] e^{-2\pi jfn/f_s}$$

实际对 $x_L(f)$ 的计算可以只在有限的频率点上执行并且使用 FFT。实践上大多数周期图法的应用都计算 N 点 PSD 估计：

$$\hat{P}_{xx}(f_k) = \frac{\left|X_L(f_k)\right|^2}{f_s L}, \quad f_k = \frac{kf_s}{N}, k = 0,1,\ldots,N-1$$

其中 $X_L(f_k) = \sum_{n=0}^{L-1} x_L[n] e^{-2\pi jkn/N}$，选择 N 是大于 L 的下一个 2 的幂次是明智的。要计算 $X_L[f_k]$，我们直接对 $x_L[n]$ 补零到长度为 N。假如 $L>N$，在计算 $X_L[f_k]$ 前，我们必须绕回 $x_L[n]$ 模 N。

考虑有限长信号 $x_L[n]$，把它表示成无限长序列 $x[n]$ 乘以一个有限长矩形窗 $w_R[n]$ 的乘积的形式经常很有用：

$$x_L[n] = x[n] \cdot w_R[n]$$

因为时域的乘积等效于频域的卷积，所以上式的傅立叶变换是：

$$X_L(f) = \frac{1}{f_s} \int_{-f_s/2}^{f_s/2} X(\rho) W_R(f-\rho) \mathrm{d}\rho$$

前文中导出的表达式 $\hat{P}_{xx}(f) = \dfrac{\left|X_L(f)\right|^2}{f_s L}$，说明卷积对周期图有影响。

分辨率指的是区分频谱特征的能力，是分析谱估计性能的关键概念。

要区分两个在频率上离得很近的正弦，要求两个频率差大于任何一个信号泄漏频谱的主瓣宽度。主瓣宽度定义为主瓣上峰值功率一半的点间的距离(3dB 带宽)。该宽度近似等于 f_s/L。两个频率为 f_1 f_2 的正弦信号，可分辨条件是：$\Delta f = (f_1 - f_2) > \dfrac{f_s}{L}$。

周期图是对 PSD 的有偏估计，期望值是：

$$E\left\{\frac{\left|X_L(f)\right|^2}{f_s L}\right\} = \frac{1}{f_s L}\int\limits_{-f_s/2}^{f_s/2} P_{xx}(\rho)\left|W_R(f-\rho)\right|^2 \,\mathrm{d}\rho$$

该式和频谱泄漏中的 $X_L(f)$ 式相似，除了这里的表达式用的是平均功率而不是幅度。这暗示了周期图产生的估计对应于一个有泄漏的 PSD 而非真正的 PSD。$\left|W_R(f-\rho)\right|^2$ 本质上是一个三角 Bartlett 窗，这导致了最大旁瓣峰值比主瓣峰值低 27dB，大致是非平方矩形窗的 2 倍。周期图估计是渐进无偏的。

随着记录数据趋于无穷大，矩形窗对频谱对 Dirac 函数的近似也就越来越好。然而在某些情况下，周期图法估计很不好，这是因为周期图法的方差。

周期图法估计的方差为：

$$\mathrm{var}\left\{\frac{\left|X_L(f)\right|^2}{f_s L}\right\} \approx P_{xx}^2(f)\left[1+\left(\frac{\sin(2\pi L f/f_s)}{L\sin(2\pi f/f_s)}\right)^2\right]$$

L 趋于无穷大，方差也不趋于 0。用统计学术语讲，该估计不是无偏估计。然而周期图在信噪比大的时候仍然是有用的谱估计器，特别是数据够长。

【例 12-8】用 Fourier 变换求取信号的功率谱——周期图法。

运行程序如下：

```
clf;
Fs=1000;
N=256;Nfft=256;
%数据的长度和 FFT 所用的数据长度
n=0:N-1;t=n/Fs;
%采用的时间序列
xn=sin(2*pi*50*t)+2*sin(2*pi*120*t)+randn(1,N);
Pxx=10*log10(abs(fft(xn,Nfft).^2)/N);
%Fourier 振幅谱平方的平均值，并转化为 dB
f=(0:length(Pxx)-1)*Fs/length(Pxx);
%给出频率序列
subplot(2,1,1),plot(f,Pxx);
%绘制功率谱曲线
xlabel('频率/Hz');ylabel('功率谱/dB');
title('周期图 N=256');
grid on;
Fs=1000;
N=1024;Nfft=1024;
```

```
%数据的长度和 FFT 所用的数据长度
n=0:N-1;t=n/Fs;
%采用的时间序列
xn=sin(2*pi*50*t)+2*sin(2*pi*120*t)+randn(1,N);
Pxx=10*log10(abs(fft(xn,Nfft).^2)/N);
%Fourier 振幅谱平方的平均值，并转化为 dB
f=(0:length(Pxx)-1)*Fs/length(Pxx);
%给出频率序列
subplot(2,1,2),plot(f,Pxx);
%绘制功率谱曲线
xlabel('频率/Hz');ylabel('功率谱/dB');
title('周期图 N=1024');
grid on;
```

运行结果如图 12-10 所示：

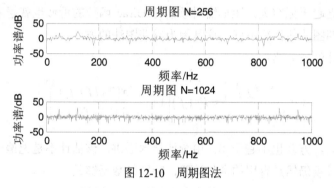

图 12-10　周期图法

2. Modified Periodogram(修正周期图法)

在 fft 前先加窗，平滑数据的边缘，可以降低旁瓣的高度。旁瓣是使用矩形窗产生的陡峭的剪切引入的寄生频率，对于非矩形窗，结束点衰减的平滑，所以引入较小的寄生频率。但是，非矩形窗增宽了主瓣，因此降低了频谱分辨率。

函数 periodogram 允许指定对数据加的窗，事实上加汉宁窗后信号的主瓣大约是矩形窗主瓣的 2 倍。对固定长度信号，汉宁窗能达到的谱估计分辨率大约是矩形窗分辨率的一半。

这种冲突可以在某种程度上被变化窗解决，例如凯塞窗。非矩形窗会影响信号的功率，因为一些采样被削弱了。为了解决这个问题，函数 periodogram 将窗归一化，有平均单位功率。这样的窗不影响信号的平均功率。

修正周期图法估计的功率谱是：

$$\hat{P}_{xx}(f) = \frac{\left|X_L(f)\right|^2}{f_s L U}$$

其中 U 是窗归一化常数，$U = \dfrac{1}{L}\displaystyle\sum_{n=0}^{L-1}\left|w(n)\right|^2$。

【例 12-9】用 Fourier 变换求取信号的功率谱——分段周期图法。

```
clf;
Fs=1000;
N=1024;Nsec=256;
%数据的长度和 FFT 所用的数据长度
n=0:N-1;t=n/Fs;
%采用的时间序列
randn('state',0);
xn=sin(2*pi*50*t)+2*sin(2*pi*120*t)+randn(1,N);
Pxx1=abs(fft(xn(1:256),Nsec).^2)/Nsec;
%第一段功率谱
Pxx2=abs(fft(xn(257:512),Nsec).^2)/Nsec;
%第二段功率谱
Pxx3=abs(fft(xn(513:768),Nsec).^2)/Nsec;
%第三段功率谱
Pxx4=abs(fft(xn(769:1024),Nsec).^2)/Nsec;
%第四段功率谱
Pxx=10*log10(Pxx1+Pxx2+Pxx3+Pxx4/4);
%Fourier 振幅谱平方的平均值，并转化为 dB
f=(0:length(Pxx)-1)*Fs/length(Pxx);
%给出频率序列
subplot(1,2,1),plot(f(1:Nsec/2),Pxx(1:Nsec/2));
%绘制功率谱曲线
xlabel('频率/Hz');ylabel('功率谱/dB');
title('平均周期图(无重叠)N=4*256');grid on;
%运用信号重叠分段估计功率谱
Pxx1=abs(fft(xn(1:256),Nsec).^2)/Nsec;
%第一段功率谱
Pxx2=abs(fft(xn(129:384),Nsec).^2)/Nsec;
%第二段功率谱
Pxx3=abs(fft(xn(257:512),Nsec).^2)/Nsec;
%第三段功率谱
Pxx4=abs(fft(xn(385:640),Nsec).^2)/Nsec;
%第四段功率谱
Pxx5=abs(fft(xn(513:768),Nsec).^2)/Nsec;
%第四段功率谱
Pxx6=abs(fft(xn(641:896),Nsec).^2)/Nsec;
%第四段功率谱
Pxx7=abs(fft(xn(769:1024),Nsec).^2)/Nsec;
%第五段功率谱
Pxx=10*log10(Pxx1+Pxx2+Pxx3+Pxx4+Pxx5+Pxx6+Pxx7/7);
%Fourier 振幅谱平方的平均值，并转化为 dB
f=(0:length(Pxx)-1)*Fs/length(Pxx);
%给出频率序列
```

```
subplot(1,2,2),plot(f(1:Nsec/2),Pxx(1:Nsec/2));
%绘制功率谱曲线
xlabel('频率/Hz');ylabel('功率谱/dB');
title('平均周期图(重叠 1/2)N=1024');
grid on;
```

运行结果如图 12-11 所示：

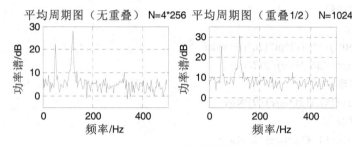

图 12-11　平均周期图法

3. Welch 法

包括：将数据序列划分为不同的段(可以有重叠)，对每段进行改进周期图法估计，再平均。用 spectrum.welch 对象或 pwelch 函数。

默认情况下数据划分为 4 段，50%重叠，应用汉宁窗。取平均的目的是减小方差，重叠会引入冗余，但是加汉宁窗可以部分消除这些冗余，因为窗给边缘数据的权重比较小。数据段的缩短和非矩形窗的使用使得频谱分辨率下降。

Welch 法的偏差：

$$E\left\{\hat{P}_{\mathrm{welch}}\right\} = \frac{1}{f_s L_s U} \int_{-f_s/2}^{f_s/2} P_{xx}(\rho)\left|W_R(f-\rho)\right|^2 \mathrm{d}\rho$$

其中 L_s 是分段数据的长度，$U = \dfrac{1}{L}\displaystyle\sum_{n=0}^{L-1}|w(n)|^2$ 是窗归一化常数。对一定长度的数据，Welch 法估计的偏差会大于周期图法，因为 $L > L_s$。方差比较难以量化，因为它和分段长以及实用的窗都有关系，但是总的来说方差反比于使用的段数。

【例 12-10】用 Fourier 变换求取信号的功率谱——Welch 方法。

运行程序如下：

```
clf;
Fs=1000;
N=1024;Nfft=256;
n=0:N-1;t=n/Fs;
window=hanning(256);
noverlap=128;
dflag='none';
randn('state',0);
```

```
xn=sin(2*pi*50*t)+2*sin(2*pi*120*t)+randn(1,N);
Pxx=psd(xn,Nfft,Fs,window,noverlap,dflag);
f=(0:Nfft/2)*Fs/Nfft;
plot(f,10*log10(Pxx));
xlabel('频率/Hz');ylabel('功率谱/dB');
title('PSD--Welch 方法');
grid on;
```

运行结果如图 12-12 所示：

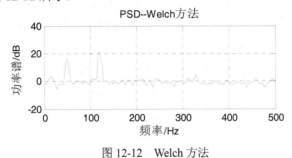

图 12-12　Welch 方法

4. Multitaper Method(多椎体法)

　　周期图法估计可以用滤波器组来表示。L 个带通滤波器对信号 $x_L[n]$ 进行滤波，每个滤波器的 3dB 带宽是 f_s/L。所有滤波器的幅度响应相似于矩形窗的幅度响应。周期图估计就是对每个滤波器输出信号功率的计算，仅仅使用输出信号的一个采样点计算输出信号功率，而且假设 $x_L[n]$ 的 PSD 在每个滤波器的频带上是常数。

　　信号长度增加，带通滤波器的带宽就在减少，近似度就更好。但是有两个原因对精确度有影响：

　　(1) 矩形窗对应的带通滤波器性能很差。

　　(2) 每个带通滤波器输出信号功率的计算仅仅使用一个采样点，这使得估计很粗糙。

　　Welch 法也可以用滤波器组给出相似的解释。在 Welch 法中使用了多个点来计算输出功率，降低了估计的方差。另一方面每个带通滤波器的带宽增大了，分辨率下降了。

　　Thompson 的多椎体法(MTM)构建在上述结论之上，提供更优的 PSD 估计。MTM 方法没有使用带通滤波器(它们本质上是矩形窗，如同周期图法中一样)，而是使用一组最优滤波器计算估计值。这些最优 FIR 滤波器是由一组被叫做离散扁平类球体序列(DPSS，也叫做 Slepian 序列)得到的。

　　除此之外，MTM 方法提供了一个时间-带宽参数，有了它能在估计方差和分辨率之间进行平衡。该参数由时间-带宽乘积得到 NW，同时它直接与谱估计的多椎体数有关。总有 2*NW-1 个多椎体被用来形成估计。这就意味着，随着 NW 的提高，会有越来越多的功率谱估计值，估计方差会越来越小。然而，每个多椎体的带宽仍然正比于 NW，因而 NE 提高，每个估计会存在更大的泄露，从而整体估计会更加呈现有偏。对每一组数据，总有一个 NW 值能在估计偏差和方差见获得最好的折中。

信号处理工具箱中实现 MTM 方法的函数是 pmtm，而实现该方法的对象是 spectrum. mtm。

PSD 是互谱密度(CPSD)函数的一个特例，CPSD 由两个信号 xn、yn 如下定义：

$$P_{xy}(\omega) = \frac{1}{2\pi} \sum_{m=-\infty}^{\infty} R_{xy}(\omega) e^{-j\omega m}$$

如同互相关与协方差的例子，工具箱估计 PSD 和 CPSD 是因为信号长度有限。为了使用 Welch 方法估计相隔等长信号 x 和 y 的互功率谱密度，CPSD 函数通过将 x 的 FFT 和 y 的 FFT 再共轭之后相乘的方式得到周期图。与实值 PSD 不同，CPSD 是个复数函数。CPSD 如同 PWELCH 函数一样处理信号的分段和加窗问题。

Welch 方法的一个应用是非参数系统的识别。假设 H 是一个线性时不变系统，$x(n)$ 和 $y(n)$ 是 H 的输入和输出，则 x(n) 的功率谱就与 $x(n)$ 和 $y(n)$ 的 CPSD 通过如下方式相关联：

$$P_{yx}(\omega) = H(\omega) P_{xx}(\omega)$$

$x(n)$ 和 $y(n)$ 的一个传输函数是：

$$\hat{H}(\omega) = \frac{P_{yx}(\omega)}{P_{xx}(\omega)}$$

传递函数法同时估计出幅度和相位信息。tfestimate 函数使用 Welch 方法计算 CPSD 和功率谱，然后得到它们的商作为传输函数的估计值。tfestimate 函数使用方法和 cpsd 相同。

两个信号幅度平方相干性如下所示：

$$C_{xy}(\omega) = \frac{\left| P_{xy}(\omega) \right|^2}{P_{xx}(\omega) P_{yy}(\omega)}$$

该商是一个 0 到 1 之间的实数，表征了 $x(n)$ 和 $y(n)$ 之间的相干性。mscohere 函数输入两个序列 x 和 y，计算其功率谱和 CPSD，返回 CPSD 幅度平方与两个功率谱乘积的商。函数的选项和操作与 cpsd 和 tfestimate 类似。

【例 12-11】功率谱估计——多窗口法(Multitaper Method，MTM 法)的实现。

运行程序如下：

```
clf;
Fs=1000;
N=1024;Nfft=256;n=0:N-1;t=n/Fs;
randn('state',0);
xn=sin(2*pi*50*t)+2*sin(2*pi*120*t)+randn(1,N);
[Pxx1,f]=pmtm(xn,4,Nfft,Fs);
%此处有问题
subplot(2,1,1),plot(f,10*log10(Pxx1));
xlabel('频率/Hz');ylabel('功率谱/dB');
title('多窗口法(MTM)NW=4');
```

```
grid on;
[Pxx,f]=pmtm(xn,2,Nfft,Fs);
subplot(2,1,2),plot(f,10*log10(Pxx));
xlabel('频率/Hz');ylabel('功率谱/dB');
title('多窗口法(MTM)NW=2');
grid on;
```

运行结果如图 12-13 所示:

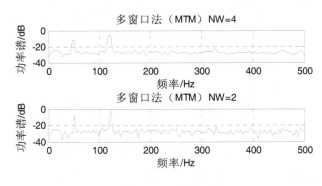

图 12-13 多窗口法

12.2.2 参数法

参数法在信号长度较短时能够获得比非参数法更高的分辨率。这类方法使用不同的方式来估计频谱:不是试图直接从数据中估计 PSD,而是将数据建模成一个由白噪声驱动的线性系统的输出,并试图估计出该系统的参数。

最常用的线性系统模型是全极点模型,也就是一个滤波器,它的所有零点都在 Z 平面的原点。这样一个滤波器输入白噪声后的输出是一个自回归(AR)过程。正是由于这个原因,这一类方法被称作 AR 方法。

AR 方法便于描述谱呈现尖峰的数据,即 PSD 在某些频点特别大。在很多实际应用中(如语音信号)数据都具有带尖峰的谱,所以 AR 模型通常很有用。另外,AR 模型具有相对易于求解的系统线性方程。

1. Yule-Walker 法

Yule-Walker AR 法通过计算信号自相关函数的有偏估计、求解前向预测误差的最小二乘最小化来获得 AR 参数。这就得出了 Yule-Walker 等式。

$$\begin{bmatrix} r(1) & r(2)^* & \cdots & r(p)^* \\ r(2) & r(1)^* & \cdots & r(p-1)^* \\ \vdots & \vdots & \vdots & \vdots \\ r(p) & \cdots & r(2) & r(1) \end{bmatrix} \begin{bmatrix} a(2) \\ a(3) \\ \vdots \\ a(p+1) \end{bmatrix} = \begin{bmatrix} -r(2) \\ -r(3) \\ \vdots \\ -r(p+1) \end{bmatrix}$$

Yule-Walker AR 法结果与最大熵估计器结果一致。由于自相关函数的有偏估计的使用，确保了上述自相关矩阵正定。因此，矩阵可逆且方程一定有解。另外，这样计算的 AR 参数总会产生一个稳定的全极点模型。Yule-Walker 方程通过 Levinson 算法地以高效地求解。工具箱中的对象 spectrum.yulear 和函数 pyulear 实现了 Tule-Walker 方法。Yule-Walker AR 法的谱比周期图法更加平滑。这是因为其内在的简单全极点模型的缘故。

2. Bur·g 法

Burg AR 法谱估计是基于最小化前向后向预测误差的同时满足 Levinson-Durbin 递归。与其它的 AR 估计方法对比，Burg 法避免了对自相关函数的计算，改而直接估计反射系数。

Burg 法最首要的优势在于解决含有低噪声的间隔紧密的正弦信号，并且对短数据的估计，在这种情况下 AR 功率谱密度估计非常逼近于真值。另外，Burg 法确保产生一个稳定 AR 模型，并且能高效计算。

Burg 法的精度在阶数高、数据记录长、信噪比高(这会导致线分裂或者在谱估计中产生无关峰)的情况下较低。Burg 法计算的谱密度估计也易受噪声正弦信号初始相位导致的频率偏移(相对于真实频率)影响。这一效应在分析短数据序列时会被放大。

工具箱中的 spectrum.burg 对象和 pburg 函数实现了 Burg 法。

【例 12-12】用 Burg 法进行功率谱估计。

运行程序如下：

```
clear;
clc;
N=1024;
Nfft=128;
n=[0:N-1];
randn('state',0);
wn=randn(1,N);
xn=sqrt(20)*sin(2*pi*0.6*n)+sqrt(20)*sin(2*pi*0.5*n)+wn;
[Pxx1,f]=pburg(xn,15,Nfft,1);
%用 Burg 法进行功率谱估计，阶数为 15，点数为 1024
Pxx1=10*log10(Pxx1);
hold on;
subplot(2,2,1);plot(f,Pxx1);
xlabel('频率');
ylabel('功率谱(dB)');
title('Burg 法　阶数=15,N=1024');
grid on;
[Pxx2,f]=pburg(xn,20,Nfft,1);
%用 Burg 法进行功率谱估计，阶数为 20，点数为 1024
Pxx2=10*log10(Pxx2);
hold on
subplot(2,2,2);plot(f,Pxx2);
xlabel('频率');
ylabel('功率谱(dB)');
```

```
title('Burg 法  阶数=20,N=1024');
grid on;
N=512;
Nfft=128;
n=[0:N-1];
randn('state',0);
wn=randn(1,N);
xn=sqrt(20)*sin(2*pi*0.2*n)+sqrt(20)*sin(2*pi*0.3*n)+wn;
[Pxx3,f]=pburg(xn,15,Nfft,1);
%用 Burg 法进行功率谱估计，阶数为 15，点数为 512
Pxx3=10*log10(Pxx3);
hold on
subplot(2,2,3);plot(f,Pxx3);
xlabel('频率');
ylabel('功率谱 (dB)');
title('Burg 法  阶数=15,N=512');
grid on;
[Pxx4,f]=pburg(xn,10,Nfft,1);
%用 Burg 法进行功率谱估计，阶数为 10，点数为 256
Pxx4=10*log10(Pxx4);
hold on
subplot(2,2,4);plot(f,Pxx4);
xlabel('频率');
ylabel('功率谱(dB)');
title('Burg 法  阶数=10,N=256');
grid on;
```

运行结果如图 12-14 所示：

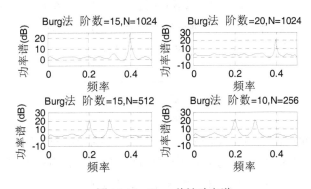

图 12-14 Burg 估计功率谱

3. 协方差和修正协方差法

AR 谱估计的协方差算法基于最小化前向预测误差而产生，而修正协方差算法是基于最小化前向和后向预测误差而产生。工具箱中的 spectrum.cov 对象和 pcov 函数，以及 spectrum.mcov 对象和 pmcov 函数实现了各自算法。

12.2.3　Subspace Methods 子空间法

spectrum.music 对象和 pmusic 函数，以及 spectrum.eigenvector 对象和 peig 函数提供了两种相关的谱分析方法：

(1) spectrum.music 对象和 pmusic 函数提供 Schmidt 提出的 MUSIC 算法。

(2) spectrum.eigenvector 对象和 peig 函数提供 Johnson 提出的 EV 算法。

这两种算法均基于对自相关矩阵的特征分析，用于对频率的估计。这种谱分析将数据相关矩阵的信息分为信号子空间或者噪声子空间。

特征分析方法通过计算信号和噪声子空间向量的某些函数来生成其频率估计值。MUSIC 和 EV 技术选择一个函数，它在一个输入正弦信号频率点上趋于无穷(分母趋于 0)。使用数字技术，得到的估计值在感兴趣的频点上具有尖锐的峰值，这就意味着向量中可能没用无穷大点。

MUSIC 估计由下面方程所示：

$$P_{\text{MUSIC}}(f) = \frac{1}{\mathbf{e}^H(f)\left(\displaystyle\sum_{k=p+1}^{N} \mathbf{v}_k \mathbf{v}_k^H\right)\mathbf{e}(f)} = \frac{1}{\displaystyle\sum_{k=p+1}^{N}\left|\mathbf{v}_k^H \mathbf{e}(f)\right|^2}$$

此处 N 是特征向量的维数，$\mathbf{e}(f)$ 是复正弦信号向量：

$$\mathbf{e}(f) = \begin{bmatrix} 1 & \exp(j2\pi f) & \exp(j2\pi f \cdot 2) & \exp(j2\pi f \cdot 4) & \cdots\cdots & \exp(j2\pi f \cdot (n-1)) \end{bmatrix}^H$$

v 表示输入信号则相关矩阵的特征向量，vk 是第 k 个特征向量；H 代表共轭转置。求和中的特征向量对应了最小的特征值并张成噪声空间(p 是信号子空间维度)。

表达式 $\mathbf{v}_k^H \mathbf{e}(f)$ 等价于一个傅里叶变换(向量 $\mathbf{e}(f)$ 由复指数组成)。这一形式对于数值计算有用，因为 FFT 能够对每一个 $\mathbf{v}_k$ 进行计算，然后幅度平方再被求和。

EV 算法通过自相关矩阵的特征值对求和进行加权：

$$P_{EV}(f) = \frac{1}{\left(\displaystyle\sum_{k=p+1}^{N}\left|\mathbf{v}_k^H \mathbf{e}(f)\right|^2\right)/\lambda_k}$$

工具箱中的 pmusic 函数和 peig 函数采用 SVD(奇值分解)对信号计算，采用 eig 函数来分析自相关矩阵，并将特征向量归为信号子空间和噪声子空间。当使用 SVD 的时候，pmusic 和 peig 并未显式地计算相关矩阵，但是奇异值却是特征值。

【例 12-13】功率谱估计——多信号分类法(Multiple Signal Classification，music 法)的实现。

运行程序如下：

```
clf;
Fs=1000;
```

```
N=1024;Nfft=256;
n=0:N-1;t=n/Fs;
randn('state',0);
xn=sin(2*pi*100*t)+2*sin(2*pi*200*t)+randn(1,N);
pmusic(xn,[7,1.1],Nfft,Fs,32,16);
xlabel('频率/KHz');ylabel('功率谱/dB');
title('music 方法估计功率谱');
grid on;
```

运行结果如图 12-15 所示：

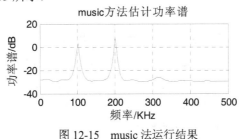

图 12-15 music 法运行结果

12.2.4 谱分析综合应用

时频分析(JTFA)即时频联合域分析(Joint Time-Frequency Analysis)的简称，作为分析时变非平稳信号的有力工具，成为现代信号处理研究的一个热点，它作为一种新兴的信号处理方法，近年来受到越来越多的重视。时频分析方法提供了时间域与频率域的联合分布信息，清楚地描述了信号频率随时间变化的关系。

时频分析的基本思想是：设计时间和频率的联合函数，用它同时描述信号在不同时间和频率的能量密度或强度。时间和频率的这种联合函数简称为时频分布。利用时频分布来分析信号，能给出各个时刻的瞬时频率及其幅值，并且能够进行时频滤波和时变信号研究。

非平稳机械振动信号包含着比平稳振动信号更丰富的信息，可以反映更多的系统特性。在平稳情况下不容易显现出来的现象在变工况情况下可以得到充分的显现。例如，旋转机械中转子过临界转速时所出现的非平稳信号就充分体现了转子系统各方面的性质。

根据这一非平稳信号，可以识别转子的裂纹故障；有些非线性现象在变速或变工况情况下可能有较明显的显示；有些与载荷相关的系统动力学问题在非平稳振动信号中也有可能更显露。因此变速或变工况机械振动信号的分析以及对变速机械的状态估计与监测引起了许多技术人员的重视，也引起了许多科研人员的兴趣。

但是，由于受到理论和计算工具上的限制，在 20 世纪 80 年代以前，人们对于信号进行分析往往只局限于平稳的方法，尽管这些方法将信号近似看成平稳信号，采用平稳信号处理的方法进行处理可以得到信号的一些特征，有时甚至可以有效地进行故障诊断。

但是，这些方法都不可避免地忽视了信号由非平稳性所表现出来的独特性质，不能全面地描述信号的时变特征。进入 80 年代后，随着信号处理理论和方法的进一步发展，对于非平稳信号的分析方法逐渐发展起来。

频域分析法是平稳信号常用的处理方法，傅立叶变换与傅立叶反变换作为桥梁建立了信号 $x(t)$ 与其频谱 $X(f)$ 之间的一一映射关系，属于整体或全局变换，即只能从整体信号的时域表示得到其频谱，或者只能从整体信号的频谱获得其时域表示。

其次，傅立叶变换建立的只是从一个域到另一个域的桥梁，所以频谱 $X(f)$ 仅表征信号 $x(t)$ 中某一频率分量 f 的振幅和相位，而无法获得信号各频率分量随时间变化的规律。非平稳随机信号 $x(t)$ 的统计特征是随时间变化的，但其所有的局部变化都只能以整体形式表现在 $X(f)$ 里。这表明，传统的傅立叶变换(即传统的谱分析)无法反映非平稳信号统计量的时间变化特征。

传统傅里叶变换之所以不能反映非平稳信号统计量的时间变化，乃是因为它只是将信号在单个域(时域或频域)里表示。也就是说，传统傅里叶变换是一种全域变换。

这样一类信号表示统称为信号的时频表示，它可以克服传统傅里叶变换不能反映非平稳信号统计量的时间变化这一缺陷，但它也存在新的问题：频谱的分辨率取决于信号长度，局部地取一段信号作频谱分析，谱分辨率会受到影响，即所取局部长度越短，谱分辨率也越差，而且所取的长度要与信号的"局部(或域)平稳长度"相适应。

总之，由于平稳信号与非平稳信号的特性不同，分析方法也自然不同：

(1) 平稳信号可用一维表示(时间轴或频率轴)，但非平稳信号则需用二维平面表示(如时间-频率平面，时间-尺度平面等)。

(2) 对平稳信号采用的是全局的傅里叶变换，而对非平稳信号则使用局域变换。

时频分析法一般分为线性时频分析法、双线性时频分析法、参数化时频分析法等。典型的线性时频表示有短时傅立叶变换、Gabor 变换、小波变换等；典型的双线性时频表示有 Wigner 分布分析等；近年来，参数化时频分析也逐渐发展起来。

【例 12-14】利用时频分析工具对随机信号进行分离。

运行程序如下：

```
close all;
clc;
load data;
[n,T]=size(S);
% 原信号的个数和观测信号的长度
SNR=20;
% 信噪比
m=4;
% 观测信号个数
Nt=T/2;
Nf=T/2;
tfr_s=cell(1,n);
for i=1:n
tfr_s{i}=tfrspwv(hilbert(S(i,:).'),1:T/Nt:T,Nf);
end
```

```
disp('Press any key to plot the sources with their TFDs.')
disp(' ')
pause;
figure(1);
for i=1:n
subplot(2,3,i);
plot(S(i,:)); xlabel('时间'); title(['信号源 ' int2str(i)]); axis tight
subplot(2,3,i+3);
imagesc([0:T],[0:1/T:0.5-1/T],tfr_s{i}); axis xy; xlabel('时间');
ylabel('归一化频率');
title(['信号源的时频分布 ' int2str(i)]);
colorbar;
end
A=randn(m,n);
sigb=min(sqrt(sum(A.^2,2)))*exp(-SNR*log(10)/20); % Noise std
X=A*S+sigb*randn(m,T);
disp('Press any key to plot the observations.')
disp(' ')
pause;
figure(2);
for i=1:m
    subplot(m,1,i);
    plot(1:T,X(i,:));
    title(['观测 ' int2str(i)]); axis tight
end
xlabel('时间');
disp('Press any key to perform separation.')
disp(' ');
pause;
[Se,Ae]=tfbss(X,n,Nt,Nf);
S_n=(diag(std(S.').^-1)*S);
C=1/T*(S_n*Se.');
Se_t=[];
for i=1:n
    [maxj,jmax]=max(abs(C(i,:)));
    Se_t=[Se_t; sign(C(i,jmax))*Se(jmax,:)];
end
figure(3);
for i=1:n
    subplot(n,1,i);
    plot(1:T, S_n(i,:).','b',1:T,Se_t(i,:).' ,'r');
    title(['源信号 ' int2str(i) ' (源信号: 蓝 – 估计: 红)']);
    axis tight
end
```

运行子程序如下：

1. 时频转换函数

```
function [tfr,t,f] = tfrspwv(x,t,N,g,h,trace);
%[TFR，T，F]= tfrspwv(x，t，n，g，h，trace)计算平滑伪
%魏格纳分布的离散时间信号 X。
%X：自动信号 SPWV 或[X1，X2]如果跨 SPWV。
%T：时刻(S)(默认：1：长度(X))。
%N：频率箱数(默认值：长度(X))。
%G：平滑时间窗口，G(0)被强制为 1。(默认：海明(N/10))
%H：在时域的频率平滑窗口。
%H(0)被强制为 1(默认：海明(N / 4))。
%TFR：时频表示。如果不调用输出参数 TFRSPWV，运行 TFRQVIEW。
%F：向量的归一化频率。
if (nargin == 0),
  error('At least 1 parameter required');
end;
[xrow,xcol] = size(x);
if (xcol==0)|(xcol>2),
  error('X must have one or two columns');
end
if (nargin <= 2),
  N=xrow;
elseif (N<0),
  error('N must be greater than zero');
elseif (2^nextpow2(N)~=N),
% fprintf('For a faster computation, N should be a power of two\n');
end;
hlength=floor(N/4); hlength=hlength+1-rem(hlength,2);
glength=floor(N/10);glength=glength+1-rem(glength,2);
if (nargin == 1),
  t=1:xrow; g = window(glength); h = window(hlength); trace = 0;
elseif (nargin == 2)|(nargin == 3),
  g = window(glength); h = window(hlength); trace = 0;
elseif (nargin == 4),
  h = window(hlength); trace = 0;
elseif (nargin == 5),
  trace = 0;
end;
  [trow,tcol] = size(t);
if (trow~=1),
  error('T must only have one row');
end;
  [grow,gcol]=size(g); Lg=(grow-1)/2;
```

```
if (gcol~=1)|(rem(grow,2)==0),
  error('G must be a smoothing window with odd length');
end;
 [hrow,hcol]=size(h); Lh=(hrow-1)/2; h=h/h(Lh+1);
if (hcol~=1)|(rem(hrow,2)==0),
    error('H must be a smoothing window with odd length');
end;
tfr= zeros (N,tcol) ;
if trace, disp('Smoothed pseudo Wigner-Ville distribution'); end;
for icol=1:tcol,
  ti= t(icol); taumax=min([ti+Lg-1,xrow-ti+Lg,round(N/2)-1,Lh]);
  if trace, disprog(icol,tcol,10); end;
  points= -min([Lg,xrow-ti]):min([Lg,ti-1]);
  g2=g(Lg+1+points); g2=g2/sum(g2);
  tfr(1,icol)= sum(g2 .* x(ti-points,1) .* conj(x(ti-points,xcol)));
  for tau=1:taumax,
    points= -min([Lg,xrow-ti-tau]):min([Lg,ti-tau-1]);
    g2=g(Lg+1+points); g2=g2/sum(g2);
    R=sum(g2 .* x(ti+tau-points,1) .* conj(x(ti-tau-points,xcol)));
    tfr(1+tau,icol)=h(Lh+tau+1)*R;
    R=sum(g2 .* x(ti-tau-points,1) .* conj(x(ti+tau-points,xcol)));
    tfr(N+1-tau,icol)=h(Lh-tau+1)*R;
  end;
  tau=round(N/2);
  if (ti<=xrow-tau)&(ti>=tau+1)&(tau<=Lh),
    points= -min([Lg,xrow-ti-tau]):min([Lg,ti-tau-1]);
    g2=g(Lg+1+points); g2=g2/sum(g2);
    tfr(tau+1,icol) = 0.5 * ...
      (h(Lh+tau+1)*sum(g2 .* x(ti+tau-points,1) .* conj(x(ti-tau-points,xcol)))+...
        h(Lh-tau+1)*sum(g2 .* x(ti-tau-points,1) .* conj(x(ti+tau-points,xcol))));
  end;
end;
if trace, fprintf('\n'); end;
tfr= fft(tfr);
if (xcol==1), tfr=real(tfr); end ;

if (nargout==0),
  tfrqview(tfr,x,t,'tfrspwv',g,h);
elseif (nargout==3),
  f=(0.5*(0:N-1)/N)';
end;
```

2. 信号分离函数

```
function [Se,Ae]=tfbss(X,n,Nt,Nf,tol)
```

```
[m,T]=size(X);
if n>m, fprintf('-> Number of sources must be lower than number of sensors\n'), return,end
if nargin == 2
  if T<256,
    Nt=T;
    Nf=2^floor(log2(T));
  else Nf=256; Nt=256;
  end
  tol=2/(Nt+Nf);

elseif nargin == 4
  % Default value of tol
  tol=2/(Nt+Nf);
end
if 2^nextpow2(Nf)~=Nf,
end
verbose = 1;
if verbose,
end
Rxx=(1/T)*X*X.';
[V,D]=eig(Rxx);
Sorting the eigenvalues in ascending order
[EigVal_Rxx,index]=sort(diag(D));
EigVect_Rxx=V(:,index);
  if m>n
    noisevar=mean(EigVal_Rxx(1:m-n)); % Estimation possible if m>n
  else
    % If m=n, no estimation possible, assume noiseless environment
    noisevar=0;
  end
    fact=sqrt(EigVal_Rxx(m-n+1:m)-noisevar);
  for i=1:n
    W(:,i)=(1/fact(i))*EigVect_Rxx(:,m-n+i);
  end
  W=W';

Z=W*X;
if verbose,
end
Zh=hilbert(Z.').';
STFDZ=zeros(n,n,Nf,Nt);
for i=1:n
    STFDZ(i,i,:,:)=tfrspwv(Zh(i,:).',ceil(1:T/Nt:T),Nf); % Auto-terms
end
```

```
for i=1:n
      for j=i+1:n
            TFR=tfrspwv([ Zh(i,:).' Zh(j,:).'],ceil(1:T/Nt:T),Nf); % Cross-TFDs
            STFDZ(i,j,:,:)=TFR;
            STFDZ(j,i,:,:)=conj(TFR);
      end
end
if verbose,
end
Tr=zeros(Nf,Nt);
C=zeros(Nf,Nt);
for f=1:Nf
for t=1:Nt
STFDZ(:,:,f,t)=STFDZ(:,:,f,t)- noisevar*W*W'; % Noise compensation
Tr(f,t)=abs(trace(STFDZ(:,:,f,t))); % Forming trace
     end
end
meanTr=mean(mean(Tr));
Trthr=Tr>meanTr;
[F_trace,T_trace]=find(Trthr);
for k=1:length(F_trace)
      temp=abs(eig(STFDZ(:,:,F_trace(k),T_trace(k)))); % Computing eigenvalues
      if sum(temp)~=0
      C(F_trace(k),T_trace(k))=max(temp)/sum(temp);
      else C(F_trace(k),T_trace(k))=0;
      end
end
if verbose,
end
Jacneg=zeros(Nf,Nt);
Gsmall=zeros(Nf,Nt);
Maxpoints=zeros(Nf,Nt);
 [Gt Gf]=gradient(C);
[Jtt Jtf]=gradient(Gt);
[Jft Jff]=gradient(Gf);
Gsmall=sqrt(Gt.^2+Gf.^2)<tol;
D=Jtt.*Jff-Jtf.*Jft;
Jacneg=(D>0).*(Jtt<0).*((Jtt+Jff)<0);
Maxpoints=Gsmall.*Jacneg;
[F_grad,T_grad]=find(Maxpoints);
nbPoints=length(F_grad); % Number of points found
if nbPoints==0
     return
end
```

```
if verbose,
end
Rjd=[];
for i=1:nbPoints
    Rjd=[Rjd STFDZ(:,:,F_grad(i),T_grad(i))]; % Matrices to be joint-diagonalized
end
[U,D]=joint_diag_rc(Rjd,1e-8);
if verbose,
end
Se=U'*Z;
Ae=pinv(W)*U;
```

3. 加窗函数

```
function h=window(N,name,param,param2);
%H =窗口(N，PARAM，参数 2)
%产生一个长度为 N 的窗口与一个给定的形状。
%N：窗口的长度。
%NAME：窗口形状的名称(默认：海明)。
%PARAM：可选参数。
%参数 2：第二个可选的参数。
%'Hamming', 'Hanning', 'Nuttall', 'Papoulis', 'Harris',
%'Rect', 'Triang', 'Bartlett', 'BartHann', 'Blackman'
%'Gauss', 'Parzen', 'Kaiser', 'Dolph', 'Hanna'.
%Nutbess', 'spline'
if (nargin==0), error ( 'at least 1 parameter is required' ); end;
if (N<=0), error('N should be strictly positive.'); end;
if (nargin==1), name= 'Hamming'; end ;
name=upper(name);
if strcmp(name,'RECTANG') | strcmp(name,'RECT'),
  h=ones(N,1);
elseif strcmp(name,'HAMMING'),
  h=0.54 - 0.46*cos(2.0*pi*(1:N)'/(N+1));
elseif strcmp(name,'HANNING') | strcmp(name,'HANN'),
  h=0.50 - 0.50*cos(2.0*pi*(1:N)'/(N+1));
elseif strcmp(name,'KAISER'),
  if (nargin==3), beta=param; else beta=3.0*pi; end;
  ind=(-(N-1)/2:(N-1)/2)' *2/N; beta=3.0*pi;
  h=bessel(0,j*beta*sqrt(1.0-ind.^2))/real(bessel(0,j*beta));
elseif strcmp(name,'NUTTALL'),
  ind=(-(N-1)/2:(N-1)/2)' *2.0*pi/N;
  h=+0.3635819 ...
    +0.4891775*cos(      ind) ...
    +0.1363995*cos(2.0*ind) ...
    +0.0106411*cos(3.0*ind) ;
elseif strcmp(name,'BLACKMAN'),
  ind=(-(N-1)/2:(N-1)/2)' *2.0*pi/N;
```

```
   h= +0.42 + 0.50*cos(ind) + 0.08*cos(2.0*ind) ;
elseif strcmp(name,'HARRIS'),
  ind=(1:N)' *2.0*pi/(N+1);
  h=+0.35875 ...
     -0.48829 *cos(      ind) ...
     +0.14128 *cos(2.0*ind) ...
     -0.01168 *cos(3.0*ind);
elseif strcmp(name,'BARTLETT') | strcmp(name,'TRIANG'),
  h=2.0*min((1:N),(N:-1:1))'/(N+1);
elseif strcmp(name,'BARTHANN'),
  h=   0.38 * (1.0-cos(2.0*pi*(1:N)/(N+1))') ...
     + 0.48 * min((1:N),(N:-1:1))'/(N+1);
elseif strcmp(name,'PAPOULIS'),
  ind=(1:N)'*pi/(N+1); h=sin(ind);
elseif strcmp(name,'GAUSS'),
  if (nargin==3), K=param; else K=0.005; end;
  h= exp(log(K) * linspace(-1,1,N)'.^2 );
elseif strcmp(name,'PARZEN'),
  ind=abs(-(N-1)/2:(N-1)/2)'*2/N; temp=2*(1.0-ind).^3;
  h= min(temp-(1-2.0*ind).^3,temp);
elseif strcmp(name,'HANNA'),
  if (nargin==3), L=param; else L=1; end;
  ind=(0:N-1)';h=sin((2*ind+1)*pi/(2*N)).^(2*L);
elseif strcmp(name,'DOLPH') | strcmp(name,'DOLF'),
  if (rem(N,2)==0), oddN=1; N=2*N+1; else oddN=0; end;
  if (nargin==3), A=10^(param/20); else A=1e-3; end;
  K=N-1; Z0=cosh(acosh(1.0/A)/K); x0=acos(1/Z0)/pi; x=(0:K)/N;
  indices1=find((x<x0)|(x>1-x0));
  indices2=find((x>=x0)&(x<=1-x0));
  h(indices1)= cosh(K*acosh(Z0*cos(pi*x(indices1))));
  h(indices2)= cos(K*acos(Z0*cos(pi*x(indices2))));
  h=fftshift(real(ifft(A*real(h))));h=h'/h(K/2+1);
  if oddN, h=h(2:2:K); end;
elseif strcmp(name,'NUTBESS'),
  if (nargin==3), beta=param; nu=0.5;
  elseif (nargin==4), beta=param; nu=param2;
  else beta=3*pi; nu=0.5;
  end;
  ind=(-(N-1)/2:(N-1)/2)' *2/N;
  h=sqrt(1-ind.^2).^nu .* ...
     real(bessel(nu,j*beta*sqrt(1.0-ind.^2)))/real(bessel(nu,j*beta));
```

```
elseif strcmp(name,'SPLINE'),
  if (nargin < 3),
    error('Three or four parameters required for spline windows');
  elseif (nargin==3),
    nfreq=param; p=pi*N*nfreq/10.0;
  else nfreq=param; p=param2;
  end;
    ind=(-(N-1)/2:(N-1)/2)';
    h=sinc((0.5*nfreq/p)*ind) .^ p;
else error('unknown window name');
end;
```

运行结果如图 12-16～图 12-18 所示。

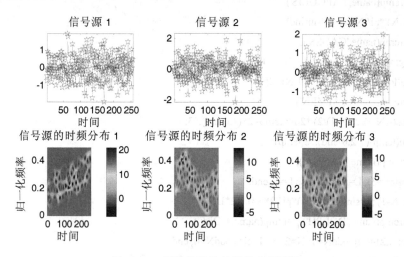

图 12-16　原信号各信号源的时频特性

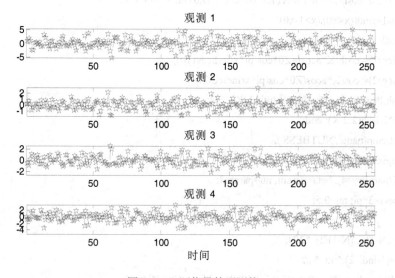

图 12-17　源信号的观测值

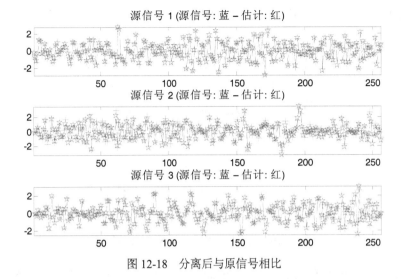

图 12-18　分离后与原信号相比

12.3　信号处理 GUI 工具

为了方便用户进行信号处理操作，MATLAB 提供了丰富的 GUI 工具，使用这些工具，可以简化编程。本节将介绍这些工具。

(1) 信号处理综合工具。

(2) 波形查看器。

(3) 谱分析查看器。

(4) 滤波可视化工具。

(5) 滤波器设计与分析工具。

(6) 滤波器处理工具。

12.3.1　信号处理综合工具

使用信号处理综合工具 SPTool 可以进行以下操作：

(1) 分析信号。

(2) 设计滤波器。

(3) 分析滤波器。

(4) 对信号滤波处理。

(5) 分析信号频谱。

在命令窗口输入：

sptool

可以打开信息处理综合工具 SPTool，如图 12-19所示：

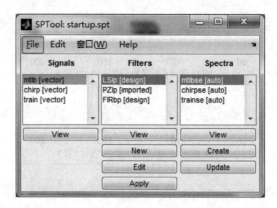

图 12-19　信号处理综合工具 SPTool 的界面

在图 12-19中，分别有三个列表框 Signals、Filters 和 Spectra，列表参数分别为信号、滤波器和频域谱。

下面对这些工具进行说明。

12.3.2　波形查看器

在信号处理综合工具 SPTool 窗口的 Signals 列表框下选择 mtlb 并单击 View 按钮，打开波形查看器，如图 12-20 所示：

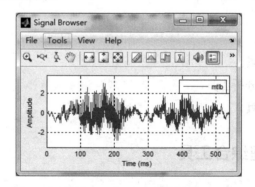

图 12-20　波形查看器

在波形查看器中，可以对波形进行查看、放大、缩小、查找极值等操作。相关的操作方式很简单。

12.3.3　谱分析查看器

在信号处理综合工具 SPTool 窗口的 Spectra 列表框下选择 mtlbse 并单击 View 按钮，打开谱分析查看器，如图 12-21 所示：

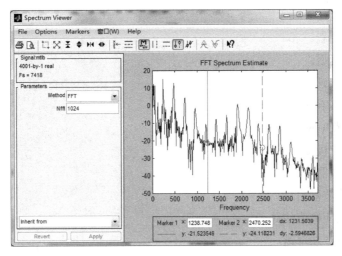

图 12-21　谱分析查看器

在谱分析查看器中，也提供了与波形查看器同样的功能。除此之外，在谱分析查看器中，还可以使用 Method 下拉列表设置谱分析的方法或使用 Nfft 设置窗口的数据长度，单击 Apply 按钮就可以运行。

12.3.4　滤波可视化工具

在信号处理综合工具 SPTool 窗口的 Filters 列表框下选择 LSlp 并单击 View 按钮，打开滤波器可视化工具，如图 12-22 所示：

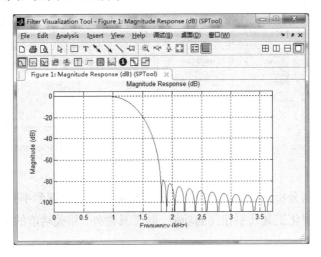

图 12-22　滤波器可视化工具

图 12-22 为默认使用相应幅值显示的滤波器。滤波器可视化工具除了提供常规的显示方法功能外，还提供图形的注解功能，包括添加文字、线、箭头等。除此之外，滤波器可视化工具还提供滤波器不同性能的显示功能。包括如下：

(1) 显示相应幅值。

(2) 显示相位角。

(3) 显示前两者。

(4) 显示群延迟。

(5) 显示相位延迟。

(6) 显示冲击响应。

(7) 显示阶跃响应。

(8) 显示零点极点。

(9) 显示滤波器参数。

(10) 显示滤波器信息。

(11) 显示响应幅值估计。

(12) 显示噪音功率谱。

12.3.5　滤波器设计与分析工具

在信号处理综合工具 SPTool 窗口的 Filters 列表框下单击 New 按钮，打开滤波器设计与分析工具，如图 12-23 所示：

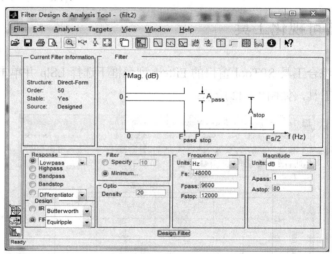

图 12-23　滤波器设计与分析工具

在滤波器设计与分析工具中，相关的设计和分析工作被分解到不同的区域完成。工具栏提供与滤波器可视化工具几乎相同的功能。除工具栏外，相关功能的区域包括如下几个：

(1) 滤波器信息。

(2) 显示区域。

(3) 响应类型。

(4) 设计方法。

(5) 滤波器的阶数设置。

(6) 频率参数设计。

(7) 响应幅值设计。

通过对以上选项进行设置，可以轻松地设计和分析滤波器。

12.3.6　滤波器处理工具

【例 12-15】SPTool 设计 IIR 滤波器实例分析示例。

运行程序如下：

```
Fs=600;
t = (0:600)/Fs;
f= sin(2*pi*t*50)+sin(3*pi*t*60)+sin(2*pi*t*100);
sptool
```

此时，变量 Fs、t、f 将显示在 Workspace 列表中。在命令窗口键入 SPTool，将弹出 SPtool 主界面，如图 2.9 所示；我们按照以下步骤操作：

(1) 点击菜单 File→Import 将信号 f 导入并取名为 f，如图 12-15 所示。

(2) 单击 Filters 列表下的 New，按照参数要求设计出滤波器 filt1，如图 12-15 所示。

(3) 将滤波器 filt1 应用到 f 信号序列，分别在 Signals、Filters、Spectra 列表中选择 f、filt1、mtlbse auto，单击 Filters 列表下的 Apply 按钮，在弹出的 Apply Filter 对话框中将输出信号命名为信号 3，如图 12-15所示。

(4) 进行频谱分析。在 Signals 中选滤波后的信号 3，单击 Spectra 下的 Create 按钮，在弹出的 Spectra Viewer 界面中选择 Method 为 FFT，Nfft=512，单击 Apply 按钮生成滤波后信号的频谱，如图 12-24～图 12-27 所示。

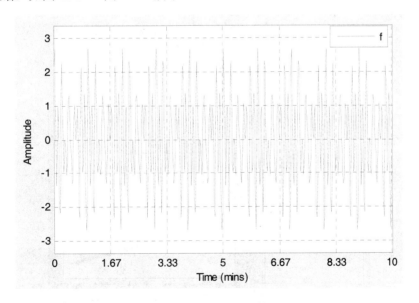

图 12-24　信号 f 的时域图

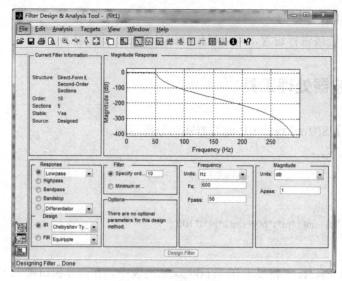

图 12-25　滤波器设计

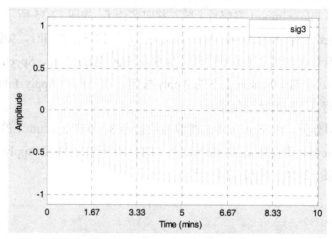

图 12-26　滤波后信号时域图形

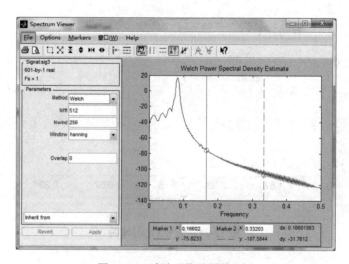

图 12-27　滤波后信号频谱分析

12.4 本 章 小 结

通信系统中遇到的信号，通常总带有某种随机性，即通信信号的某个或几个参数不能预知或不能完全预知，我们把这种具有随机性的信号称为随机信号。

本章介绍 MATLAB 提供的处理随机信号的三种时域模型。在现代信号分析中，对于常见的具有各态历经的平稳随机信号，不可能用清楚的数学关系式来描述，但可以利用给定的 N 个样本数据估计一个平稳随机信号的功率谱密度，即功率谱估计(PSD)。本章主要介绍了三种谱估计方法，包括非参量类方法、参数法、子空间法。

第13章　图像处理工具箱

数字图像处理是一门新兴技术，随着计算机硬件的发展，数字图像的实时处理已经成为可能。数字图像处理的各种算法的出现，使得其处理速度越来越快，能更好地为人们服务。

学习目标：
- 理解 MATALB 支持的图像的类型、文件格式、图像处理的基本函数。
- 学会应用图像类型、实践图像的基本运算。
- 理解图像的变换。
- 学会应用图像的增强。
- 应用、实践图像复原的经典方法。
- 学会应用边缘检测的方法。
- 理解图像的数学形态学处理的基本原理。

13.1　MATLAB 图像处理基础知识

13.1.1　MATLAB 图像表达方式

在 MATLAB 中，图像可以用两种方式表达，分别为像素索引和空间位置。

下面简单介绍这两种图像的表达方式。

(1) 像素索引

像素索引是表达图像最简便的方式。使用像素索引表达图像时，图像被视为离散的单位，按照空间顺序从上往下、从左往右排列。使用像素索引时，像素值与索引有一一对应的关系。

(2) 空间位置

空间位置图像是将图像与空间位置联系在一起的表达方式，这种表达方式与像素索引表达方式没有实质区别，但使用空间位置连续值取代像素索引值进行表示。

与像素索引不同，空间位置的存储方式可以将空间方位逆转，还可以使用非默认的空间位置表示。

【例 13-1】使用非默认位置存储的图像。

运行程序如下：

```
A= magic(6);
X = [18.0 23.0];
y = [7.0 12.0];
image(A,'XData',X,'YData',y), axis image, colormap(jet(36))
```

运行结果如图 13-1 所示:

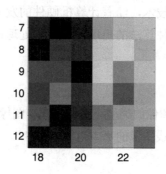

图 13-1　使用非默认空间位置存储图像

13.1.2　MATLAB 支持的图像文件格式

图像格式指的是存储介质上存储图像采用的格式,根据操作系统、图像处理软件的不同,所支持的图像格式可能不同。MATLAB 支持以下几种图像文件格式:

(1) PCX(Windows Paintbrush)格式。可处理 1、4、8、16、24 位等图像数据。文件内容包括:文件头(128 字节),图像数据、扩展颜色映射表数据。

(2) BMP(Windows Bitmap)格式。有 1、4、8、24 位非压缩图像,8 位 RLE(Run- length Encoded)图像。文件内容包括:文件头(一个 BITMAP FILEHEADER 数据结构)、位图信息数据块(位图信息头 BITMAP INFOHEADER 和一个颜色表)和图像数据。

(3) HDF(Hierarchical Data Format)格式。有 8 位、24 位光栅数据集。

(4) JPEG(Joint Photographic Experts Group)格式,是一种称为联合图像专家组的图像压缩格式。

(5) TIFF(Tagged Image File Format)格式。处理 1、4、8、24 位非压缩图像,1、4、8、24 位 packbit 压缩图像,一位 CCITT 压缩图像等。文件内容包括:文件头,参数指针表与参数域,参数数据表和图像数据四部分。

(6) XWD(X Windows Dump)格式。1 位、8 位 Zpixmaps、XYbitmaps,1 位 XYpixmaps。

MATLAB 中,一幅图像可能包含一个数据矩阵,也可能包含一个颜色映射表矩阵。

13.1.3　MATLAB 图像的类型

在 MATLAB 中,图像的类型分为 4 类,分别如下:

(1) 二进制图。

(2) 索引图(伪彩图)。

(3) 灰度图。

(4) RGB 图(真彩图)。

下面具体介绍 4 类图像类型。

1. 二进制图

在二进制图中，像素的取值为离散数值的 0 或 1 中的一个，分别代表黑和白。

【例 13-2】显示二进制图。

```
bw=zeros(80,80);
bw(1:2:80,1:2:80)=1;
imshow(bw);
```

运行结果如图 13-2 所示：

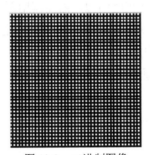

图 13-2　二进制图像

2. 索引图

索引图包括像素数列和调色板矩阵两部分，它是一种将像素值直接作为调色板下标的图像。

索引图包括一个数据矩阵 X 和一个颜色映射矩阵 MAP。其中，X 可以为维数组(矩阵)double(双精度)浮点型，或 uint8、uint16(8 位、16 位无符号整数)；MAP 是一个包含三列、若干行的数据阵列，其每一个元素的值均为[0,1]之间的双精度浮点型数据。MAP 矩阵的每一行分别为红色、绿色、蓝色的颜色值。

在 MATLAB 中，索引图像是从像素值到颜色值的直接映射。像素颜色由数据矩阵 X 作为索引指向矩阵 MAP 进行索引。值 1 指向矩阵 MAP 中的第一行，2 指向第二行，以此类推。

颜色图通常和索引图像存在一起。当在调用函数 imread 时，MATLAB 自动将颜色图与图像同时加载。在 MATLAB 中可以选择所需要的颜色映射表，而不必局限于使用默认的颜色映射表。

【例 13-3】利用 image 函数显示一副索引图像。

```
[X,MAP]=imread('yue.tif');
image(X);
colormap(MAP)
```

运行结果如图 13-3 所示：

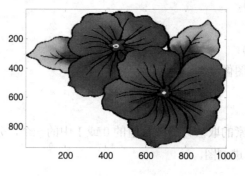

图 13-3   索引图

3. 灰度图

在 MATLAB 中，要显示一副灰度图像，需要调用图像缩放函数 imagesc(Image Scale，图像缩放函数)。其中，imagesc 函数中的第二个参数确定灰度范围。灰度范围中的第一个值(通常是 0)对应于颜色映射表中的第一个值(颜色)，灰度范围中的第二个值(通常是 1)对应于颜色映射表中的最后一个值(颜色)。在灰度范围中间的直线型对应于颜色映射表中的剩余的值(颜色)。

【例 13-4】利用函数 imshow 显示一副灰度图像。

```
I=imread('yu.tif');
imshow(I);
```

运行结果如图 13-4 所示：

图 13-4   灰度图像

4. RGB 图像

RGB 图像，即真彩图像，在 MATLAB 中存储的是数据矩阵。数组中的元素定义了图像中每一个像素的红、绿、蓝颜色值。

需要指出的是，RGB 图像不使用 Windows 颜色图。像素的颜色由保存在像素位置上的红、绿、蓝的灰度值的组合来确定。一般把 RGB 图像存储为 24 位的图像，红、绿、蓝分别占 8 位，这样可以有一千多万种颜色。

MATLAB 的真彩图像数组可以是双精度的浮点型数、8 位或 16 位无符号的整数类型。

在真彩图像的双精度型数组中，每一种颜色用 0 和 1 之间的数值表示。例如，颜色值是(0，0，0)的像素，显示的为黑色；颜色值(1，1，1)的像素，显示的为白色。

每一像素的三个颜色值保存在数组的第三维中。例如，像素(10，5)的红、绿、蓝颜色值分别保存在元素 RGB(10，5，1)、RGB(10，5，2)、RGB(10，5，3)中。

【例 13-5】不同调色板数据单独作用时的颜色变化情况。

运行程序如下：

```
RGB=reshape(ones(64,1)*reshape(jet(64),1,192),[64,64,3]);
R=RGB(:,:,1);
G=RGB(:,:,2);
B=RGB(:,:,3);
figure;
subplot(141);imshow(R)
subplot(142);imshow(G)
subplot(143);imshow(B)
subplot(144);imshow(RGB)
```

运行结果如图 13-5 所示：

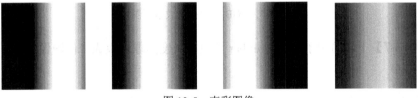

图 13-5　真彩图像

13.1.4　MATLAB 图像类型转换

在对图像进行处理时，很多时候对图像的类型有特殊的要求，例如在对于索引图像进行滤波时，必须把它转换为 RGB 图像，否则只对图像的下标进行滤波，得到的只是毫无意义的结果。在 MATLAB 中，提供了许多图像类型转换的函数，从这些函数的名称就可以看出它们的功能。

1. 图像颜色筛选转换

在 MATLAB 中，用 dither 函数实现对图像的抖动。该函数通过颜色抖动(颜色抖动即改变边沿像素的颜色，使像素周围的颜色近似于原始图像的颜色，从而以空间分辨率来换取颜色分辨率)来增强输出图像的颜色分辨率。该函数可以把 RGB 图像转换成索引图像或把灰度图像转换成二值图像。其调用方法如下：

X=dither(RGB，map)：表示该函数可以把 RGB 图像指定的颜色图 map 转换成索引图像 X 格式。

X=dither(I)：表示把灰度图像 I 转换成二值图像 BW。

【例 13-6】 下面的例子为将 RGB 图像转换成索引图像。

```
clear all;
I=imread('autumn.tif');
map=pink(512);
X=dither(I,map);      %将 RGB 图像转换成索引图像
subplot(1,2,1),
imshow(I);
subplot(1,2,2),
imshow(X,map);
```

运行结果如图 13-6 所示：

图 13-6　　RGB 图像抖动成索引图像

【例 13-7】 下面的例子为利用 dither 函数将灰度图像转换成二值图像。

```
clear all;
I=imread('rice.png');
BW=dither(I);          %将灰度图像转换成二值图像
subplot(1,2,1),
imshow(I);
subplot(1,2,2),
imshow(BW);
```

运行结果如图 13-7 所示：

图 13-7　　将灰度图像抖动成二值图像

2. 灰度图转换为索引图

在 MATLAB 中，gray2ind 函数用于灰度图像或二值图像向索引图像转换。该函数的调用方法如下：

[X,map]= gray2ind(I,n)：按照指定的灰度级 *n* 把灰度图像 I 转换成索引图像 X，map 为

gray (n)，n 的缺省值为 64。

【例 13-8】下面的例子为利用 gray2ind 函数将灰度图像转换成索引图像。

```
clear all;
I=imread('cameraman.tif');
[X,map]=gray2ind(I,32);        %灰度图像转换成索引图像
subplot(1,2,1),
imshow(I);
subplot(1,2,2),
imshow(X,map);
```

运行结果如图 13-8 所示：

图 13-8 将灰度图像转换成索引图像

3. 索引图转换成灰度图

在 MATLAB 中，ind2gray 函数用于将索引图像转换为灰度图像。该函数的调用方法
如下：

I= ind2gray(X, map)

【例 13-9】下面的例子为利用 ind2gray 函数将索引图像转换为灰度图像。

```
load trees
I=ind2gray(X,map)              %将索引图像转换为灰度图像
subplot(1,2,1);
imshow(X,map);
subplot(1,2,2);
imshow(I);
```

运行结果如图 13-9 所示：

图 13-9 将索引图像转换为灰度图像

4. RGB 图转换为灰度图

在 MATLAB 中，rgb2gray 函数用于将一幅真彩色图像转换成灰度图像。该函数的调用方法如下：

I= rgb2gray(RGB)

【例 13-10】下面的例子为利用 rgb2gray 函数将一幅真彩色图像转换成灰度图像。

```
RGB=imread('yue.tif');
X=rgb2gray(RGB);                %将一幅真彩色图像转换成灰度图像
subplot(1,2,1);
imshow(RGB);
subplot(1,2,2);
imshow(X);
```

运行结果如图 13-10 所示：

图 13-10   将一幅真彩色图像转换成灰度图像

5. RGB 图转换成索引图

在 MATLAB 中，rgb2ind 函数用于将真彩色图像转换成索引色图像。该函数的调用方法如下：

[X,map] = rgb2ind(RGB, n)：使用最小量化算法把真彩色图像转换为索引图像。其中，n 指定 map 中颜色项数，n 最大不能超过 65536。

X = rgb2ind(RGB, map)：在颜色图中找到与真彩色图像颜色值最接近的颜色作为转换后的索引图像的像素值。map 中颜色项数不能超过 65536。

[X,map]= rgb2ind(RGB, tol)：表示使用均匀量化算法把真彩色图像转换为索引图像，map 中最多包含 $(floor(1/tol)+1)^3$ 种颜色，tol 的取值介于 0.0 和 1.0 之间。

[...] = rgb2ind(..., dither_option)：其中 dither_option 用于开启/关闭 dither，dither_option 可以是 "dither"(默认值)或 "nodither"。

【例 13-11】下面的例子为利用 rgb2ind 函数将真彩色图像转换成索引色图像。

```
RGB=imread('yue.tif');
[X,MAP]=rgb2ind(RGB,0.7);          %将真彩色图像转换成索引色图像
subplot(1,2,1);
imshow(RGB);
subplot(1,2,2);
imshow(X,MAP);
```

运行结果如图 13-11 所示：

图 13-11　将真彩色图像转换成索引色图像

6. 索引图转换成 RGB 图

在 MATLAB 中，ind2rgb 函数用于将索引图像转换为 RGB 图像。该函数的调用方法如下：

RGB=ind2rgb(X, map)

【例 13-12】下面的例子为利用 ind2rgb 函数将索引图像转换为 RGB 图像。

```
[I,map]=imread('canoe.tif');
X=ind2rgb(I,map);              %将索引图像转换为 RGB 图像
subplot(1,2,1);
imshow(I,map);
subplot(1,2,2);
imshow(X);
```

运行结果如图 13-12 所示：

图 13-12　将索引图像转换为 RGB 图像

7. 值法从灰度图产生索引图

在 MATLAB 中，grayslice 函数用于设定阈值将灰度图像转换为索引图像。该函数的调用方法如下：

X=grayslice(I,n)：表示将灰度图像 I 均匀量化为 n 个等级，然后转换为伪彩色图像 X。

X=grayslice(I,v)：表示按指定的阈值矢量 v(其中每个元素在 0 和 1 之间)对图像 I 进行阈值划分，然后转换成索引图像，I 可以是 double 类型、uint8 类型和 uint16 类型。

【例 13-13】下面的例子为利用 grayslice 函数将灰度图像转换为索引图像。

```
clc
close all
clear
```

```
I=imread('eight.tif');
X2=grayslice(I,8);                %将灰度图像转换为索引图像
subplot(1,2,1);
subimage(I);
subplot(1,2,2);
subimage(X2,jet(8));
```

运行结果如图 13-13 所示：

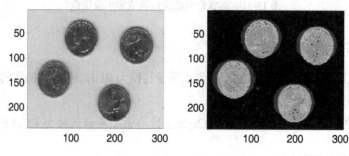

图 13-13   设定阈值将灰度图像转换为索引图像

8. 将矩阵转换为灰度图像

在 MATLAB 中，mat2gray 函数用于将数据矩阵转换为灰度图像。该函数的调用方法如下：

I=mat2gray(A,[max,min])：按指定的取值区间[max,min]将数据矩阵 A 转换为灰度图像 I。如不指定区间，自动取最大区间。其中，A、I 为 double 类型。

I=mat2gray(A)

【例 13-14】下面的例子为利用 mat2gray 函数将数据矩阵转换为灰度图像。

```
I = imread('rice.png');
J = filter2(fspecial('sobel'),I);
subplot(1,2,1);
K = mat2gray(J);
imshow(I)
subplot(1,2,2);
imshow(K)
```

运行结果如图 13-14 所示：

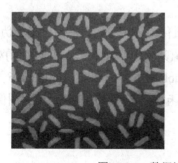 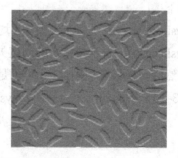

图 13-14   数据矩阵转换为灰度图像

9. 阀值法从灰度、索引、RGB 图转换为二进制图

在 MATLAB 中，im2bw 函数用于设定阈值将灰度、索引、RGB 图像转换为二进制图。该函数的调用方法如下：

BW=im2bw(I, level)

BW=im2bw(X, map, level)

BW=im2bw(RGB, level)：level 是一个归一化阈值，取值在[0,1]。

【例 13-15】 下面的例子为利用 im2bw 函数将真彩色转换为二值图像。

```
load trees
BW = im2bw(X,map,0.4);
subplot(1,2,1);
imshow(X,map);
subplot(1,2,2);
imshow(BW);
```

运行结果如图 13-15 所示：

图 13-15 将真彩色转换为二值图像

13.1.5 MATLAB 图像数据的读写

MATLAB 中，提供了用于读取图像文件的指令函数 imread，其常见调用格式为：

A = imread(filename,fmt)

其作用是将文件名用字符串 filename 表示的，扩展名用 fmt 表示的图像文件中的数据读到矩阵 A 中。如果 filename 所指的为灰度级图像，则 A 为一个二维矩阵；如果 filename 所指的为 RGB 图像，则 A 为一个 m×n×3 的三维矩阵。filename 表示的文件名必须在 MATLAB 的搜索路径范围内，否则需指出其完整路径。

除此之外，imread 还有其他几种重要的调用格式：

[X,map] = imread(filename.fmt)

[X,map] = imread(filename)

[X,map] = imread(URL,…)

[X,map] = imread(…,idx) (CUR,ICO and TIFF only)

[X,map] = imread(…,'frames',idx) (GIF only)

[X,map] = imread(…,ref) (HDF only)

[X,map] = imread(…,'BackgroundColor',BG) (PNG only)

[A,map,alpha] = imread(…) (ICO,CUR and PNG only)

其中，idx 是指读取图标(cur、ico、tiff)文件中第 idx 个图像，默认值为 1；'frame',idx 是指读取 gif 文件中的图像帧，idx 值可以是数量、向量或"all"；ref 是指整数值；alpha 是指透明度。

【例 13-16】读取函数使用示例。

A = imread('corn.tif','PixelRegion',{[1,2],[2,5]})

运行结果如下：

A =

| 105 | 39 | 88 | 27 |
| 88 | 50 | 71 | 42 |

在 MATLAB 中，用函数 imwrite 来储存图像文件，其常用调用格式为：

imwrite(A,filename,fmt)

imwrite(X,map,filename,fmt)

imwrite(…,filename)

imwrite(…,Param1,Val1,Param2,Val2…)

其中，imwrite(…,Param1,Val1,Param2,Val2…)可以让用户控制 HDF、JPEG、TIFF 等一些图像文件格式的输出特性。

【例 13-17】将一个阵列写入 PNG 图片。

A = rand(50,50);

imwrite(A,'myGray.png','png');

【例 13-18】图像写回命令 imwrite。

运行程序如下：

A=imread('leaf.jpg');

whos

B=A(300:500,200:900,:);

imwrite(B,'leaf-part.jpg')

C=imread('leaf-part.jpg');

subplot(1,2,1)

image(A);axis image;title('全部')

subplot(1,2,2)

image(C);axis image;title('部分')

运行结果如下：

Name	Size	Bytes	Class	Attributes
A	768x1024x3	2359296	uint8	
B	201x701x3	422703	uint8	
C	201x701x3	422703	uint8	
I	384x512x3	589824	uint8	
x	21x21	3528	double	
y	21x21	3528	double	
z	21x21	3528	double	

运行结果如图 13-16 所示：

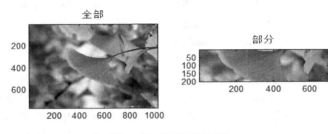

图 13-16　图像显示结果

13.2　图　像　显　示

MATLAB 图像处理工具箱集成了很多图像处理的算法，为读者提供了很多便利，利用强大的 MATLAB 图像处理工具箱可以实现很多功能。

13.2.1　标准图像显示技术

1. 获取信息命令

在 MATLAB 中，用 imfinfo 指令加上文件及其完整路径名来查询一个图像文件的信息，其函数调用格式为：

info=imfinfo(filename.fmt)
info=imfinfo(filename)

其中，参数 fmt 对应于所有图像处理工具箱中所有支持的图像文件格式。

由此函数获得的图像信息主要有：Filename(文件名)、FileModDate(最后修改日期)、FileSize(文件大小)、Format(文件格式)、FormatVersion(文件格式的版本号)、Width(图像宽度)、Height(图像高度)、BitDepth(每个像素的位数)、ColorType：'truecolor'(图像类型)等。

【例 13-19】下面的例子为利用 imfinfo 查询图像文件信息。

运行程序如下：

```
imformats
imfinfo('coloredChips.png')
```

运行结果如下：

EXT	ISA	INFO	READ	WRITE	ALPHA	DESCRIPTION
bmp	isbmp	imbmpinfo	readbmp	writebmp	0	Windows Bitmap
cur	iscur	imcurinfo	readcur		1	Windows Cursor resources
fts fits	isfits	mfitsinfo	readfits		0	Flexible Image Transport System
gif	isgif	imgifinfo	readgif	writegif	0	Graphics Interchange Format
hdf	ishdf	imhdfinfo	readhdf	writehdf	0	Hierarchical Data Format
ico	isico	imicoinfo	readico		1	Windows Icon resources
j2c j2k	isjp2	imjp2info	readjp2	writej2c	0	JPEG 2000 (raw codestream)
jp2	isjp2	imjp2info	readjp2	writejp2	0	JPEG 2000 (Part 1)
jpf jpx	isjp2	imjp2info	readjp2		0	JPEG 2000 (Part 2)
jpg jpeg	isjpg	imjpginfo	readjpg	writejpg	0	Joint Photographic Experts Group
pbm	ispbm	impnminfo	readpnm	writepnm	0	Portable Bitmap
pcx	ispcx	impcxinfo	readpcx	writepcx	0	Windows Paintbrush
pgm	ispgm	impnminfo	readpnm	writepnm	0	Portable Graymap
png	ispng	impnginfo	readpng	writepng	1	Portable Network Graphics
pnm	ispnm	impnminfo	readpnm	writepnm	0	Portable Any Map
ppm	isppm	impnminfo	readpnm	writepnm	0	Portable Pixmap
ras	isras	imrasinfo	readras	writeras	1	Sun Raster
tif tiff	istif	imtifinfo	readtif	writetif	0	Tagged Image File Format
xwd	isxwd	imxwdinfo	readxwd	writexwd	0	X Window Dump

ans =

```
             Filename: 'C:\Program Files\MATLAB\R2014a\toolbox\images\imdata\coloredChips.png'
          FileModDate: '26-Sep-2013 00:12:00'
             FileSize: 303783
               Format: 'png'
        FormatVersion: []
                Width: 518
               Height: 391
             BitDepth: 24
            ColorType: 'truecolor'
      FormatSignature: [137 80 78 71 13 10 26 10]
             Colormap: []
            Histogram: []
```

```
                    InterlaceType: 'none'
                    Transparency: 'none'
          SimpleTransparencyData: []
                  BackgroundColor: []
                  RenderingIntent: []
                    Chromaticities: []
                           Gamma: []
                      XResolution: []
                      YResolution: []
                   ResolutionUnit: []
                          XOffset: []
                          YOffset: []
                        OffsetUnit: []
                   SignificantBits: []
                    ImageModTime: '20 Apr 2012 20:35:59 +0000'
                             Title: []
                           Author: []
                      Description: []
                        Copyright: 'Copyright The MathWorks, Inc.'
                     CreationTime: []
                         Software: []
                       Disclaimer: []
                          Warning: []
                           Source: []
                         Comment: []
                        OtherText: []
```

imformates 列出了 MATLAB 中 imfinfo、imread、imwrite 命令支持的标准图像文件类型，而 infinfo 可以返回某个标准格式图像文件的特定信息。

2. 显示命令

imshow 函数相比于 image 函数和 imagesc 函数更为常用，它能自动设置句柄图像的各种属性。imshow 可用于显示各类图像。对于每类图像，imshow 函数的调用方法略有不同，常用的几种调用方法如下：

(1) imshow filename：表示显示图像文件。

(2) imshow(BW)：表示显示二值图像，BW 为黑白二值图像矩阵。

(3) imshow(X,MAP)：表示显示索引图像，X 为索引图像矩阵，map 为色彩图示。

(4) imshow(I)：表示显示灰度图像，I 为二值图像矩阵。

(5) imshow(RGB)：表示显示 RGB 图像，RGB 为 RGB 图像矩阵。

(6) imshow(I,[low high])：表示将非图像数据显示为图像，这需要考虑数据是否超出了所显示类型的最大允许范围，其中[low high]用于定义待显示数据的范围。

【例 13-20】下面的例子为显示真彩色图像。

```
RGB=imread('coloredChips.png');
imshow(RGB);
```

运行结果如图 13-17 所示：

图 13-17　显示真彩色图像

【例 13-21】不同灰度值显示灰度图像示例。

```
I = imread('cameraman.tif');
figure;
subplot(121);imshow(I);
subplot(122);h = imshow(I,[0 50]);
```

运行结果如图 13-18 所示：

图 13-18　不同灰度范围显示图像

13.2.2　特殊图像显示技术

有关图像显示的函数或其辅助函数，除了上述的以外，MATLAB 还提供了一些用于进行图像的特殊显示的函数，下面将进行介绍。

1. 添加颜色条

在 MATLAB 中，可以用 colorbar 函数将颜色条添加到坐标轴对象中，如果该坐标轴包含一个图像对象，则添加的颜色条将指示出该图像中不同颜色的数据值，这一用法对于了解被显示图像的灰度级别特别有用。该函数的调用方法如下：

(1) colorbar：表示在当前坐标轴的右侧添加新的垂直方向的颜色条。

(2) colorbar(...,'peer',axes_handle)：表示创建与 axes_handle 所代表的坐标轴相关联的颜

色条。

(3) colorbar(axes_handle)：表示创建默认值所代表的坐标相关联的颜色条。

(4) colorbar('location') ：表示在相对于坐标轴的指定方位添加颜色条。

(5) colorbar(...,'PropertyName',propertyvalue)：表示指定用来创建颜色条的坐标轴的属性名称和属性值。

【例 13-22】下面的例子为在灰度图像的显示中增加一个颜色条。

```
I = imread('moon.tif');
subplot(121)
imshow(I)
colorbar
I1 = imread('peppers.png');
subplot(122)
imshow(I1)
colorbar
```

运行结果如图 13-19 所示：

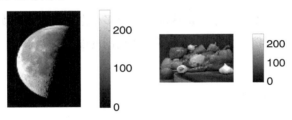

图 13-19　增加颜色条

2. 显示多帧图像阵列

多帧图像是一种包含多幅图像或帧的图像文件，又称为多页图像或图像序列。在 MATLAB 中，它是一个四维数组，其中第四维用来指定帧的序号。

在一个多帧图像数组中，每一幅图像必须有相同的大小和颜色分量，每一幅图像还要使用相同的颜色图。另外，图像处理工具箱中的许多函数(如：imshow)只能对多帧图像矩阵的前两维或三维进行操作，也可以对四维数组使用这些函数，但是必须单独处理每一帧。如果将一个数组传递给一个函数，并且数组的维数超过该函数设计的操作维数，那么得到的结果是不可预知的。

函数 montage 可以使多帧图像一次显示，也就是将每一帧分别显示在一幅图像的不同区域，所有子区的图像都用同一个色彩条。其调用格式为：

(1) montage(I)：显示灰度图像 I 共 k 帧，I 为 $m×n×1×k$ 的数组。

(2) montage(BW)：显示二值图像 I 共 k 帧，I 为 $m×n×1×k$ 的数组。

(3) montage(X,map)：显示索引图像 I 共 k 帧，色图由 map 指定为所有的帧图像的色图，X 为 $m×n×1×k$ 的数组。

(4) montage(RGB)：显示真彩色图像 GRB 共 k 帧，RGB 为 $m×n×3×k$ 的数组。

【例 13-23】下面的例子利用 montage 函数来显示图像。

```
load mri
montage(D,map)
```

运行结果如图 13-20 所示：

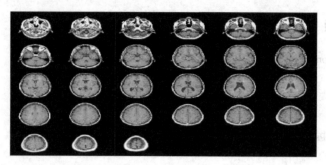

图 13-20　多帧图像的显示

3. 子图显示

在 MATLAB 中，想要在一个图形区域内显示多个图像可以用函数 subimage 来实现。

【例 13-24】下面的例子为多图显示多个颜色图的图像。

```
load trees;
[x2,map2]=imread('forest.tif');
subplot(1,2,1),
subimage(X,map);          %显示索引图像
subplot(1,2,2),
subimage(x2,map2);
```

运行结果如图 13-21 所示：

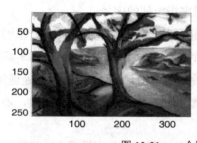

图 13-21　一个图形区域内显示多个图像

4. 纹理映射

纹理映射是一种将二维图像映射到三维图形表面的显示技术，在 MATLAB 中提供了 warp 函数来实现纹理映射，该函数的调用方法如下：

(1) warp(X,map)：将索引图像显示在缺省表面上。

(2) warp(I,n)：将灰度图像显示在缺省表面上。

(3) warp(BW)：将二值图像显示在缺省表面上。

(4) warp(RGB)：将真彩图像显示在缺省表面上。

(5) warp(z,...)：将图像显示在 z 表面上。

(6) warp(x,y,z,...)：将图像显示(x,y,z)表面上。

(7) h = warp(...)：返回图像的句柄。

【例 13-25】下面的例子将 zh.tif 图像纹理映射到圆柱面和球面。

```
[x,y,z] = cylinder;
I = imread('zh.tif');
subplot(1,2,1),warp(x,y,z,I); %将图像纹理映射到圆柱面
[x,y,z] = sphere(50);
subplot(1,2,2),warp(x,y,z,I); %将图像纹理映射到球面
[x,y,z]=sphere;
I= imread('peppers.png');
subplot(1,2,1)
imshow(I);
subplot(1,2,2)
warp(x,y,z,I);
```

运行结果如图 13-22 所示：

图 13-22　原始图形与映射图形

13.3　图 像 运 算

在图像处理过程中，有时需要对图像进行运算，按照图像的运算方式，可以将运算归为两类：代数运算和空间变换。下面具体介绍这两种运算。

13.3.1　代数运算

图像的代数运算是指对两幅输入图像或者多幅图片之间进行点对点的加、减、乘、除运算后得到输出图像的过程。我们可以把图像的代数运算简单地理解成数组的运算。在 MATLAB 中，图像的代数运算在图像处理中有着广泛的应用，它除了可以实现自身所需的

算术操作,还能为许多复杂的图像处理提供准备。

实现这些功能的函数相对比较简单,这里就不再详述。下面仅简略说明部分函数的使用方法。

图像相加一般用于对同一场景的多重影像叠加求平均图像,以便有效地降低加性随机噪声。在 MATLAB 中,imadd 函数用于实现图像相加,该函数的调用格式如下:

Z=imadd(X,Y) :将矩阵 *X* 中的每一个元素与矩阵 *Y* 中对应的元素相加,返回值为 *Z*。

图像的减法运算也称为差分运算,经常用于检测变化及运动的物体。在 MATLAB 中可以用图像数组直接相减来实现,也可以调用 imsubtract 函数来实现函数运算。该函数的调用格式如下:

Z=imsubtract(X,Y):将矩阵 *X* 中的每一个元素与矩阵 *Y* 中对应的元素相减,返回值为 Z。

【例 13-26】利用两种函数取图像的相减值取绝对值。

```
clear all;
I = imread('cameraman.tif');
J = uint8(filter2(fspecial('gaussian'), I));
K = imabsdiff(I,J);
subplot(131);imshow(I,[]);
subplot(132);imshow(J,[]);
subplot(133);imshow(K,[]);
```

运行结果如图 13-23 所示:

图 13-23　两种函数取图像的相减值取绝对值

图像的乘法运算主要用于实现图像的掩模处理,即屏蔽掉图像的某些部分。图像的缩放就是指一幅图像乘以一个常数。若缩放因数大于 1,那么图像的亮度将增强;若因数小于 1 则会使图像变暗。在 MATLAB 中,immultiply 函数用于实现两幅图像相乘。该函数的调用格式如下:

Z=immultiply(X,Y):将矩阵 X 中的每一个元素与矩阵 *Y* 中对应的元素相乘,返回值为 Z。

图像的除法运算可用于校正由于照明或者传感器的非线性影响,此外图像的除法运算还被用于产生比率图像,在 MATLAB 中调用 imdivide 函数进行两幅图像相除。调用格式如下:

Z=imdivide(X,Y):将矩阵 *X* 中的每一个元素除以矩阵 *Y* 中对应的元素,返回值为 *Z*。

13.3.2　几何运算

图像的几何运算是指引起图像几何形状发生改变的变换，包括图像的缩放、旋转和剪切等。几何运算是不受任何限制的，但是通常都需要做出一些限制以保持图像的外观顺序。

1. 图像的缩放

图像的缩放是指在保持原有图像形状的基础上对图像的大小进行扩大或缩小。在 MATLAB 中，使用 imresize 函数来改变一幅图像的大小，调用格式如下：

B=imresize(A,M,METHOD)

其中：A 是原图像；M 为缩放系数；B 为缩放后的图像；METHOD 为插值方法，可取值 nearest、bilinear 和 bicubic。

【例 13-27】图像缩放示例。

```
clear
I = imread('rice.png');
J = imresize(I, 0.2);
subplot(1,2,1)
imshow(I),
subplot(1,2,2)
imshow(J)
```

运行结果如图 13-24 所示：

图 13-24　图像的缩放

2. 旋转图像

在 MATLAB 中，使用 imrotate 函数旋转一幅图像，调用格式如下：

B=imrotate(A,ANGLE,METHOD,BBOX)

其中：A 是需要旋转的图像；ANGLE 是旋转的角度，正值为逆时针；METHOD 是插值方法；BBOX 表示旋转后的显示方式。

【例 13-28】对图像实现旋转变换。

```
I = fitsread('solarspectra.fts');
I = mat2gray(I);
```

```
J = imrotate(I,-180,'bilinear','crop');
subplot(121);imshow(I);
subplot(122);imshow(J);
```

运行结果如图 13-25 所示：

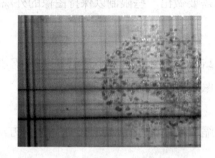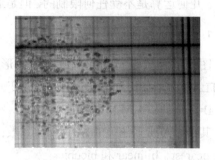

图 13-25　图像的旋转变换

3. 修剪图像

图像的裁剪是指将图像不需要的部分切除，只保留感兴趣的部分。在 MATLAB 中，imcrop 函数用于从一幅图像中抽取一个矩形的部分，该函数的调用格式如下：

(1) I2=imcrop(I)：表示交互式地对灰度图像进行剪切，显示图像，允许用鼠标指定剪裁矩形。

(2) X2=imcrop(X,map)：表示交互式地对索引图像进行剪切，显示图像，允许用鼠标指定剪裁矩形。

(3) RGB2=imcrop(RGB)：表示交互式地对真彩图像进行剪切，显示图像，允许用鼠标指定剪裁矩形。

(4) I2=imcrop(I,rect)：表示非交互式指定灰度图像进行剪裁，按指定的矩阵框 rect 剪切图像，rect 四元素向量[xmin,ymin,width,height]分别表示矩形的左下角和长度及宽度，这些值在空间坐标中指定。

(5) X2=imcrop(X,map,rect)：表示非交互式指定索引图像进行剪裁。

(6) RGB2=imcrop(RGB,rect)：表示非交互式指定真彩图像进行剪裁。

【例 13-29】手动裁剪图像。

```
clear all;
I = imread('circuit.tif');
I2 = imcrop(I,[75 68 130 112]);
subplot(121)
imshow(I),
subplot(122)
imshow(I2)
```

运行结果如图 13-26 所示：

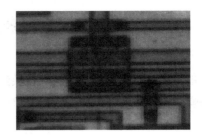

图 13-26　手动剪切图像

4. 空间变换

使用 imtransform 函数可以进行二维空间变换，该函数的语法格式如下：

B = imtransform(A,tform)
B = imtransform(A,tform,interp)
[B,xdata,ydata] = imtransform(...)
[B,xdata,ydata] = imtransform(...,Name,Value)

【例 13-30】再举一个空间变换的例子。

```
unregistered = imread('westconcordaerial.png');
subplot(131);
imshow(unregistered)
subplot(132);imshow('westconcordorthophoto.png')
load westconcordpoints
t_concord = cp2tform(movingPoints,fixedPoints,'projective');
info = imfinfo('westconcordorthophoto.png');
registered = imtransform(unregistered,t_concord,...
    'XData',[1 info.Width], 'YData',[1 info.Height]);
subplot(133);
imshow(registered)
```

运行结果如图 13-27 所示：

图 13-27　图像的空间变换

13.4　图像数据变换

图像的变换是指把图像从空间域转换到变换域，其在图像处理中占有重要的地位，在图像的去噪、图像压缩、特征提取和图像识别方面发挥着重要的作用。

13.4.1　二维傅里叶变换

所谓的傅立叶变换就是以时间为自变量的"信号"和以频率为自变量的"频谱"函数之间的某种变换关系。这种变换同样可以用在其他有关数学和物理的各种问题之中，并可以采用其他形式的变量。

当自变量"时间"或"频率"取连续时间形式和离散时间形式的不同组合，就可以形成各种不同的傅立叶变换对。

二维傅里叶变换及反变换：

$$F(u,v) = \int_{-\infty}^{\infty}\int_{-\infty}^{\infty} f(x,y)e^{-j2\pi(ux+vy)}dxdy$$

其反变换为：

$$f(x,y) = \int_{-\infty}^{\infty}\int_{-\infty}^{\infty} F(u,v)e^{j2\pi(ux+vy)}dudv$$

对二维连续傅立叶变换在二维坐标上进行采样，对空域的取样间隔为 Δx 和 Δy，对频域的取样间隔 Δu 为 Δv，它们的关系为：

$$\Delta u = \frac{1}{N\Delta x}$$

$$\Delta v = \frac{1}{N\Delta y}$$

式中 N 是在图像一个维上的取样总数。那么，二维离散傅立叶变换如下式分别给出：

$$F(u,v) = \frac{1}{N^2}\sum_{x=0}^{N-1}\sum_{y=0}^{N-1} f(x,y)\exp[-j2\pi(ux+vy)/N]$$

$$f(x,y) = \frac{1}{N^2}\sum_{u=0}^{N-1}\sum_{v=0}^{N-1} F(u,v)\exp[j2\pi(ux+vy)/N]$$

其中，$u,v = 0,1,\cdots,N-1$；　$n = 0,1,\cdots,N-1$。

MATLAB 使用 fft2 函数对离散数据进行快速傅里叶变换。

函数的调用格式如下：

Y = fft2(X)

Y = fft2(X,m,n)

Y = ifft2(X)

Y = ifft2(X,m,n)

y = ifft2(..., 'symmetric')

y = ifft2(..., 'nonsymmetric')

【例 13-31】对图像进行离散傅里叶变换。

f = zeros(30,30);

f(22:24,13:17) = 1;

subplot(221);imshow(f,'InitialMagnification','fit')

F = fft2(f);

F2 = log(abs(F));

subplot(222);imshow(F2,[-1 5],'InitialMagnification','fit');

colormap(jet); colorbar

F = fft2(f,256,256);

subplot(223);imshow(log(abs(F)),[-1 5]); colormap(jet); colorbar

F = fft2(f,256,256);F2 = fftshift(F);

subplot(224);imshow(log(abs(F2)),[-1 5]); colormap(jet); colorbar

运行结果如图 13-28 所示：

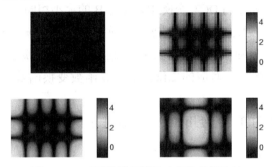

图 13-28　对图像进行傅里叶变换结果比较

13.4.2　离散余弦变换

离散余弦变换(Discrete Cosine Transform，DCT)是一种与傅立叶变换紧密相关的数学运算。在傅立叶级数展开式中，如果被展开的函数是实偶函数，那么其傅立叶级数中只包含余弦项，再将其离散化可导出余弦变换，因此称之为离散余弦变换。在这里主要讲一维离散余弦变换。

$f(x)$ 为一维离散函数，$x = 0,1,\cdots,N-1$，它的离散余弦变换为：

$$F(0) = \frac{1}{\sqrt{N}} \sum_{x=0}^{N-1} f(x)$$

$$F(u) = \sqrt{\frac{2}{N}} \sum_{x=0}^{N-1} f(x)\cos\left[\frac{\pi}{2N}(2x+1)u\right], \quad u = 1,2,\cdots,N-1$$

反变换为：

$$f(x) = \frac{1}{\sqrt{N}} F(0) + \sqrt{\frac{2}{N}} \sum_{u=1}^{N-1} F(u) \cos\left[\frac{\pi}{2N}(2x+1)u\right], \quad x = 0, 1, \cdots, N-1$$

令矩阵 $C = \sqrt{\dfrac{2}{N}} \begin{bmatrix} \sqrt{\dfrac{1}{2}} & \sqrt{\dfrac{1}{2}} & \cdots & \sqrt{\dfrac{1}{2}} \\ \cos\dfrac{\pi}{2N} & \cos\dfrac{3\pi}{2N} & \cdots & \cos\dfrac{(2N-1)\pi}{2N} \\ \vdots & \vdots & \vdots & \vdots \\ \cos\dfrac{(N-1)\pi}{2N} & \cos\dfrac{3(N-1)\pi}{2N} & \cdots & \cos\dfrac{(2N-1)(2N-1)\pi}{2N} \end{bmatrix}_{N \times N}$

则有：

$$F = Cf$$
$$f = C^T F$$

在 MATLAB 中，对图像进行二维离散余弦函数变换有两种方法，对应的函数有：dct2 函数和 dctmtx 函数。这些函数的调用方法如下：

(1) B=dct2(A)：计算 A 的 DCT 变换 B，A 与 B 的大小相同。

(2) B=dct2(A,m,n)：通过对 A 补 0 或剪裁，使 B 的大小为 $m \times n$。

(3) D＝dctmtx(n)：返回一个 $n \times n$ 的 DCT 变换矩阵，输出矩阵 D 为 double 类型。

idct2 函数的调用格式与对应的二维离散余弦函数变换函数一致，可以实现二维反 DCT。

【例 13-32】下面的例子为使用 dct2 对图像进行 DCT 变换。

```
RGB=imread('onion.png');
subplot(221),
imshow(RGB);
title('原始图像');
I=rgb2gray(RGB);          %转换为灰度图像
subplot(222),
imshow(I);
title('DCT 变换');
J=dct2(I);                        %使用 dct2 对图像进行 DCT 变换
subplot(223),
imshow(log(abs(J)),[]),colormap(jet(64));
colorbar;
K = idct2(J);
subplot(224);
imshow(K,[0 255])
```

运行结果如图 13-29 所示：

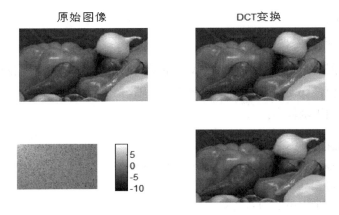

原始图像　　　　　　　　DCT变换

图 13-29　进行 DCT 变换前后的图像

13.4.3　其他变换

1. Radon 变换

Radon 变换就是将数字图像矩阵在某一指定角度射线方向上做投影变换。例如，二维函数的投影就是其在指定方向上的线积分。在垂直方向上的二维线积分就是其在 x 轴上的投影；在水平方向上的二维线积分就是其在 y 轴上的投影。

设直角坐标系 (x, y) 转动 θ 角后得到旋转坐标系 $(\hat{x}, \hat{y})$，由此得知

$$\hat{x} = x\cos\theta + y\sin\theta$$

$p(\hat{x}, \theta)$ 为原函数 $f(\hat{x}, \hat{y})$ 的投影（$f(x, y)$ 沿着旋转坐标系中 $\hat{x}$ 轴 θ 方向的线积分）。根据定义公式知其表达式为：

$$p(\hat{x}, \theta) = \int_{-\infty}^{\infty} \int_{-\infty}^{\infty} f(x, y)\delta(x\cos\theta + y\sin\theta - x)\mathrm{d}x\mathrm{d}y, \quad 0 \leqslant \theta \leqslant \pi$$

这就是函数 $f(x, y)$ 的 radon 变换。

从理论上讲，图像重建过程就是逆 radon 变换过程，其逆变换的表达式为：

$$f(x, y) = (\frac{1}{2\pi})^2 \int_{0}^{\pi} \int_{-\infty}^{\infty} \frac{\dfrac{\partial p(\hat{x}, \theta)}{\partial \hat{x}}}{(x\cos\theta + y\sin\theta) - \hat{x}} \mathrm{d}\hat{x}\mathrm{d}\theta$$

Radon 公式就是通过图像的大量线性积分来还原图像。为了达到准确的目的，我们需要不同的 θ 建立很多旋转坐标系，从而可以得到大量的投影函数，为重建图像的精确度提供基础。

在 MATLAB 中，计算图像在指定角度上的 Radon 变换，其调用函数为：

R = radon(I, theta)

[R,xp] = radon(...)

[___]= radon(gpuarrayI,theta)

其中，I 表示需要变换的图像，Theta 表示变换的角度，R 的各行返回 theta 中各方向上的 Radon 变换值，xp 表示向量沿轴相应的坐标轴。

其逆变换的调用函数为：

I = iradon(R, theta)

I = iradon(R,theta,interp,filter,frequency_scaling,output_size)

[I,H] = iradon(...)

[___]= iradon(gpuarrayR,___)

利用 R 各列中投影值来构造图像 I 的近似值。投影数越多，获得的图像越接近原始图像，角度 theta 必须是固定增量的均匀向量。Radon 逆变换可以根据投影数据重建图像，因此在 X 射线断层摄影分析中常常使用。

【例 13-33】下面的例子为对图像进行 Radon 变换处理。

```
clc;
clear all;
close all;
iptsetpref('ImshowAxesVisible','on')
I = zeros(100,100);
I(25:75, 25:75) = 1;
theta = 0:180;
[R,xp] = radon(I,theta);
imshow(R,[],'Xdata',theta,'Ydata',xp,...
                'InitialMagnification','fit')
xlabel('\theta (degrees)')
ylabel('x''')
colormap(hot), colorbar
iptsetpref('ImshowAxesVisible','off')
```

运行结果如图 13-30 所示：

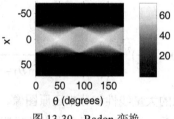

图 13-30　Radon 变换

【例 13-34】下面的例子为连续角度的 Radon 变换。先建立一幅简单图像，然后令变换角度从 0°以 1°的增量变化到 180°时的 Radon 变换情况。

```
P = phantom(128);
```

```
R = radon(P,0:179);
I1 = iradon(R,0:179);
I2 = iradon(R,0:179,'linear','none');
subplot(1,3,1),
imshow(P),
title('Original')
subplot(1,3,2),
imshow(I1),
title('Filtered backprojection')
subplot(1,3,3),
  imshow(I2,[]),
  title('Unfiltered backprojection')
```

运行结果如图 13-31 所示：

Original　　　　　Filtered backprojection　　　Unfiltered backprojection

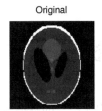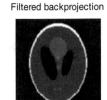

图 13-31　Radon 的逆变换

2. Fanbeam 投影

与 Radon 投影类似，Fanbeam 投影也是指图像沿着指定方向上的投影，区别在于 Radon 投影是一个平行光束，而 Fanbeam 投影则是点光束，发散成一个扇形，所以也称为扇形射线。

在 MATLAB 中，fanbeam 函数用于实现计算 Fanbeam 投影，该函数的调用格式为：

```
F = fanbeam(I,D)
F = fanbeam(..., param1, val1, param1,val2,...)
[F, fan_sensor_positions, fan_rotation_angles]= fanbeam(...)
```

其中，I 表示 Fanbeam 投影变换的图像；D 表示光源到图像中心像素点的距离；...,param1,vall,param1,val2,...表示输入的一些参数。

【例 13-35】利用 fanbeam 函数对图像进行处理。

```
iptsetpref('ImshowAxesVisible','on')
ph = phantom(128);
subplot(121);imshow(ph)
[F,Fpos,Fangles] = fanbeam(ph,250);
subplot(122);imshow(F,[],'XData',Fangles,'YData',Fpos,...
               'InitialMagnification','fit')
axis normal
```

xlabel('Rotation Angles (degrees)')

ylabel('Sensor Positions (degrees)')

colormap(hot), colorbar

运行结果如图 13-32 所示：

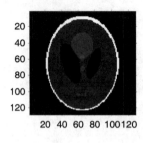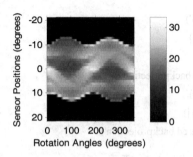

图 13-32　Fanbeam 变换

13.5　图 像 分 析

MATLAB 图像处理工具提供了很多函数，以获取构成图像的数据值的相关信息。这些函数能够返回图像数据信息的形式主要包括如下几种。

(1) 像素数据值。

(2) 沿图像路径数据值。

(3) 图像数据等值线图。

(4) 图像数据柱状图。

(5) 图像数据统计量。

(6) 图像区域的特征量。

13.5.1　像素值及统计

1. 像素数据值

图像处理工具箱提供的 impixel 函数可以返回用户指定的图像像素的颜色数据值。该函数的调用格式如下：

impixel(I)

P = impixel(I,c,r)

P = impixel(X,map)

P = impixel(X,map,c,r)

[c,r,P] = impixel(___)

P = impixel(x,y,I,xi,yi)

[xi,yi,P] = impixel(x,y,I,xi,yi)

【例 13-36】impixel 函数调用示例。

```
RGB = imread('peppers.png');
c = [12 146 410];
r = [104 156 129];
pixels = impixel(RGB,c,r)
```

运行结果下：

```
pixels =
      62    34    63
     166    54    60
      59    28    47
```

2. 沿图像路径数据值

图像处理工具箱提供的 improfile 函数用于沿着图像一条直线路径或直线路径计算并绘制其颜色值。该函数的调用格式如下：

```
improfileimprofile(n)
improfile(I,xi,yi)
improfile(I,xi,yi,n)
c = improfile(___)
[cx,cy,c] = improfile(I,xi,yi,n)
[cx,cy,c,xi,yi] = improfile(I,xi,yi,n)
[___] = improfile(x,y,I,xi,yi)
[___] = improfile(x,y,I,xi,yi,n)
[___] = improfile(___,method)
```

【例 13-37】improfile 函数调用示例。

```
I = imread('liftingbody.png');
x = [19 427 416 77];
y = [96 462 37 33];
improfile(I,x,y),grid on;
```

运行结果如图 13-33 所示：

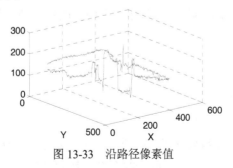

图 13-33　沿路径像素值

3. 图像等值线图

图像处理工具箱提供的 imcontour 函数显示灰度图的等值轮廓。这个函数能够自动设置坐标轴对象，使得方向和长宽比都与所显示的图像匹配。该函数的调用格式如下：

imcontour(I)
imcontour(I,n)
imcontour(I,v)
imcontour(x,y,...)
imcontour(...,LineSpec)
[C,handle] = imcontour(...)

【例 13-38】imcontour 函数调用示例。

I = imread('circuit.tif');
imcontour(I,3)

运行结果如图 13-34 所示：

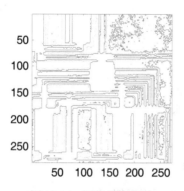

图 13-34　图像的轮廓图

4. 直方图

直方图是多种空间域处理技术的基础。直方图操作能有效地用于图像增强，直方图固有的信息在其他图像处理应用中也非常有用，如图像压缩与分割。直方图在软件中易于计算，也适用于商用硬件设备，因此，它们成为了实时图像处理的一个流行工具。

在 MATLAB 中，imhist 函数可以显示一幅图像的直方图。其常见调用方法如下：

imhist(I)
imhist(I,n)
imhist(X,map)
[counts,x] = imhist(___)
[___] = imhist(gpuarrayA,___)

其中 I 是图像矩阵，该函数返回一幅图像，显示 I 的直方图。

【例 13-39】下面的例子首先读取一幅图像，然后显示了这幅图像的直方图。

```
I = imread('cameraman.tif');
subplot(1,2,1)
imshow(I)
subplot(1,2,2)
imhist(I,64)
```

运行结果如图 13-35 所示：

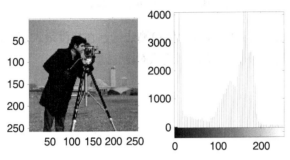

图 13-35　图像和其直方图

13.5.2　灰度图边缘检测

MATLAB 图像分析技术可以提取图像的结构信息，在 MATLAB 中，图像处理工具箱提供 edge 函数来探测边界。其语法格式下。

```
BW = edge(I)
BW = edge(I,'Method')
BW = edge(I,'Method',thresh)
BW = edge(I,'Method',thresh,direction)
```

对于 sodel 和 prewitt 函数中的 direction 可以指定算子方向，即 direction=horizontal，为水平方向；direction=vertical，为垂直方向；direction=both，为水平和垂直两个方向。Method 为下列字符串之一。

(1) sobel：为默认值，用倒数的 sobel 近似值检测边缘，在梯度最大点返回边缘。

(2) prewitt：用倒数的 prewitt 近似值检测边缘，在梯度最大点返回边缘。

【例 13-40】利用 sobel 和 prewitt 方法检测边缘。

```
I = imread('circuit.tif');
BW1 = edge(I,'sobel');
BW2 = edge(I,'prewitt');
subplot(131);imshow(I);
subplot(132);imshow(BW1);
subplot(133);imshow(BW2);
```

运行结果如图 13-36 所示：

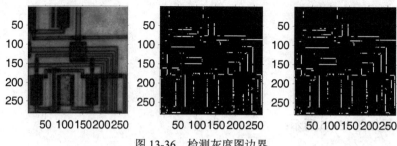

图 13-36　检测灰度图边界

(3) rotberts：用倒数的 roberts 近似值检测边缘，在梯度最大点返回边缘。

【例 13-41】利用 roberts 方法检测边缘对图像进行处理。

```
I=imread('tire.tif');
BW1=edge(I,'roberts');
subplot(1,2,1),
imshow(I);
subplot(1,2,2),
imshow(BW1);
```

运行结果如图 13-37 所示：

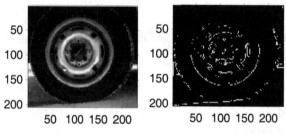

图 13-37　Roberts 算子检测边缘效果图

(4) log：用高斯滤波器的拉普拉斯运算进行滤波，通过寻找 0 相交检测边缘。

【例 13-42】下面的例子为利用 log 方法检测图像的边缘。

```
I=imread('spine.tif');
BW1=edge(I,'log',0.003,0.5);
subplot(1,3,1);
imshow(I);
subplot(1,3,2);
imshow(BW1);
BW1=edge(I,'log',0.003,1);
subplot(1,3,3);
imshow(BW1);
```

运行结果如图 13-38 所示：

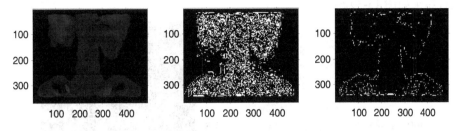

图 13-38　log 算法检测图像的边缘

(5) zerocross：用指定滤波器进行滤波，通过寻找 0 相交检测边缘。

(6) canny：用高斯滤波器计算得到局部最大梯度来检测边缘。

(7) thresh：用于指定灵敏度阀值。

13.5.3　四叉树分解

在 MATLAB 中，用 qtdecomp 函数实现图像的四叉树分解。该函数调用方法如下：

s=qtdecomp(I,Threshold,[MinDim MaxDim])

其中，I 是输入图像。Threshold 是一个可选参数，如果某个子区域中的最大像素灰度值减去最小的像素灰度值大于 Threshold 设定的阈值，那么继续进行分解，否则停止并返回。[MinDim MaxDim]也是可选参数，用来指定最终分解得到的子区域大小。返回值 S 是一个稀疏矩阵，其非零元素的位置回应于块的左上角，每一个非零元素值代表块的大小。

【例 13-43】下面的例子为对图像进行四叉树分解。

```
I = imread('liftingbody.png');
S = qtdecomp(I,.27);
blocks = repmat(uint8(0),size(S));

for dim = [512 256 128 64 32 16 8 4 2 1];
  numblocks = length(find(S==dim));
  if (numblocks > 0)
    values = repmat(uint8(1),[dim dim numblocks]);
    values(2:dim,2:dim,:) = 0;
    blocks = qtsetblk(blocks,S,dim,values);
  end
end

blocks(end,1:end) = 1;
blocks(1:end,end) = 1;
subplot(121);imshow(I)
subplot(122);imshow(blocks,[])
```

运行结果如图 13-39 所示：

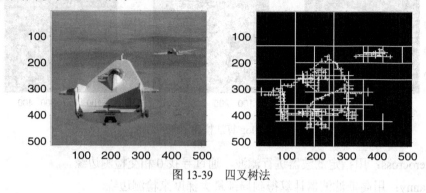

图 13-39　四叉树法

13.6　图　像　调　整

图像调整技术用于图像的改善，包括提高图像的信噪比、通过修正图像的颜色和灰度使其某些特征更容易识别。

13.6.1　灰度的调整

灰度变换可使图像动态范围增大，对比度得到扩展，使图像清晰、特征明显，是图像增强的重要手段之一。它主要利用点运算来修正像素灰度，由输入像素点的灰度值确定相应输出点的灰度值，是一种基于图像变换的操作。灰度变换不改变图像内的空间关系，除了灰度级的改变是根据某种特定的灰度变换函数进行之外，可以看作是"从像素到像素"的复制操作。

在图像处理中，空域是指由像素组成的空间。空域增强方法是直接对图像中的像素进行处理，从根本上说是以图像的灰度映射变换为基础的，所用的映射变换类型取决于增强的目的。

在 MATLAB 的图像处理工具箱中，提供了灰度调整的函数 imadust，使用这个函数可以规定输出图像的像素范围，它的常用的调用方法如下：

J = imadjust(I)
J = imadjust(I,[low_in; high_in],[low_out; high_out])
J = imadjust(I,[low_in; high_in],[low_out; high_out],gamma)
newmap = imadjust(map,[low_in; high_in],[low_out;high_out],gamma)
RGB2 = imadjust(RGB1,___)
gpuarrayB = imadjust(gpuarrayA,___)

其中，I 是输入的图像，J 是返回的调整后的图像，该函数把在[low_in;high_in]的像素值调整到[low_out; high_out])，而低 low_in 的像素值映射为 low_out，高的像素值映射为

high_out，gamma 描述了输入图像和输出图像之间映射曲线的形状。

【例 13-44】下面的例子通过灰度范围调整实现灰度调整。

```
I=imread('fabric.png');
J = imadjust(I);
subplot(221);imshow(I)
subplot(223);imhist(I,64)
subplot(222);imshow(J)
subplot(224);imhist(J,64)
```

运行结果如图 13-40 所示：

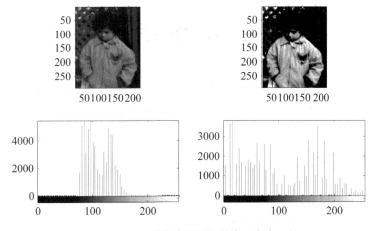

图 13-40　通过灰度范围调整实现灰度调整

13.6.2　增强图像色彩

彩色增强技术利用人眼的视觉特性，将灰度图像变成彩色图像或改变彩色图像已有彩色的分布，改善图像的可分辨性。

在 MATLAB 中，使用 decorrstretch 函数可以进行图像色彩增强处理。

【例 13-45】下面的例子为图像的彩色增强处理。

```
[X, map] = imread('forest.tif');
S = decorrstretch(ind2rgb(X,map),'tol',0.01);
figure
subplot(1,2,1), imshow(X,map), title('Original Image')
subplot(1,2,2), imshow(S), title('Enhanced Image')
```

运行结果如图 13-41 所示：

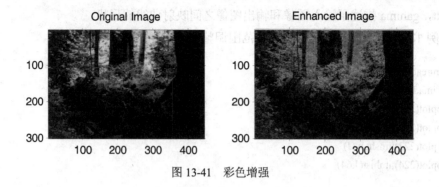

图 13-41　彩色增强

13.7　图像平滑

图像平滑的主要目的是减少图像噪声。抑制噪声的操作可以在空间域或在频域中进行。在空间域中采用中值滤波，在频域中则使用频带滤波。

13.7.1　线性滤波

使用线性滤波可以从图像中去除特定成分的噪声。在 MATLAB 中，可以使用 imfilter 函数来实现线性滤波。该函数的语法格式如下：

```
B = imfilter(A,h)
gpuarrayB = imfilter(gpuArrayA,h)
___ = imfilter(___,options,...)
```

【例 13-46】使用线性滤波操作。

```
originalRGB = imread('peppers.png');
subplot(121);imshow(originalRGB)
h = fspecial('motion', 50, 40);
filteredRGB = imfilter(originalRGB, h);
subplot(122);imshow(filteredRGB)
```

运行结果如图 13-42 所示：

图 13-42　线性滤波示例

13.7.2　中值滤波

中值滤波是基于排序统计理论的一种能有效抑制噪声的非线性信号处理技术，中值滤波的基本原理是把数字图像或数字序列中一点的值用该点的一个邻域中各点值的中值代替，让周围的像素值接近的真实值，从而消除孤立的噪声点。

在 MATLAB 中，medfilt2 函数用于实现中值滤波，该函数的调用方法如下：

```
B = medfilt2(A, [m n])
B = medfilt2(A)
gpuarrayB = medfilt2(gpuarrayA,___)
B = medfilt2(A,'indexed',___)
B= medfilt2(..., padopt)
```

其中，m 和 n 的默认值为 3 的情况执行中值滤波；每个输出像素为 m×n 邻域的中值。

【例 13-47】对图像添加不同的噪声，再用 3*3 的滤波模板对其进行中值滤波。

```
I = imread('eight.tif');
J = imnoise(I,'salt & pepper',0.02);
K = medfilt2(J);
subplot(121);imshow(J)
subplot(122);imshow(K)
```

运行结果如图 13-43 所示：

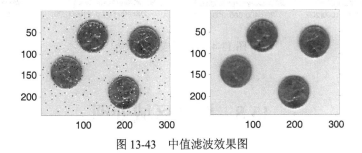

图 13-43　中值滤波效果图

13.7.3　自适应滤波

在 MATLAB 中，wiener2 函数用于对图像进行自适应除噪滤波，wiener2 函数可以估计每个像素的局部均值与方差，该函数调用方法如下：

J=wiener2(I,[M N],noise)：表示使用 M×N 大小邻域局部图像均值与偏差，采用像素式自适应滤波器对图像 I 进行滤波。

【例 13-48】自适应滤波示例。

```
I=imread('saturn.png ');
```

```
subplot(141),
imshow(I);
title('原图像');
I=rgb2gray(I);
J=imnoise(I,'salt & pepper',0.0025);
subplot(142),imshow(J);
title('添加噪声图像');
k1= wiener2 (J);              %进行 3*3 模板
k2= wiener2 (J,[6,6]);        %进行 9*9 模板
subplot(143),
imshow(k1);
title('3*3 模板滤波');
subplot(144),
imshow(k2);
title('5*5 模板滤波  ');
```

运行结果如图 13-44 所示：

图 13-44　自适应滤波示例

13.8　图像区域处理

很多时候不需要对整个图像进行处理，只需要对部分图像处理就能满足图像处理的需
要，这就要专门对图像进行处理。

13.8.1　区域滤波

在 MATLAB 中，roifilt2 函数用于区域滤波算法，该函数的调用格式为：

J = roifilt2(h, I, BW)
J = roifilt2(I, BW, fun)

【例 13-49】下面的例子为利用平滑滤波对图像进行处理：

```
I = imread('eight.tif');
c = [222 272 300 270 221 194];
r = [21 21 75 121 121 75];
BW = roipoly(I,c,r);
H = fspecial('unsharp');
J = roifilt2(H,I,BW);
subplot(121);imshow(I)
subplot(122);imshow(J)
```

运行结果如图 13-45 所示：

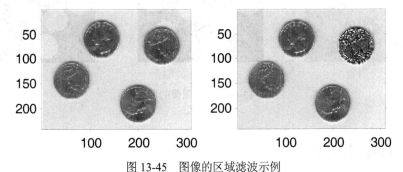

图 13-45　图像的区域滤波示例

13.8.2　区域填充

在 MATLAB 中，imfill 函数用于实现图像区域的填充。该函数的调用方法为：

(1) BW2 = imfill(BW)：表示对二值图像进行区域填充。

(2) [BW2,locations] = imfill(BW)：表示将返回用户的取样点索引值，但这里索引值不是选取样点的坐标。

(3) BW2 = imfill(BW,locations)：locations 表示一个多维数组时，数组每一行指定一个区域。

(4) BW2 = imfill(BW,'holes')：表示填充二值图像中的空洞区域。

(5) I2 = imfill(I)：表示将填充灰度图像中所有的空洞区域。

(6) BW2 = imfill(BW,locations,conn)：conn 表示联通类型。

【例 13-50】下面的例子为对二指图像进行填充。

```
I=imread('coins.png');          %读入二值图像
subplot(1,3,1);
imshow(I);
title('原始图像') ;
BW1=im2bw(I);
subplot(1,3,2);
```

```
imshow(BW1);
title('二值图像') ;
BW2=imfill(BW1,'holes');     %执行填洞运算
subplot(1,3,3);
imshow(BW2);
title('填充图像') ;
```

运行结果如图 13-46 所示：

原始图像　　　　　　　　　二值图像　　　　　　　　　填充图像

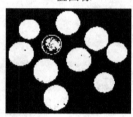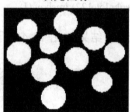

图 13-46　二值图像的填充

13.8.3　移除小对象

在 MATLAB 中，bwareaopen 函数用于从对象中移除小对象，该函数的调用方法如下：

(1) BW2 = bwareaopen(BW,P)：表示从二值图像中移除所有小于 P 的连通对象。

(2) BW2 =bwareaopen(BW,P,CONN)：表示从二值图像中移除所有小于 P 的连通对象。CONN 对应邻域方法，默认为 8。

【例 13-51】下面的例子为从图像中移除小对象。

```
BW = imread('text.png');
BW2 = bwareaopen(BW, 50);
subplot(121);imshow(BW);
subplot(122);imshow(BW2);
```

运行结果如图 13-47 所示：

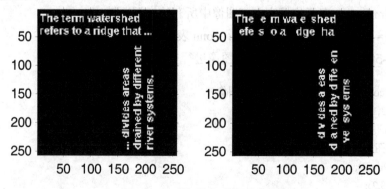

图 13-47　从图像中移除小对象

13.9　形态学操作

图像的形态学操作是基于图像中目标的形状进行操作，在操作过程中，像素的结果取决于临近区域像素的值。数学形态学可以实现形态学分析和处理算法的并行，大大提高图像分析和处理的速度。

13.9.1　图像膨胀

膨胀的运算符为 $\oplus$，A 用 B 来膨胀写作 $A \oplus B$，定义为：

$$A \oplus b = \left\{ x \,\middle|\, [(\hat{B})_x \bigcap A \neq \varphi] \right\}$$

先对 B 做关于原点的映射，再将其映射平移 x，这里 A 与 B 映射的交集不为空集，也就是 B 映射的位移与 A 至少有 1 个非零元素相交时 B 的原点位置的集合。

在 MATLAB 中，imdilate 函数用于实现膨胀处理，该函数的调用方法为：

```
J=imdilate (I, SE)
J= imdilate (I, NHOOD)
J= imdilate (I, SE,PACKOPT)
J= imdilate (…,PADOPT)
gpuarrayIM2 = imdilate(gpuarrayIM,___)
```

其中，SE 表示结构元素；NHOOD 表示一个只包含 0 和 1 作为元素值的矩阵，用于表示自定义形状的结构元素；PACKOPT 和 PADOPT 是两个优化因子，分别可以取值ispacked、notpacked、same、full，用来指定输入图像是否为压缩的二值图像和输出图像的大小。

【例 13-52】对灰度图像进行膨胀处理。

```
I = imread('cameraman.tif');
se = strel('ball',5,5);
I2 = imdilate(I,se);
subplot(121);imshow(I), title('Original')
subplot(122);imshow(I2), title('Dilated')
```

运行结果如图 13-48 所示：

图 13-48　图像膨胀处理效果图

13.9.2 图像腐蚀

腐蚀的运算符为 Θ，A 用 B 来腐蚀，写作 $A\Theta B$，定义为：

$$A\Theta b = \left\{ x \mid (B)_x \subseteq A \right\}$$

上式表明，A 用 B 腐蚀的结果是所有满足将 B 平移后，B 仍旧全部包含在 A 中的 x 的集合，也就是 B 经过平移后全部包含在 A 中的原点组成的集合。

在 MATLAB 中，imerode 函数用于实现腐蚀处理，该函数的调用方法为：

```
IM2 = imerode(IM,SE)
IM2 = imerode(IM,NHOOD)
IM2 = imerode(___,PACKOPT,M)
IM2 = imerode(___,SHAPE)
gpuarrayIM2 = imerode(gpuarrayIM,___)
```

【例 13-53】对二值图像进行腐蚀处理。

```
I = imread('cameraman.tif');
se = strel('ball',5,5);
I2 = imerode(I,se);
subplot(121);imshow(I), title('Original')
subplot(122);imshow(I2), title('Dilated')
```

运行结果如图 13-49 所示：

图 13-49　对图像腐蚀处理

13.9.3 形态学重建

形态学重建可以视为反复进行膨胀操作的过程直到图像的等值线达到另一图的水平，被操作的图像称为标记图，另一幅图像称为掩膜图。

在 MATLAB 中，imreconstruct 函数用于实现图像重建，该函数的调用方法为：

```
IM = imreconstruct(marker,mask)
IM = imreconstruct(marker,mask,conn)
gpuarrayIM = imreconstruct(gpuarrayMarker,gpuarrayMask,conn)Description
```

【例 13-54】对图像进行形态学重建。

```
I = imread('snowflakes.png');
mask = adapthisteq(I);
subplot(121);imshow(mask);
se = strel('disk',5);
marker = imerode(mask,se);
obr = imreconstruct(marker,mask);
subplot(122);imshow(obr,[])
```

运行结果如图 13-50 所示：

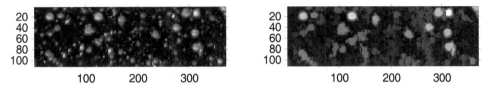

图 13-50　形态学重建

13.10　本 章 小 结

　　本章介绍了 MATLAB 图像处理方面的基础知识，主要有 MATLAB 支持的图像的类型和文件格式、图像处理的基本函数、图像的基本运算、图像的变换等内容。本章只介绍了最基本、最具代表性的图像处理的基础内容，读者可自行学习，熟练掌握。在介绍了基础知识之后，对 MATLAB 图像处理工具箱在主要应用方面进行说明了，包括图像的增强、图像复原、边缘检测、图像的数学形态学处理等内容。但本章介绍的仅是图像处理应用方面的很小一部分，读者如需要，可参考 MATLAB 图像处理的相关帮助内容，并积极参考有关文献。

第14章 句柄图形对象

句柄图形(Handle Graphics)是 MATLAB 中用于创建图形的面向对象的图形系统。图形句柄提供创建线条、文本、网格和绘图命令。

学习目标：
- 了解 MATLAB 图形对象及其属性。
- 掌握 MATLAB 图形对象属性的设置及其访问。
- 掌握 MATLAB 图形对象句柄的访问和操作。

14.1 句柄图形对象概述

句柄图形对象是 MATLAB 为了描述某些具有类似特征的图形元素而定义的具有某些共有属性的抽象元素集合。MATLAB 提供了坐标轴对象，它有许多属性项，创建一个坐标轴元素的过程，实际上就是将这些属性项赋值的过程。

通过图形对象句柄，用户可以实现对该对象实例的各种控制和设置。

句柄图形的类型非常多，主要的句柄图像对象及其分类如下：

(1) 核心图形对象(core object)：提供高级绘图命令。

(2) plot objects：由基本的图形对象复合而成，提供设置 plot object 属性功能。

(3) annotation objects：同其他图像对象分离，位于单独的绘图层上。

(4) group objects：创建在某个方法发挥作用的群对象上。

(5) ui objects：用于创建用户界面的用户界面对象。

14.2 get 和 set 函数

各种句柄图形对象都有自己的属性，MATALB 中 set 函数用于设置已创建句柄图形对象元素的各种属性，get 函数用于查询已创建句柄图形对象元素的各种属性。

set 函数的调用格式为：

set(句柄，属性名 1，属性值 1，属性名 2，属性值 2，…)

其中句柄用于指明要操作的图形对象。如果在调用 set 函数时省略全部属性名和属性值，则将显示出句柄所有的允许属性。

【例 14-1】set 属性示例。

```
x = 0:30;
y = [1.5*cos(x);4*exp(-.1*x).*cos(x);exp(.05*x).*cos(x)]';
h = stem(x,y);
set(h,{'Marker','Tag'},...
    {'o','Decaying Exponential';...
    'square','Growing Exponential';...
    '*','Steady State'})
```

如图 14-1 所示，运行结果如下：

```
ans =
      1      1    499    300
ans =
      0         0   4.3103   2.5862
```

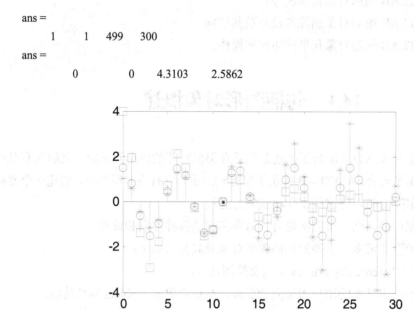

图 14-1　设置属性示例

get 函数的调用格式为：

V=get(句柄，属性名)

其中 V 是返回的属性值。如果在调用 get 函数时省略属性名，则将返回句柄所有的属性值。

【例 14-2】get 属性示例。

```
e = actxserver ('Excel.Application');
e.Path
c = e.CommandBars.get
```

运行结果如下：

```
ans =
C:\Program Files\Microsoft Office\Office14
```

c =

　　　　　　Application: [1x1 Interface.Microsoft_Excel_14.0_Object_Library._Application]

　　　　　　　　Creator: 1.4808e+09

　　　　　ActionControl: []

　　　　ActiveMenuBar: [1x1

Interface.Microsoft_Office_14.0_Object_Library.CommandBar]

　　　　　　　　　Count: 149

　　　　DisplayTooltips: 1

　　DisplayKeysInTooltips: 1

　　　　　LargeButtons: 0

　　MenuAnimationStyle: 'msoMenuAnimationNone'

　　　　　　　　Parent: [1x1 Interface.Microsoft_Excel_14.0_Object_Library._Application]

　　　　AdaptiveMenus: 0

　　　　　DisplayFonts: 1

　　　DisableCustomize: 1

DisableAskAQuestionDropdown: 0

14.3　根　对　象

　　根对象只有信息存储功能，其句柄永远为 0。当启动一个 MATLAB 进程时，根对象随之产生，它负责存储 MATLAB 进程的状态、用户计算机的系统信息以及 MATLAB 使用的默认值。表 14-1 介绍了图形根对象属性。

表 14-1　根对象属性

属　性	描　述
BeingDeleted	表示当对象的 DeleteFcn 函数调用后，该属性的值为 on
BusyAction	表示控制 MATLAB 图形对象句柄响应函数点中断方式
ButtonDownFcn	表示当单击按钮时执行响应函数
Children	表示该对象所有子对象的句柄
Clipping	表示打开或关闭剪切功能(只对坐标轴子对象有效)
CreateFcn	表示当创建对应类型的对象时执行
DeleteFcn	表示删除对象时执行该函数
HandleVisibility	表示用于控制句柄是否可以通过命令行或者响应函数访问
HitTest	表示设置当鼠标点击时是否可以使选中对象成为当前对象
Interruptible	表示确定当前的响应函数是否可以被后继的响应函数中断
Parent	表示该对象的上级(父)对象
Selected	表明该对象是否被选中

(续表)

属　　性	描　　述
SelectionHighlight	表示指定是否显示对象的选中状态
Tag	表示用户指定的对象标签
Type	表示该对象的类型
UserData	表示用户想与该对象关联的任意数据
Visible	表示设置该对象是否可见

14.4　图形窗口对象

图形窗口对象是根对象的直接子对象，所有其他句柄图形对象都直接或间接继承自图形对象。

在 MATLAB 中，建立图形窗口对象使用 figure 函数，其调用格式为：

figure
figure('PropertyName',propertyvalue,...)
figure(h)h = figure(...)

要关闭图形窗口，使用 close 函数，其调用格式为：

close(窗口句柄)
close all 命令可以关闭所有的图形窗口。
clf 命令则是清除当前图形窗口的内容，但不关闭窗口。

14.5　核心图形对象

MATLAB 中核心图形对象包括坐标轴、图线、表面、片块、光源、图像等，部分常用的核心对象如表 14-2 所示。

表 14-2　核心图形对象

对　　象	说　　明
axes	axes 对象定义显示图形的坐标系，axes 对象包含于图形中
image	图形对象为一个数据矩阵，矩阵数据对应于颜色。当矩阵为二维时表示灰度图像，三维时表示彩色图像
light	坐标系中的光源。light 对象影响图像的色彩，但是本身不可视

(续表)

对　象	说　明
line	通过连接定义曲线的点生成
patch	填充的多边形，其各边属性相互独立。每个 patch 对象可以包含多个部分，每个部分由单一色或插值色彩组成
rectangle	二维图像对象，其边界和颜色可以设置，可绘制变化曲率的图像，如椭圆
surface	表面图形
text	图形中的文本

在 MATLAB 中，建立坐标轴对象使用 axes 函数，该函数调用格式为：

axes
axes('PropertyName',propertyvalue,...)
axes(h)h = axes(...)

调用 axes 函数用指定的属性在当前图形窗口创建坐标轴，并将其句柄赋给左边的句柄变量。还可以设定为当前坐标轴，且坐标轴所在的图形窗口自动成为当前图形窗口：

【例 14-3】坐标轴(Axes)对象的一些使用功能。

figure
axes('Position',[0.1,0.1,0.7,0.7])
contour(peaks(20))
axes('Position',[0.7,0.7,0.28,0.28])
surf(peaks(20))

运行结果如图 14-2 所示：

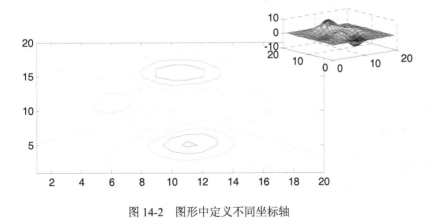

图 14-2　图形中定义不同坐标轴

MATLAB 的一些高级绘图函数可以创建 Plot 对象。通过 Plot 对象的属性可以快速访问其包含的核心(Core)对象的重要属性。

Plot 对象的上级对象可以为坐标系(Axes)对象或者组(Group)对象。

在 MATLAB 中，建立坐标轴对象使用 hggroup 函数，该函数调用格式为：

```
plot(sfit)
plot(sfit, [x, y], z)
plot(sfit, [x, y], z, 'Exclude', outliers)
H = plot(sfit, ..., 'Style', Style)
H = plot(sfit, ..., 'Level', Level)
H = plot(sfit, ..., 'XLim', XLIM)
H= plot(sfit, ..., 'YLim', YLIM)
H = plot(sfit, ...)
H = plot(sfit, ..., 'Parent', HAXES )
plot(cfit)
plot(cfit,x,y)
plot(cfit,x,y,DataLineSpec)
plot(cfit,FitLineSpec,x,y,DataLineSpec)
plot(cfit,x,y,outliers)
plot(cfit,x,y,outliers,OutlierLineSpec)
plot(...,ptype,...)
plot(...,ptype,level)
h = plot(...)Description
```

【例 14-4】 Plot 对象创建示例。

```
xdata = (0:0.1:2*pi)';
y0 = sin(xdata);
gnoise = y0.*randn(size(y0));
spnoise = zeros(size(y0));
p = randperm(length(y0));
sppoints = p(1:round(length(p)/5));
spnoise(sppoints) = 5*sign(y0(sppoints));
ydata = y0 + gnoise + spnoise;
f = fittype('a*sin(b*x)');
fit1 = fit(xdata,ydata,f,'StartPoint',[1 1]);
fdata = feval(fit1,xdata);
I = abs(fdata - ydata) > 1.5*std(ydata);
outliers = excludedata(xdata,ydata,'indices',I);
fit2 = fit(xdata,ydata,f,'StartPoint',[1 1],...
            'Exclude',outliers);
fit3 = fit(xdata,ydata,f,'StartPoint',[1 1],'Robust','on');
plot(fit1,'r-',xdata,ydata,'k.',outliers,'m*')
hold on
plot(fit2,'c--')
plot(fit3,'b:')
xlim([0 2*pi])
```

运行结果如图 14-3 所示：

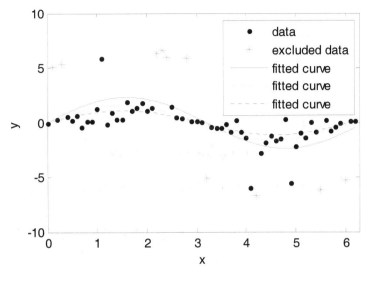

图 14-3　Plot 对象创建效果图

Group 对象提供对由 Axes 子对象构成的对象群进行统一操作的快捷方式。创建 Group 对象的方法很简单，只要将对象中的对象设置为对象群的子对象即可，而对象群可以为 hggroup 对象或 hgtransform 对象。

hggroup：如果需要创建一组对象，并且通过对该组中的任何一个对象进行操作而控制整个组的可视性或选中该组，则使用 hggroup。hggroup 通过 hggroup 函数创建。

在 MATLAB 中，建立坐标轴对象使用 hggroup 函数，该函数的调用格式为：

```
h = hggroup
h = hggroup(...,'PropertyName',propertyvalue,...)
```

【例 14-5】hggroup 对象创建示例。

```
function doc_hggroup
hg = hggroup('ButtonDownFcn',@set_lines);
hl   = line(randn(5),randn(5),'HitTest','off','Parent',hg);
function set_lines(cb,eventdata)
hl = get(cb,'Children');% cb is handle of hggroup object
lw = get(hl,'LineWidth');% get current line widths
set(hl,{'LineWidth'},num2cell([lw{:}]+1,[5,1])')
```

运行结果如图 14-4 所示：

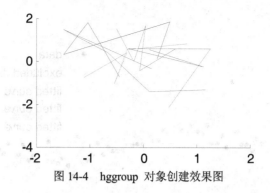

图 14-4   hggroup 对象创建效果图

hgtransform：当需要对一组对象进行变换时创建 hgtransform，其中变换包括选中、平移、尺寸变化等。

在 MATLAB 中，建立坐标轴对象使用 hggroup 函数，该函数的调用格式为：

h = hgtransform
h = hgtransform('PropertyName',propertyvalue,...)Properties

【例 14-6】hgtransform 对象创建示例。

```
ax = axes('XLim',[-2 1],'YLim',[-2 1],'ZLim',[-1 1]);
view(3); grid on; axis equal
[x y z] = cylinder([.3 0]);
h(1) = surface(x,y,z,'FaceColor','red');
h(2) = surface(x,y,-z,'FaceColor','green');
h(3) = surface(z,x,y,'FaceColor','blue');
h(4) = surface(-z,x,y,'FaceColor','cyan');
h(5) = surface(y,z,x,'FaceColor','magenta');
h(6) = surface(y,-z,x,'FaceColor','yellow');
t1 = hgtransform('Parent',ax);
t2 = hgtransform('Parent',ax);
set(gcf,'Renderer','opengl')
set(h,'Parent',t1)
h2 = copyobj(h,t2);
Txy = makehgtform('translate',[-1.5 -1.5 0]);
set(t2,'Matrix',Txy)
drawnow
for r = 1:.1:20*pi
    Rz = makehgtform('zrotate',r);
    set(t1,'Matrix',Rz)
    set(t2,'Matrix',Txy*inv(Rz))
    drawnow
end
```

运行结果如图 14-5 所示：

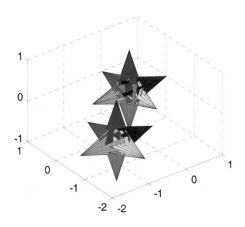

图 14-5　hgtransform 对象创建效果图

Annotation 对象是 MATLAB 中的注释内容，存在于此的坐标系中，该坐标系的范围为整个图形窗口。用户可以通过规范化坐标将注释对象放置于图形窗口中的任何位置。规范化坐标的范围为 0～1，窗口左下角为[0,0]，右上角为[1,1]。

在 MATLAB 中，建立坐标轴对象使用 annotation 函数，该函数的调用格式为：

```
annotation(annotation_type)
annotation('line',x,y)
annotation('arrow',x,y)
annotation('doublearrow',x,y)
annotation('textarrow',x,y)
annotation('textbox',[x y w h])
annotation('ellipse',[x y w h])
annotation('rectangle',[x y w h])
annotation(figure_handle,...)
annotation(...,'PropertyName',PropertyValue,...)
anno_obj_handle = annotation(...)
```

【例 14-7】Annotation 对象创建示例。

```
%创建图形
figure;
plot(1:10);
annotation('textbox', [0.2,0.4,0.1,0.1],...
            'String', 'Straight Line Plot 1 to 10');
str = {'Straight Line', 'Plot of 1 to 10'};
annotation('textbox', [0.2,0.4,0.1,0.1],...
            'String', str);
annotation('textarrow', [0.3,0.5], [0.6,0.5],...
            'String' , 'Straight Line');
```

运行结果如图 14-6 所示：

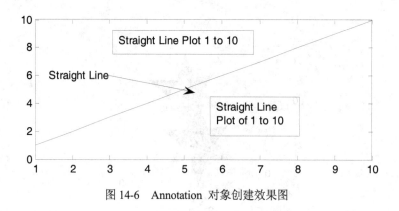

图 14-6　Annotation 对象创建效果图

14.6 本 章 小 结

本章介绍了 MATLAB 图形句柄方面的基本内容，具体包括句柄图形对象、句柄图形对象属性的访问和设置、根对象、图形窗口对象、核心图形对象等。这些内容属于 MATLAB 提供的底层绘图命令，不仅是高级绘图命令的基础，也可以作为底层图形开发的工具。

第15章 图形用户界面(GUI)

GUI 是用户与计算机程序之间的交互方式，是用户与计算机进行信息交流的方式。通过图形用户接口，用户不需要输入命令，不需要了解任务的内部运行方式。图形用户界面包含了多个图形对象，如窗口、图标、菜单和文本的用户界面。

学习目标：
- 了解 GUI 的基本控件。
- 掌握通过 GUIDE 创建 GUI 的方法。
- 学会设计包含菜单与常用控件的 GUI。

15.1 图形用户界面(GUI)简介

15.1.1 GUI 程序概述

GUI，英文全名 Graphical User Interface，直译为图形用户界面。用户可以在前台界面通过一系列鼠标点击、键盘操作，指挥后台程序实现某些功能。

MATLAB 为 GUI 设计提供了 4 种模板，分别是：Blank GUI (空白模板，默认)、GUI with Uicontrols(带控件对象的 GUI 模板)、GUI with Axes and Menu(带坐标轴与菜单的 GUI 模板)、Modal Question Dialog(带模式问题对话框的 GUI 模板)。当用户选择不同的模板时，在 GUI 设计模板界面的右边就会显示出与该模板对应的 GUI 图形。

MATLAB 中设计图形用户界面的方法有两种：使用可视化的界面环境和通过编写程序。基本图形对象分为控件对象和用户界面菜单对象(简称控件和菜单)。

(1) 使用全命令行的 M 文件编程设计 GUI 程序界面。

(2) 使用 GUIDE 辅助设计是一种更简单的创建 GUI 程序界面的方法。

15.1.2 打开 GUIDE 开发环境

GUIDE 开发环境，是 MATLAB 为 GUI 编程用户设计程序界面、编写程序功能内核而提供的一个图形界面的集成化的设计、开发环境。

打开 MATLAB 的主界面，选择 File 菜单中的 New 菜单项，然后选择其中的 GUI 命令，就会显示 GUI 的设计模板，如图 15-1 所示：

在 GUI 设计模板中选中一个模板，单击 OK 按钮，就会显示 GUI 设计窗口。选择不同的 GUI 设计模式时，相应的显示结果是不一样的。图形用户界面 GUI 设计窗口功能区由菜单栏、工具栏、控件工具栏以及图形对象设计等组成。

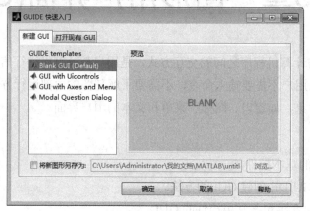

图 15-1   GUIDE 快捷启动对话框

GUI 设计窗口的菜单栏中的菜单项有：File、Edit、View、Layout、Tools 和 Help，如图 15-2所示，可以通过使用其中的命令完成图形用户界面的设计操作。

在菜单栏的下方为编辑工具，提供了常用的工具；窗口的左半部分为设计工具区，提供了设计 GUI 过程中所用的用户控件；空间模板区是网格形式的用户设计 GUI 的空白区域。

在 GUI 设计窗口创建图形对象后，可以通过双击该对象来显示该对象的属性编辑器。

图 15-2   空白 GUI 模板情形

15.2　使用 GUIDE 创建 GUI 界面

　　MATLAB 提供了一套可视化的创建图形窗口的工具，使用图形用户界面开发环境可方便地创建 GUI 应用程序，它可以根据用户设计的 GUI 布局，自动生成 M 文件的框架，用户可使用这一框架编制自己的应用程序。

　　MATLAB 提供了一套可视化的创建图形用户接口(GUI)的工具，如表 15-1所示：

表 15-1　可视化的创建图形用户接口(GUI)的工具

工 具 名 称	用　　途
布局编辑器(Layout Editor)	在图形窗口中创建及布置图形对象
几何排列工具(Alignment Tool)	调整各对象相互之间的几何关系和位置
属性查看器(Property Inspector)	查询并设置属性值
对象浏览器(Object Browser)	用于获得当前 MATLAB 图形用户界面程序中的全部对象信息、对象的类型，同时显示控件的名称和标识，在控件上双击可以打开该控件的属性编辑器
菜单编辑器(Menu Editor)	创建、设计、修改下拉式菜单和快捷菜单
Tab 顺序编辑器(Tab Order Editor)	用于设置当用户按下键盘上的 Tab 键时，对象被选中的先后顺序

15.2.1　设置组件属性

　　对象属性查看器可以用于查看每个对象的属性值，也可以用于修改、设置对象的属性值，如图 15-3 所示。具体操作步骤如下：

　　对象属性查看器的打开方式有四种：

　　(1) 在工具栏上直接选择 Property Inspector 命令按钮。

　　(2) 选择 View 菜单下的 Property Inspector 菜单项。

　　(3) 在命令窗口中输入 inspect。

　　(4) 在控件对象上单击鼠标右键，选择弹出菜单中的 Property Inspector 菜单项。

15.2.2　几何排列工具

　　利用位置调整工具，可以对 GUI 对象设计区内的多个对象的位置进行调整，如图 15-4所示。

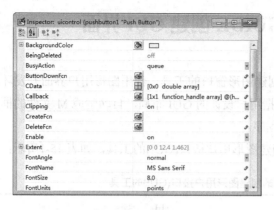

　　　　图 15-3　　属性查看器　　　　　　　　　　　　图 15-4　　位置调整工具

有两种位置调整工具的打开方式：

(1) 从 GUI 设计窗口的工具栏上选择 Align Objects 命令按钮。

(2) 选择 Tools 菜单下的 Align Objects 菜单项，就可以打开对象位置调整器。

　　在对象位置调整器中，第一栏是垂直方向的位置调整，第二栏是水平方向的位置调整。当选中多个对象时，可以通过对象位置调整器调整对象间的对齐方式和距离。

15.2.3　设计菜单

　　菜单编辑器可以用于创建、设置、修改下拉式菜单和快捷菜单。选择 Tools 菜单下的 Menu Editor，即可打开菜单编辑器。

　　菜单也可以通过编程实现，方法为从 GUI 设计窗口的工具栏上选择 Menu Editor 命令按钮，打开菜单编辑程序。菜单编辑器包括菜单的设计和编辑，菜单编辑器有八个快捷键，可以利用它们任意添加或删除菜单，设置菜单项的属性，包括名称(Label)、标识(Tag)、选择是否显示分隔线(Separator above this Item)、是否在菜单前加上选中标记(Item is checked)、调回函数(Callback)。

　　打开的菜单编辑器如图 15-5 所示：

　　菜单编辑器左上角的第一个按钮用于创建一级菜单项，如图 15-6 所示：

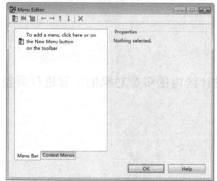

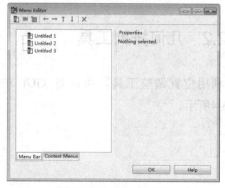

　　　　图 15-5　　菜单编辑器　　　　　　　　　　　　图 15-6　　创建一级菜单

菜单编辑器的左下角有两个按钮，第一个按钮用于创建下拉式菜单；第二个按钮用于创建 Context Menu 菜单。选择后，菜单编辑器左上角的第三个按钮就会变成可用，单击它就可以创建 Context Menu 主菜单。选中已经创建的 Context Menu 主菜单后，可以单击第二个按钮创建选中的 Context Menu 主菜单的子菜单。与下拉式菜单一样，选中创建的某个 Context Menu 菜单，菜单编辑器的右边就会显示该菜单的有关属性，可以在这里设置、修改菜单的属性。

15.2.4　对象浏览器

对象浏览器用于查看当前设计阶段的各个句柄图形对象，可以在对象浏览器中选中一个或多个控件来打开该控件的属性编辑器，如图 15-7 所示。

对象浏览器的打开方式有：

(1) 从 GUI 设计窗口的工具栏上选择 Object Browser 命令按钮。

(2) 选择 View 菜单下的 Object Browser 子菜单。

(3) 在设计区域单击鼠标右键，选择弹出菜单中的 Object Browser。

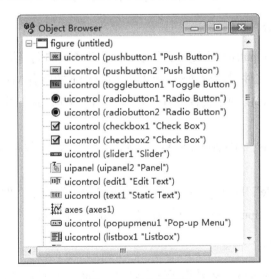

图 15-7　对象浏览器

15.3　对话框对象

在图形用户界面程序设计中，对话框是重要的信息显示和获取输入数据的用户界面对象。使用对话框，可以使应用程序的界面更加友好，使用更加方便。MATLAB 提供了两类对话框，一类为公共对话框，另一类为一般对话框。

15.3.1 公共对话框

常用的公共对话框函数包括文件打开对话框、文件保存对话框、颜色设置对话框、生成字体和字体属性选择对话框、页面设置对话框、打印预览对话框、打印对话框。下面分别对它进行介绍。

1. 文件打开对话框

在 MATLAB 中，uigetfile 函数用于打开文件，该函数的调用格式为：

- uigetfile：表示弹出文件打开对话框，列出当前目录下的所有 MATLAB 文件。
- uigetfile('FilterSpec')：表示弹出文件打开对话框，列出当前目录下的所有由 FilterSpec 指定类型的文件。
- uigetfile('FilterSpec','DialogTitle')：表示同时设置文件打开对话框的标题为 DialogTitle。
- uigetfile('FilterSpec', 'DialogTitle',x,y)：表示 x,y 参数用于确定文件打开对话框的位置。
- [fname,pname]=uigetfile(…)：表示返回打开文件的文件名和路径。

2. 文件保存对话框

在 MATLAB 中，uiputfile 函数用于保存文件，该函数的调用格式为。

- uiputfile：弹出文件保存对话框，列出当前目录下的所有 MATLAB 文件。
- uiputfile('InitFile')：弹出文件保存对话框，列出当前目录下的所有由 InitFile 指定类型的文件。
- uiputfile('InitFile', 'DialogTitle')：… 同时设置文件保存对话框的标题为'DialogTitle'。
- uiputfile('InitFile', 'DialogTitle',x,y)：…x,y 参数用于确定文件保存对话框的位置。
- [fname,pname]=uiputfile(…)：返回保存文件的文件名和路径。

3. 设置颜色对话框

在 MATLAB 中，uisetcolor 函数用于图形对象颜色的交互式设置，该函数的调用格式为：c=uisetcolor('h_or_c,' 'DialogTitle')：输入参数 h_or_c 可以是一个图形对象的句柄，也可以是一个三色 RGB 矢量，'DialogTitle'为颜色设置对话框的标题。

4. 生成字体和字体属性选择对话框

在 MATALB 中，uisetfont 函数用于字体属性的交互式设置，该函数的调用格式为：

- uisetfont：表示打开字体设置对话框，返回所选择字体的属性。
- uisetfont(h)：h 为图形对象句柄，使用字体设置对话框重新设置该对象的字体属性。
- uisetfont(S)：S 为字体属性结构变量，S 中包含的属性有 FontName、FontUnits、FontSize、FontWeight、FontAngle，返回重新设置的属性值。
- uisetfont(h, 'DialogTitle')：h 为图形对象句柄，使用字体设置对话框重新设置该对象的字体属性，'DialogTitle'设置对话框的标题。

- uisetfont(S,'DialogTitle')：S 为字体属性结构变量，S 中包含的属性有 FontName、FontUnits、FontSize、FontWeight、FontAngle，返回重新设置的属性值，DialogTitle 设置对话框的标题；
- S=uisetfont(…)：返回字体属性值，保存在结构变量 S 中。

5. 页面设置对话框

在 MATLAB 中，用于打印页面的交互式设置，函数为 pagesetupdlg，调用格式为：

dlg=pagesetupdlg(fig)：fig 为图形窗口的句柄，省略时为当前图形窗口。

6. 打印预览对话框

在 MATALB 中，printpreview 函数用于对打印页面进行预览，该函数的调用格式为：

- printpreview：对当前图形窗口进行打印预览。
- printpreview(f)：对以 f 为句柄的图形窗口进行打印预览。

"打印预览"对话框如图 15-8所示：

图 15-8 "打印预览"对话框

7. 打印对话框

在 MATLAB 中，printdlg 函数为 Windows 的标准对话框，该函数的调用格式为：

- printdlg：对当前图形窗口打开 Windows 打印对话框。
- printdlg(fig)：对以 fig 为句柄的图形窗口打开 Windows 打印对话框。
- printdlg('-crossplatform',fig)：打开 crossplatform 模式的 MATLAB 打印对话框。
- printdlg(-'setup',fig)：在打印设置模式下，强制打开打印对话框。

15.3.2 一般对话框

MATLAB 除了提供大量标准的公共对话框外，还提供了一般对话框与请求对话框。

下面分别对它们进行介绍。

1. 帮助对话框

在 MATLAB 中，helpdlg 函数用于帮助提示信息，该函数的调用格式为：

- helpdlg：打开默认的帮助对话框。
- helpdlg('helpstring')：打开显示 errorstring 信息的帮助对话框。
- helpdlg('helpstring', 'dlgname')：打开显示 errorstring 信息的帮助对话框，对话框的标题由 dlgname 指定。
- h=helpdlg(…)：返回对话框句柄。

下面的例子为在命令窗口输入：

helpdlg('从当前图形中选取 10 个点','选择取')

运行结果如图 15-9 所示：

图 15-9　帮助对话框

2. 错误信息对话框

在 MATLAB 中，errordlg 函数用于提示错误信息，该函数的调用格式为：

- errordlg：表示打开默认的错误信息对话框。
- errordlg('errorstring')：表示打开显示 errorstring 信息的错误信息对话框。
- errordlg('errorstring', 'dlgname')：表示打开显示 errorstring 信息的错误信息对话框，对话框的标题由 dlgname 指定。
- errordlg('errorstring', 'dlgname', 'on')：表示打开显示 errorstring 信息的错误信息对话框，对话框的标题由 dlgname 指定。如果对话框已存在，on 参数将对话框显示在最前端。
- h=errodlg(…)：表示返回对话框句柄。

下面的例子为在命令窗口输入：

errordlg('未找到文件 ','文件错误')

运行结果如图 15-10所示：

图 15-10　错误信息对话框

3. 信息提示对话框

在 MATALB 中，msgbox 函数用于显示提示信息，其调用格式为：

- msgbox(message)：打开信息提示对话框，显示 message 信息。
- msgbox(message,title)：…title 确定对话框标题。
- msgbox(message,title,'icon')：…icon 用于显示图标，可选图标包括：none(无图标，默认值)、error、help、warn 或 custom(用户定义)。
- msgbox(message,title,'custom',icondata,iconcmap)：当使用用户定义图标时，icondata 为定义图标的图像数据，iconcmap 为图像的色彩图。
- msgbox(…,'creatmode')：选择模式 creatMode，选项为：modal、non-modal 和 replace。
- h=msgbox(…)：返回对话框句柄。

例如，在命令窗口输入：

msgbox('这是你的第二个信息提示对话框','注意','warn', 'non-modal')

运行结果如图 15-11所示：

图 15-11　信息提示对话框

4. 询问对话框

在 MATALB 中，questdlg 函数用于回答问题的多种选择，该函数的调用格式为：

- button=questdlg('qstring')：打开问题提示对话框，有三个按钮，分别为：Yes、No 和 Cancel，questdlg 确定提示信息。
- button=questdlg('qstring','title')：…title 确定对话框标题。
- button=questdlg('qstring' 'title','default')：当按回车键时，返回 default 的值，default 必须是 Yes、No 或 Cancel 之一。
- button=questdlg('qstring','title','str1','str2','default')：打开问题提示对话框，有两个按钮，分别由 str1 和 str2 确定，qstdlg 确定提示信息，title 确定对话框标题，default 必须是 str1 或 str2 之一。
- button=questdlg('qstring','title','str1','str2','str3','default')：打开问题提示对话框，有三个按钮，分别由 str1、str2 和 str3 确定，qstdlg 确定提示信息，title 确定对话框标题，default 必须是 str1、str2 或 str3 之一。

例如，在命令窗口输入：

button=questdlg ('继续吗','继续','是', '否','帮助', '否')

运行结果如图 15-12 所示:

图 15-12　询问对话框

5. 警告消息显示对话框

在 MATALB 中，warndlg 函数用于提示警告信息，其调用格式为:

h=warndlg('warningstring','dlgname'): 打开警告信息对话框，显示 warningstring 信息，dlgname 确定对话框标题，h 为返回的对话框句柄。

例如，在命令窗口输入:

warndlg({'单击 OK 按钮将退出'},'警告')

运行结果如图 15-13 所示:

图 15-13　警告消息显示对话框

6. 变量输入对话框

在 MATALB 中，inputdlg 函数用于输入信息，其调用格式为:

- answer=inputdlg(prompt): 打开输入对话框，prompt 为单元数组，用于定义输入数据窗口的个数和显示提示信息，answer 为用于存储输入数据的单元数组。
- answer=inputdlg(prompt,title): 与上者相同，title 确定对话框的标题。
- answer=inputdlg(prompt,title,lineNo): 参数 lineNo 可以是标量、列矢量或 m×2 阶矩阵，若为标量，表示每个输入窗口的行数均为 lineNo；若为列矢量，则每个输入窗口的行数由列矢量 lineNo 的每个元素确定；若为矩阵，每个元素对应一个输入窗口，每行的第一列为输入窗口的行数，第二列为输入窗口的宽度。
- answer=inputdlg(prompt,title,lineNo,defans): 参数 defans 为一个单元数组，存储每个输入数据的默认值，元素个数必须与 prompt 所定义的输入窗口数相同，所有元素必须是字符串。
- answer=inputdlg(prompt,title,lineNo,defans,resize): 参数 resize 决定输入对话框的大小能否被调整，可选值为 on 或 off。

【例 15-1】下面的例子为显示变量输入对话框示例。

```
prompt = {'Enter matrix size:','Enter colormap name:'};
dlg_title = 'Input';
num_lines = 1;
def = {'20','hsv'};
answer = inputdlg(prompt,dlg_title,num_lines,def);
```

运行结果如图 15-14 所示：

图 15-14　变量输入对话框

7. 列表选择对话框

在 MATALB 中，listdlg 函数用于在多个选项中选择需要的值，该函数的调用格式为：

[selection,ok]=listdlg('Liststring',S,…)：输出参数 selection 为一个矢量，存储所选择的列表项的索引号，输入参数为可选项 ListString(字符单元数组)、SelectionMode(single 或 multiple(缺省值))、ListSize([wight,height])、Name(对话框标题)等。

【例 15-2】 下面的例子为显示列表对话框示例。

```
d = dir;
str = {d.name};
[s,v] = listdlg('PromptString','Select a file:',...
                'SelectionMode','single',...
                'ListString',str)
```

运行结果如图 15-15 所示：

图 15-15　列表对话框

15.4　建　立　菜　单

一个标准的 GUI 界面包括普通菜单和右键弹出菜单。通过选择各级菜单，可以执行相应的命令，实现相应的功能。

在 MATLAB 中，可以通过 uimenu 或 uicontextmenu 来产生菜单，下面对 MATLAB 中的菜单进行介绍。

菜单是动态呈现的选择列表，它对应于相关方法(常称为命令)或 GUI 状态。菜单可以包含其他菜单或者菜单项，也可以包含菜单(即分层的菜单)，表示可以执行的命令或所选择的 GUI 状态。菜单可以与应用程序的菜单栏相关，也可以漂浮在应用程序窗口之上，形成弹出式菜单。

在 MATLAB 中，uimenu 函数用于建立自定义的用户菜单，该函数的调用格式为：

Hm=uimenu(Hp，属性名 1，属性值 1，属性名 2，属性值 2，…)：其功能为创建句柄值为 Hm 的自定义的用户菜单。Hp 为其父对象的句柄，属性名和属性值构成属性二元对，定义用户菜单的属性。

该函数可以用于建立一级菜单项和子菜单项。

建立一级菜单项的函数调用格式为：

一级菜单项句柄=uimenu(图形窗口句柄，属性名 1，属性值 1，属性名 2，属性值 2，…)

建立子菜单项的函数调用格式为：

子菜单项句柄=uimenu(一级菜单项句柄，属性名 1，属性值 1，属性名 2，属性值 2，…)

【例 15-3】利用命令形式建立普通菜单。

```
f = uimenu('Label','Workspace');
    uimenu(f,'Label','New Figure','Callback','figure')
    uimenu(f,'Label','Save','Callback','save')
    uimenu(f,'Label','Quit','Callback','exit',...
        'Separator','on','Accelerator','Q')
```

运行结果如图 15-16所示：

图 15-16　普通菜单

用鼠标右键单击某对象时在屏幕上弹出的菜单叫做快捷菜单(或右键弹出菜单)。这种菜单出现的位置是不固定的，而且总是和某个图形对象相联系。在 MATLAB 中，可以使用 uicontextmenu 函数建立快捷菜单，uicontextmenu 函数调用格式为：

handle = uicontextmenu('PropertyName',PropertyValue,...) Description

【例 15-4】下面的例子示例创建内容式菜单的程序。

```
% Create axes and save handle
hax = axes;
% Plot three lines
plot(rand(20,3));
% Define a context menu; it is not attached to anything
hcmenu = uicontextmenu;
% Define callbacks for context menu
% items that change linestyle
hcb1 = ['set(gco,"LineStyle","--")'];
hcb2 = ['set(gco,"LineStyle",":")'];
hcb3 = ['set(gco,"LineStyle","-")'];
% Define the context menu items and install their callbacks
item1 = uimenu(hcmenu,'Label','dashed','Callback',hcb1);
item2 = uimenu(hcmenu,'Label','dotted','Callback',hcb2);
item3 = uimenu(hcmenu,'Label','solid','Callback',hcb3);
% Locate line objects
hlines = findall(hax,'Type','line');
% Attach the context menu to each line
for line = 1:length(hlines)
    set(hlines(line),'uicontextmenu',hcmenu)
end
```

运行结果如图 15-17 所示。

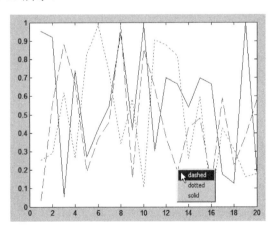

图 15-17　内容式菜单对象

15.5　本 章 小 结

图形用户界面(GUI)是指人与计算机或计算机软件之间的图形化的交互方式。一个设计优良的 GUI，能够极大地方便用户的操作。本章主要介绍了如何使用 GUIDE 创建 GUI 界面，包括对话框对象和界面菜单等，这些内容是创建图形用户界面的基础，更为详细的内容，读者可以在熟悉这些内容的基础上再参考相关书籍。

第16章 外部接口操作

在 MATALB 中，提供了一些命令，可以完成 MATLAB 与其他文件格式之间的交互操作，可以直接对磁盘进行访问，也可以对低层次的文件进行读写操作。

学习目标：

- 了解工作空间数据的读取。
- 熟悉二进制、记事本文件数据的读写。
- 掌握电子表格、声音、视频文件的读写。

16.1 数据基本操作

利用 save 命令保存工作区中任何指定的文件，文件名为 MATLAB.mat，MAT 文件可以通过 load 函数再次导入工作区。两个命令的调用格式如下。

```
save(filename)
save(filename,variables)
save(filename,variables,fmt)
save(filename,variables,version)
save(filename,variables,'-append')
load(filename)
load(filename,variables)
load(filename,'-ascii')
load(filename,'-mat')
load(filename,'-mat',variables)
```

【例 16-1】数据的保存和导入示例。

```
p = rand(1,10);
q = ones(10);
save('test.mat','p','q')
whos('-file','test.mat')
a = 50;
save('test.mat','a','-append')
whos('-file','test.mat')
load('handel.mat','y')
load handel.mat y
```

```
whos -file accidents.mat
load('accidents.mat', '-regexp', '^(?!hwy)...')
load accidents.mat -regexp '^(?!hwy)...'
```

运行结果为：

Name	Size	Bytes	Class	Attributes
P	1x10	80	double	
q	10x10	800	double	
Name	Size	Bytes	Class	Attributes
a	1x1	8	double	
p	1x10	80	double	
q	10x10	800	double	
Name	Size	Bytes	Class	Attributes
datasources	3x1	2568	cell	
hwycols	1x1	8	double	
hwydata	51x17	6936	double	
hwyheaders	1x17	1874	cell	
hwyidx	51x1	408	double	
hwyrows	1x1	8	double	
statelabel	51x1	3944	cell	
ushwydata	1x17	136	double	
uslabel	1x1	86	cell	

16.2 底层文件基本 I/O 操作

MATLAB 还有大量底层文件 I/O 指令，如表 16-1所示。这些指令可以对多种类型的数据文件进行操作。低级文件指令能够满足大部分本地文件和 MATLAB 工作区的交互需要，可以解决大部分文件数据导入导出的问题。

表 16-1 MATLAB 低级文件 I/O 函数

函　　数	说　　明
fclose	关闭文件
feof	测试文件结束
ferror	查询文件 I/O 的错误状态
fgetl	读文件的行，忽略回行符
fgets	读文件的行，包括回行符
fopen	打开文件
frewind	返回到文件开始

(续表)

函　　数	说　　明
fseek	设置文件位置指示符
ftell	获取文件位置指示符

fopen 函数打开一个文件并返回这个文件的文件句柄值。它的基本调用形式如下：

fileID = fopen(filename)

fileID = fopen(filename,permission)

fileID = fopen(filename,permission,machinefmt,encodingIn)

[fileID,errmsg] = fopen(___)

fIDs = fopen('all')

filename = fopen(fileID)

[filename,permission,machinefmt,encodingOut] = fopen(fileID)

说明：其中 fileID 用于存储文件句柄值，如果返回的句柄值大于 0，则说明文件打开成功。文件名 filename 用字符串形式，表示待打开的数据文件。permission 表示打开方式，常见的打开方式如表 16-2 所示。

表 16-2　fopen 函数打开方式

打 开 方 式	说　　明
'r'	只读方式打开文件(默认的打开方式)，该文件必须已存在
'r+'	读写方式打开文件，打开后先读后写，该文件必须已存在
'w'	打开后写入数据。若该文件存在则更新；若不存在则创建
'w+'	读写方式打开文件，先读后写。若该文件存在则更新；若不存在则创建
'a'	在打开的文件末端添加数据。若文件不存在则创建
'a+'	打开文件后，先读入数据再添加数据。文件不存在则创建

fclose 函数用来关闭打开的文件并返回文件操作码。文件在进行读、写等操作后，应及时关闭，以免数据丢失。fclose 的调用格式为：

fclose(fileID)

fclose('all')

status = fclose(...)

说明：该函数关闭 fileID 所表示的文件。status 为关闭文件操作的返回代码，若关闭文件成功，返回 0，否则返回-1。若要关闭所有已打开的文件使用 fclose('all')。

【例 16-2】文件打开关闭示例。

fileID = fopen('airfoil.m');

tline = fgetl(fileID);

fclose(fileID)

　　ans =

　　　　0

运行结果为：

　　ans =

　　　　0

16.3　文件的读写

　　MATLAB 除了能读写 mat 文件，还能够读写文本文件、Word 文件、Excel 文件、图像文件和音频文件等。其中图像文件的读写会在图像处理中具体介绍。

16.3.1　读写二进制文件

　　对 MATLAB 而言，二进制文件相对容易写出来。函数 fwrite 的作用是将一个矩阵元素按照所定的二进制格式写入某个打开的文件，并返回成功写入的数据个数。其调用格式为：

```
fwrite(fileID, A
fwrite(fileID, A, precision)
fwrite(fileID, A, precision, skip)
fwrite(fileID, A, precision, skip, machineformat)
count =fwrite(...)
```

　　说明：其中 count 返回所写的数据元素个数，fileID 为文件句柄，A 用来存放写入文件的数据，precision 代表数据精度，默认的数据精度为'uint8'。

　　【例 16-3】数据的保存和导入。

```
fid=fopen('magic5.bin','w');
count=fwrite(fid,magic(6),'int32');
status=fclose(fid)
fid=fopen('magic5.bin','r')
data=(fread(fid,25,'int32'))
```

运行结果为：

　　status =

　　　　0

　　fid =

　　　　5

　　data =

　　　　35

```
    3
   31
    8
   30
    4
    1
   32
    9
   28
    5
   36
    6
    7
    2
   33
   34
   29
   26
   21
   22
   17
   12
   13
   19
```

MATLAB 中函数 fread 可以从文件中读取二进制数据，将结果写入一个矩阵返回。其调用格式为：

A = fread(fileID)

A = fread(fileID,sizeA)

A = fread(fileID,sizeA,precision)

A = fread(fileID,sizeA,precision,skip)

A = fread(fileID,sizeA,precision,skip,machinefmt)

[A,count]= fread(___)

说明：其中 A 是用于存放读取数据的矩阵、count 是返回所读取的数据元素个数、fileID 为文件句柄、size 为可选项，若不选用则读取整个文件内容；若选用，则它的值可以取下列值：N(读取 N 个元素到一个列向量)、inf(读取整个文件)、[M，N](读数据到 M×N 的矩阵中，数据按列存放)。precision 用于控制所写数据的精度，其形式与 fwrite 函数相同。

【例 16-4】将矩阵写入记事本文件。

str = ['AB'; 'CD'; 'EF'; 'FA'];

fileID = fopen('bcd.bin','w');

fwrite(fileID,hex2dec(str),'ubit8');

```
fclose(fileID);
fileID = fopen('bcd.bin');
onebyte = fread(fileID,4,'*ubit8');
disp(dec2hex(onebyte))
```

运行结果为：

```
AB
CD

EF
FA
```

16.3.2　读写记事本数据

MATLAB 的函数 fprintf 可以将数据按指定格式写入到文本文件中。其调用格式为：

```
fprintf(fileID,formatSpec,A1,...,An)
fprintf(formatSpec,A1,...,An)
nbytes = fprintf(___)
```

说明：fileID 为文件句柄，指定要写入数据的文件，format 用来控制所写数据格式的格式符，与 fscanf 函数相同，A 是用来存放数据的矩阵。

【例 16-5】将矩阵写入记事本文件。

```
x = 0:.1:1;
A = [x; exp(x)];
fileID = fopen('exp.txt','w');
fprintf(fileID,'%6s %12s\n','x','exp(x)');
fprintf(fileID,'%6.2f %12.8f\n',A);
fclose(fileID);
type exp.txt
```

运行结果如下：

```
x        exp(x)
0.00   1.00000000
0.10   1.10517092
0.20   1.22140276
0.30   1.34985881
0.40   1.49182470
0.50   1.64872127
0.60   1.82211880
0.70   2.01375271
```

　　0.80　　2.22554093
　　0.90　　2.45960311
　　1.00　　2.71828183

fscanf 函数可以读取文本文件的内容，并按指定格式存入矩阵。其调用格式为：

A = fscanf(fileID,formatSpec)
A = fscanf(fileID,formatSpec,sizeA)
[A,count]= fscanf(___)

　　说明：其中 A 用来存放读取的数据，COUNT 返回所读取的数据元素个数，fileID 为文件句柄，format 用来控制读取的数据格式，由%加上格式符组成，常见的格式符有：d(整型)、f(浮点型)、s(字符串型)、c(字符型)等，在%与格式符之间还可以插入附加格式说明符，如%12f。size 为可选项，决定矩阵 A 中数据的大小，它可以取下列值：N(读取 N 个元素到一个列向量)、inf(读取整个文件)、$[M，N]$(读数据到 $M×N$ 的矩阵中，数据按列存放)。

　　【例 16-6】将矩阵写入记事本文件。

```
x = 1:1:5;
y = [x;rand(1,5)];
fileID = fopen('nums2.txt','w');
fprintf(fileID,'%d %4.4f\n',y);
fclose(fileID);
type nums2.txt
fileID = fopen('nums2.txt','r');
formatSpec = '%d %f';
sizeA = [2 Inf];
A = fscanf(fileID,formatSpec,sizeA)
fclose(fileID);
```

运行结果为：

```
1 0.6555
2 0.1712
3 0.7060
4 0.0318
5 0.2769
A =
    1.0000    2.0000    3.0000    4.0000    5.0000
    0.6555    0.1712    0.7060    0.0318    0.2769
```

16.3.3　读写电子表格数据

　　最常见的电子表格文件是 Excel 生成的.xls 文件，MATLAB 中提供了 xlsread 和 xlswrite

函数用于.xls 文件和 MATLAB 工作区之间的读写操作，具体语法格式如下：

```
num = xlsread(filename)
num = xlsread(filename,sheet)
num = xlsread(filename,xlRange)
num = xlsread(filename,sheet,xlRange)
num = xlsread(filename,sheet,xlRange,'basic')
[num,txt,raw]= xlsread(___)
___ = xlsread(filename,-1)
[num,txt,raw,custom]= xlsread(filename,sheet,xlRange,'',functionHandle)
xlswrite(filename,A)
xlswrite(filename,A,sheet)
xlswrite(filename,A,xlRange)
xlswrite(filename,A,sheet,xlRange)
status = xlswrite(___)
[status,message]= xlswrite(___)
```

【例 16-7】电子表格的读操作示例。

```
values = {1, 2, 3 ; 4, 5, 'x' ; 7, 8, 9};
headers = {'First','Second','Third'};
xlswrite('myExample.xlsx', [headers; values]);
filename = 'myExample.xlsx';
A = xlsread(filename)
filename = 'myExample.xlsx';
sheet = 1;
xlRange = 'B2:C3';
subsetA = xlsread(filename, sheet, xlRange)
filename = 'myExample.xlsx';
columnB = xlsread(filename,'B:B')
[ndata, text, alldata] = xlsread('myExample.xlsx')
misc = pi*gallery('normaldata',[10,3],1);
xlswrite('myExample.xlsx',misc,'MyData');
trim = xlsread('myExample.xlsx','MyData','','',@setMinMax)
function [Data] = setMinMax(Data)
    minval = -3; maxval = 3;
    for k = 1:Data.Count
      v = Data.Value{k};
      if v > maxval || v < minval
         if v > maxval
             Data.Value{k} = maxval;
         else
             Data.Value{k} = minval;
         end
```

```
        end
    end
```

运行结果为：

```
A =
        1       2       3
        4       5     NaN
        7       8       9
subsetA =
        2       3
        5     NaN
columnB =
        2
        5
        8
ndata =
        1       2       3
        4       5     NaN
        7       8       9
text =
    'First'     'Second'    'Third'
      ''           ''          ''
      ''           ''         'x'
alldata =
    'First'     'Second'    'Third'
    [      1]    [      2]    [      3]
    [      4]    [      5]    'x'
    [      7]    [      8]    [      9]
trim =
    2.7156    -3.0000     1.8064
    0.2959    -2.3383    -2.7210
   -2.6764    -1.7351    -3.0000
    2.7442    -2.5752    -3.0000
   -1.3761     3.0000     0.6683
   -1.3498    -1.9319     1.5014
   -3.0000    -0.8000     0.3162
    1.2448    -0.8477     0.9344
   -3.0000    -3.0000     1.7912
    0.5292    -3.0000    -3.0000
```

【例 16-8】电子表格的写操作示例。

```
filename = 'testdata.xlsx';
A = {'Time','Temperature'; 12,98; 13,99; 14,97};
```

```
sheet = 2;
xlRange = 'E1';
xlswrite(filename,A,sheet,xlRange)
```

运行结果如图 16-1 所示。

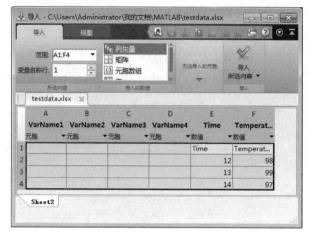

图 16-1 导出电子表格

16.3.4 读写声音文件

MATLAB 通过函数 sound.soundsc 将向量转换为音频信号，或者通过 wavread 函数读取文件获得 MATLAB 音频信号，wavwrite 函数用来写入音频文件信息。wavread、wavwrite 函数语法格式如下：

```
y = wavread(filename)
[y, Fs]= wavread(filename)
[y, Fs, nbits]= wavread(filename)
[y, Fs, nbits, opts]= wavread(filename)
[ ___ ] = wavread(filename, N)
[ ___ ] = wavread(filename,[N1 N2])
[ ___ ] = wavread( ___ , fmt)
siz = wavread(filename,'size')
wavwrite(y,filename)
wavwrite(y,Fs,filename)
wavwrite(y,Fs,N,filename)
```

【例 16-9】声音文件的保存和导入。

```
load handel.mat
hfile = 'handel.wav';
wavwrite(y, Fs, hfile)
clear y Fs
```

```
[y, Fs, nbits, readinfo] = wavread(hfile);
sound(y, Fs);
duration = numel(y) / Fs;
pause(duration + 2)
nsamples = 2 * Fs;
[y2, Fs] = wavread(hfile, nsamples);
sound(y2, Fs);
pause(4)
sizeinfo = wavread(hfile, 'size');
tot_samples = sizeinfo(1);
startpos = tot_samples / 3;
endpos = 2 * startpos;
[y3, Fs] = wavread(hfile, [startpos endpos]);
sound(y3, Fs);
```

16.3.5 读写视频文件

MATLAB 中的对象称为 MATLAB movie。MATLAB 可以通过 aviread 函数读入 avi 视频文件得到 MATLAB movie 数据，并对其进行播放等操作。

用户可以通过 avifile 函数创建 avi 视频文件，然后通过 addframe 函数将得到的视频帧添加到视频文件中，添加完成后通过 close 命令关闭 avi 文件。

【例 16-10】视频文件的读写示例。

```
aviobj = avifile('example.avi','compression','None');
t = linspace(0,2.5*pi,40);
fact = 10*sin(t);
fig=figure;
[x,y,z] = peaks;
for k=1:length(fact)
    h = surf(x,y,fact(k)*z);
    axis([-3 3 -3 3 -80 80])
    axis off
    caxis([-90 90])
    F = getframe(fig);
    aviobj = addframe(aviobj,F);
end
close(fig);
aviobj = close(aviobj);
```

运行结果如图 16-2 所示。

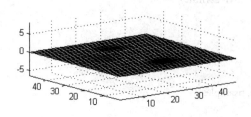

图 16-2　视频播放截图

16.4　本章小结

　　MATLAB 提供了多种函数和命令来实现文件的读取和输出，这里所说的文件包括二进制文件、文本文件以及声音文件等多种格式。对这些格式的文件读写大大加强了 MATLAB 与其他部分的交互能力。本章对这些内容进行了介绍，同时还介绍了底层文件 I/O 程序及其相关函数。